HEILONGJIANG SHENG
FEILIAO NONGYAO JIANSHI ZENGXIAO
SHIJIAN YU YINGYONG JISHU

黑龙江省
肥料农药减施增效
实践与应用技术

郝小雨　姬景红　孙　磊　等◎著

中国农业科学技术出版社

图书在版编目（CIP）数据

黑龙江省肥料农药减施增效实践与应用技术 / 郝小雨等著 . --北京：中国农业科学技术出版社，2024. 12.
ISBN 978-7-5116-7235-3

Ⅰ. S147. 3；S48

中国国家版本馆 CIP 数据核字第 20241AG455 号

责任编辑　申　艳
责任校对　王　彦
责任印制　姜义伟　王思文

出 版 者　中国农业科学技术出版社
　　　　　北京市中关村南大街 12 号　　邮编：100081
电　　话　（010）82103898（编辑室）　　（010）82106624（发行部）
　　　　　（010）82109709（读者服务部）
网　　址　https://castp.caas.cn
经 销 者　各地新华书店
印 刷 者　北京捷迅佳彩印刷有限公司
开　　本　170 mm×240 mm　1/16
印　　张　16
字　　数　285 千字
版　　次　2024 年 12 月第 1 版　2024 年 12 月第 1 次印刷
定　　价　88.00 元

《黑龙江省肥料农药减施增效实践与应用技术》
著者名单

◆ **主　著**

郝小雨　姬景红　孙　磊　黄元炬

◆ **副 主 著**

刘双全　马星竹　匡恩俊　周宝库

◆ **参著人员**

徐新朋	王　伟	李伟群	迟凤琴	郑　雨	赵　月	薛　非
张苏新	李广雨	钱永德	刘希锋	韩休海	李　杰	刘洪波
薛菁芳	张瑞萍	李　萍	王艳红	张淑艳	李志强	李重驰
王　爽	张喜林	高中超	陈　磊	刘　颖	张明怡	夏　杰
杨忠生	孙小亮	张守林	刘月辉	马占洲	王开军	马晓明
盖如春	李　丹	常本超	夏晓雨	姜　宇	米　刚	孟祥海
潘校成	逄淑英	杨广川	陈丽娜	陈苗苗	李馨宇	左　辛
张旭霞	张亦弛	刘清扬	李　艳	白金顺	赵　锐	吴国瑞
刘国辉	王　聪	夏语琪				

前　言

　　肥料是农作物生长的"粮食"，农药是农作物生长的"卫士"，是农业生产的基本要素。农业的发展历程证明，肥料和农药在提高农作物产量、保障世界粮食安全上发挥了举足轻重的作用。肥料对世界粮食增产的贡献率为30%～50%，合理使用农药可挽回农作物总产30%～40%的损失。据联合国粮食及农业组织（FAO）统计，全球农用化肥年消费量在 2 亿 t（纯养分量）左右，而我国是世界最大的化肥生产国和消费国，氮肥、磷肥和钾肥的生产量分别占全球总量的 26%、30% 和 14%，消费量分别占 23%、21% 和26%。我国耕地面积只占世界的 9%，单位面积化肥用量是世界平均水平的3.7 倍，是美国的 2 倍。一方面，这导致我国肥料利用率远低于发达国家，氮肥的当季利用率只有 30%～35%，磷肥当季利用率一般只有 10%～25%，钾肥当季利用率为 30%～50%；另一方面，过量施用肥料，不仅造成土壤养分供应不平衡，增加成本，降低肥料利用率，而且肥料分解后剩余的养分会以气态氮［氧化亚氮（N_2O）、一氧化氮（NO）、氨气（NH_3）］损失，通过淋溶和径流等途径污染环境，增加生态环境负担。此外，农药的残留问题也备受关注。残留的农药不仅影响农产品的品质和安全，还可能通过食物链进入人体，对人体健康造成潜在威胁；农药的大量使用还会对生态平衡造成破坏，影响有益昆虫和微生物的生存，改变生物多样性，进而降低生态系统的稳定性。因此，如何减少化肥、农药用量，提高化肥、农药利用率，降低农业生产成本，减轻生态环境负担是我国农业部门及科研工作者面临的重要课题。

　　作为国家粮食安全的"压舱石"，2023 年黑龙江省粮食生产实现"二十连丰"，粮食作物种植面积达到 22 114.65 万亩①，占全国的 12.4%；粮食总产量 1 557.64 亿斤（1 斤 = 0.5 kg），占全国的 11.2%，连续 14 年位居全国第一，为我国粮食安全提供了重要保障。2022 年黑龙江省氮肥用量 76.1万 t、磷肥用量 47.3 万 t、钾肥用量 32.5 万 t、复合肥用量 82.5 万 t，化肥总用量 238.5 万 t，较 2015 年减少 16.8 t，减幅达 6.6%，已连续 7 年实现

---

　　① 　1 亩 ≈ 667 m^2，15 亩 = 1 hm^2。全书同。

负增长。黑龙江省农药使用量常年维持在 5 万 t 以上，其中除草剂占比高达 80% 以上，化学除草面积位居全国第一，除草剂使用量位居前列，因此除草剂减量成为黑龙江省农药减量工作的重中之重。统计数据表明，2017 年黑龙江省农药使用量 51 339 t，其中，除草剂使用量 40 578 t，占比达 79.0%；杀虫剂使用量 5 984 t，占比 11.7%；杀菌剂使用量 4 435 t，占比 8.6%。近 5 年来，农药总使用量虽呈递减趋势，但总量仍突破 5 万 t。据《黑龙江省人民政府关于印发黑龙江省"十四五"生态环境保护规划的通知》，2025 年全省化肥、农药利用率分别达到 43%、50%。可见，黑龙江省化肥、农药减施增效依然具有较大潜力。

《黑龙江省肥料农药减施增效实践与应用技术》概述了黑龙江省肥料、农药施用现状及存在问题，尤其是厘清了肥料、农药减施增效实施情况，黑龙江省主要农作物（玉米、水稻、大豆和马铃薯）肥料、农药减施增效技术应用效果，黑龙江省农作物肥料和农药适宜的种类、施用量、施用时期、施用位置，黑龙江省农作物秸秆还田的培肥效应及有机替代效果，黑龙江省农作物肥料减施增效的环境效应，提出黑龙江省农作物肥料、农药减施增效的推荐方法，为黑龙江省粮食丰产、优质和农民增收提供理论依据和技术支撑，对于构建黑龙江省高效施肥技术体系和实现农业可持续发展具有积极意义。

本书共分 6 章，第一章由郝小雨、姬景红、黄元炬、孙磊、刘双全、马星竹、匡恩俊、周宝库、徐新朋、王伟、李伟群、迟凤琴、郑雨、赵月、薛非、张苏新、李广雨、钱永德、刘希锋、韩休海、李杰、刘洪波、薛菁芳、张瑞萍、李萍、王艳红、张淑艳、李志强、李重驰、王爽、张喜林、高中超、陈磊、刘颖、张明怡、夏杰、杨忠生、孙小亮、张守林、刘月辉、马占洲、王开军、马晓明、盖如春、李丹、常本超、夏晓雨、姜宇、米刚、孟祥海、潘校成、逄淑英、杨广川、陈丽娜、陈苗苗、李馨宇、左辛、张旭霞、张亦弛、刘清扬、李艳、白金顺、赵锐、吴国瑞、刘国辉、王聪、夏语琪撰写；第二章由姬景红、郝小雨、孙磊、王伟、刘双全、李伟群、周宝库撰写；第三章由匡恩俊撰写；第四章由黄元炬、张苏新、李广雨撰写；第五章由郝小雨撰写；第六章由郝小雨、姬景红、王伟、黄元炬、薛非、徐新朋撰写。全书由郝小雨、姬景红统稿。

本书的撰写和出版先后得到国家农业科技项目"农田智慧施肥项目"（20221805）、"松嫩平原黑土区耕地质量/粮食产能预测及双提升技术集成示范"（2023YFD1501305）、"东北粳稻规模机械化绿色丰产优质及产业化技术模式集成与推广"（2023YFD2301605）、"十四五"科技基础资源调查专项子任务"三江平原区黑土农田土壤关键肥力调查与肥力评价"（2021FY100404-1）、国家重点研发计划"低洼易涝区黑土地水蚀阻控与产能提升协同技术模式示范"（2022YFD1500905-2）、黑龙江省属科研业务费"农田黑土退化关键因素解析"、黑龙江省农业科技创新跨越工程农业基础数据监测项目"黑土资源保护与持续利用长期定位监测"、国家重点研发计划项目子课题"黑土地耕地'变薄'程度及空间格局"（2021YFD1500202）、国家大豆产业技术体系（CARS-04）、黑龙江省农业科技创新跨越工程农业科技关键技术创新重点攻关项目"黑土保护与可持续利用技术集成与示范推广"（CX23GG08）、黑龙江省农业科学院农业科技创新跨越工程（CX23JC02）、现代农业省实验室项目（ZY04JD05-002）、黑龙江省现代农业产业技术协同创新体系项目等的资助，在此表示衷心的感谢！

在本书出版之际，谨向在百忙之中参与撰写、修改并辛勤付出的各位专家和老师致以衷心的感谢！

由于著者水平有限，书中不足之处在所难免，敬请广大读者批评指正。

著　者
2024 年 8 月

目　录

第一章

黑龙江省肥料、农药施用
现状及存在问题

第一节 黑龙江省施肥现状及减施增效实施情况

随着人口的增加和耕地的减少，我国粮食安全与资源消耗和环境保护的矛盾日益尖锐。化肥作为粮食增产的决定因子在我国农业生产中发挥了举足轻重的作用。1950 年谷物所需的养分主要来自土壤的"自然肥力"和加入的有机肥，仅有很少部分来自化肥，然而到 2020 年谷物产量的 70% 依赖于化肥。有学者在全面分析了 20 世纪农业生产发展的各相关因素之后得出结论：20 世纪全世界所增加的作物产量中的一半来自化肥的施用（Loneragan，1997）。据联合国粮食及农业组织（FAO）的资料，在发展中国家，施肥可提高粮食作物单产 55% ~ 57%、总产 30% ~ 31%。20 世纪 80 年代，在我国粮食增产中化肥的作用占 30% ~ 50%（金继运等，2006）。数据（FAO，2020）表明，全球每年化肥农药消费量在 2 亿 t（纯养分量）左右，对世界粮食增产的贡献率达 40% 以上（FAO，2015）。

虽然肥料在农业生产中对粮食的增产发挥了不可替代的作用，但是农业上大量投入肥料对地下水、大气等环境造成的巨大负面影响，已经成为一个亟待解决的环境问题。我国是世界最大的化肥消费国，氮肥、磷肥和钾肥的消费量分别占全球总量的 23%、21% 和 26%；我国农田氮肥和磷肥的平均施用量分别为氮（N）191 kg/hm^2 和五氧化二磷（P_2O_5）73 kg/hm^2，分别是世界平均水平的 2.6 倍和 2.4 倍（FAO，2020）。统计数据表明，发达国家氮肥利用率为 40% ~ 60%，磷肥利用率为 10% ~ 20%，钾肥利用率为 50% ~ 60%；而我国氮肥利用率为 30% ~ 40%，磷肥利用率为 10% ~ 25%，钾肥利用率为 35% ~ 60%（林葆和李家康，1997；朱兆良，1998；谷洁和高华，2000）。Baligar 等（2001）指出，亚洲主要作物施用氮肥多而单产低的主要原因之一是氮素利用率低。平均计算，施入土壤的常规化肥有 45% 的氮素通过不同途径损失，我国每年氮肥施用量平均为 2 600 万 t，每年损失的氮肥就达 1 170 万 t，仅氮肥损失就价值近 330 亿元。

我国肥料利用效率低的原因主要有以下几方面。第一，施肥过量。施肥过量是我国肥料利用效率低的最主要原因。受"施肥越多，产量就越高""要高产就必须多施肥"等传统观念的影响，农民为了获得作物高产，大量施用化肥，不合理甚至盲目过量施肥现象相当普遍，在经济发达地区尤为突出（潘丹等，2019）。第二，忽视土壤养分资源的利用。一般而言，土壤肥力水平是决定肥料利用效率的基本因素，即在土壤肥力水平较低时，得到高肥料利用率和农学效率的概率较大；反之，在土壤肥力水平较高时，得到高肥料利用率和农学效率的概率较小（Eagle 等，2000）。近年来，随着化肥的施用、土壤质量的改善和作物生产水平的提高，特别是部分地区过量施肥与作物根茬还田量的增加，我国土壤肥力总体上普遍提高，耕地土壤全量养分稳中上升，速效态氮、磷等含量明显增加，部分农田已表现为过量累积（张福锁等，2008）。第三，作物产量潜力未充分挖掘。提高作物产量是提高肥料利用效率的重要途径。长期以来我国农业生产一直以精耕细作著称于世，粮食单产水平较高。大量的研究证明，养分高效作物品种在同样的投入下可以较常规品种增产 10%～20%，按 10%保守估算，如果全国三大粮食作物（小麦、玉米、水稻）均采用这类品种，在不增加肥料养分投入和不改变播种面积的情况下，可以实现粮食增产 4 000 万 t（张福锁等，2008）。因此，为实现我国粮食作物肥料利用效率的提高，仍需要加强这方面的研究。第四，养分损失未能得到有效控制。提高肥料利用效率不仅要提高作物产量和养分吸收量，而且要有效地减少农田养分损失。已有研究表明，高投入虽能在一定程度上提高粮食作物的产量，但也大大增加了养分损失的可能性。我国耕地质量差、生产管理粗放、施肥技术不配套等导致农田养分损失量很大（张福锁等，2008；李玉浩等，2022）。

一、黑龙江省施肥现状及存在问题

（一）化肥施用量大，肥料利用率低

肥料在提高粮食产量、保障我国粮食安全上起到了不可替代的支撑作用（朱兆良和金继运，2013）。据统计，氮肥对于粮食增产的贡献达到 30%～50%（Tao 等，2018）。正因为氮肥的增产效果显著，农业生产中过量施用氮肥的现象屡见不鲜。研究指出，我国小麦、玉米和水稻种植过程中部分田块氮肥施用量（N）达到了 250～350 kg/hm^2（巨晓棠和谷保静，2014）。在东北平原玉米产区一些农户的氮肥施用量（N）已高达 300 kg/hm^2（赵兰坡等，2008）。在黑龙江省许多地区农民施肥也存在盲目性，长期投入高量化学肥料，造成土壤养分不平衡（姬景红等，2014）。调查显示，黑龙江省玉米氮（N）、磷（P_2O_5）、钾［氧化钾（K_2O）］肥施用量范围分别为 150～230 kg/hm^2、60～120 kg/hm^2、60～120 kg/hm^2（姬景红等，2022）。李威等（2021）在黑龙江省鹤岗、绥化、哈尔滨、齐齐哈尔、佳木斯等地进行问卷调查，发现黑龙江省主要存在氮肥施用过量和钾肥施用不足的问题，2017年和 2018 年农户平均施氮量分别为 208 kg/hm^2 和 197 kg/hm^2，施氮量偏高和过高的农户比例总和分别为 57.1%和 45.4%；2017 年和 2018 年磷肥平均

施用量分别为 78 kg/hm² 和 81 kg/hm²，施磷量适宜农户比例分别为 61.3% 和 65.8%；2017 年和 2018 年钾肥平均施用量为 52 kg/hm² 和 55 kg/hm²，钾肥施用过低的农户比例分别为 58.1% 和 50.7%。彭显龙等（2007）调查了黑龙江省稻田施肥情况，发现近 60% 的稻田氮肥施用量过高，稻田土壤氮有 17.2% 的盈余，氮肥利用率较低。进一步的调查显示，黑龙江稻田氮肥（N）、磷肥（P_2O_5）和钾肥（K_2O）习惯施用量分别为 141 kg/hm²、56.6 kg/hm² 和 51.6 kg/hm²，农户施肥差异大，盲目施肥问题突出（彭显龙等，2019）。张福锁等（2008）计算了 2001—2005 年全国粮食主产区的肥料利用率，指出水稻的氮肥利用率仅为 28.3%，其中黑龙江省水稻的氮肥利用率为 29.8%。姬景红等（2022）计算了 2000—2019 年黑龙江省玉米氮、磷、钾肥利用率，范围分别为 22.3%～50.7%、5.1%～37.6%、26.3%～76.4%，平均值分别为 36.9%、18.0%、47.8%。上述结果虽略高于全国平均水平，但远低于国际水平。在农作物种植过程中，实际上并不需要大量的氮肥投入。据测算，在我国玉米种植（目标产量 6.5～9.5 t/hm²）的合理施氮量范围为 150～250 kg/hm²（巨晓棠和张翀，2021）。徐新朋等（2016）利用玉米养分专家系统（Nutrient expert，NE）对东北地区进行玉米推荐施肥，实现 12 t/hm² 玉米产量的氮投入量为 153～178 kg/hm²。黑龙江省要达到水稻产量 7 500 kg/hm²，N、P_2O_5 和 K_2O 的施用量只需要 105 kg/hm²、41.6 kg/hm² 和 35.9 kg/hm²（彭显龙等，2019）。过量投入的氮素不仅增加成本、浪费资源，而且这些盈余的氮素部分通过 N_2O 排放、氨挥发、氮素淋溶和径流等途径污染大气、土壤和水体环境，增加了环境负担（Ju 等，2007；吕敏娟等，2019）。研究指出，土壤中磷素过量累积则会增加磷流失风险，引发环境污染（胡云峰等，2022）。因此，合理施肥是维持作物稳产高产以及促进农业可持续发展的关键。

（二）肥料只注重数量不注重含量

黑龙江省农资市场中化肥品牌鱼龙混杂，特别是一些小品牌复混肥或掺混肥因产品价格较低，被农户广泛使用，但这些肥料普遍存在有效成分含量低或三大元素中某种元素含量很低或根本不含的现象，结果造成施入土壤中的氮、磷、钾不足，进而造成作物缺肥、缺素症的发生，影响农作物产量和品质。近年来虽然关闭了不少小化肥厂，但仍有一批"打游击"的小作坊游离在监管之外，用"假商标""偷养分""低价格"等方式坑农害农，严重压缩正规肥料生产厂家和经销商的生存空间。尽管相关市场监督、管理部门严格管理、规范市场，但在近几年肥料价格上涨、严酷的竞争压力下，肥料经营主体过多过滥，仍然存在假冒伪劣、赊销搭售现象，严重扰乱农资市场。

（三）肥料施用比例不合理

作物生长中对氮、磷、钾养分有固定需求量，氮、磷、钾元素配比是否科学直接决定作物的产量，但有些农民由于缺乏肥料知识，不重视比例，重氮肥轻磷、钾肥，盲目增施氮肥，磷、钾投入不足，造成氮、磷、钾养分失衡，肥料利用率低，从而植株抗逆性减弱，严重影响了作物产量。研究显示，每形成 100 kg 玉米籽粒的养分吸收量为 N 1.82 kg、P_2O_5 0.67 kg、K_2O 1.52 kg，$N : P_2O_5 : K_2O$ 为 2.7 : 1.0 : 2.3（姬景红等，2014）。黑龙江省每形成 100 kg 水稻籽粒需 N 1.4 kg、P_2O_5 0.7 kg、K_2O 1.6 kg，$N : P_2O_5 : K_2O$ 为 1 : 0.5 : 1.1（彭显龙等，2019）。

（四）有机物料投入比例低

黑土具有土质好、肥力高、供肥能力强等优点。随着连年开垦及不合理管理，黑土退化趋势加剧，表现为耕层变薄，黑土肥力水平迅速下降，特别是土壤有机质含量下降明显（魏丹等，2016）。研究表明，开垦前黑土有机质含量高达 8~10 g/kg，开垦 20 年后黑土有机质含量下降了 1/3，开垦 40 年后下降了 1/2 左右，开垦 70~80 年后下降了 2/3 左右，每 10 年下降 0.6~1.4 g/kg，下降趋势显著（魏丹等，2016）。农田土壤最重要的功能是维持作物的高产稳产，对此，土壤有机质起着关键而重要的作用，而施用有机肥和秸秆还田是增加土壤有机质的最直接途径。调查显示，东北春玉米施用有机肥的农户仅有 9%（丰智松等，2022）。近年来，东北春玉米施用有机肥的农户所占比例呈下降趋势（高静等，2009；邱吟霜等，2019），这是因为随着畜禽规模化养殖、小农户畜禽养殖量减少和劳动力老龄化、女性化，小农户缺乏有机肥原料、缺少劳动力和大型施用机械（如有机肥抛撒机），导致有机肥施用越来越困难。研究显示，黑龙江省各地有机肥使用量逐年减少，目前有机肥平均用量不足 3 000 kg/hm²，仅为"十五"时期的 1/2 左右（吴建忠，2018）。

二、黑龙江省肥料减施增效实施情况

（一）化肥减施

化肥减量在节本增效、作物稳产、改善农作物品质的同时，具有缓解农业面源污染、减少氨挥发与温室气体排放、培肥地力和提升土壤生物多样性与恢复土壤健康的潜力（邱子健等，2022）。近年来，针对黑龙江省部分地区存在过量施肥的现象，相关学者在肥料减施方面进行了有益的探索。研究显示，与农民习惯施肥处理相比，在黑龙江省黑土区减施氮肥 10%~20%

（赵光施氮量 127. 2 kg/hm² 、青冈施氮量 130. 9 kg/hm² 、双城施氮量 186. 5 kg/hm²）不影响玉米产量及氮素吸收，可提高氮肥回收率和农学效率（增幅分别为 9.5%~25.7% 和 9.9%~28.2%），增加经济收益，减少土壤氧化亚氮（N₂O）排放、氨挥发和氮素淋溶损失（郝小雨等，2022a，b）。黑龙江省水稻产量如果达到 7 500 kg/hm² 的产量水平，对应的理论适宜氮用量（N）为 105 kg/hm²，只有 20% 的农户实现了高产氮素高效，有 70% 的农户具有节肥潜力，可以节氮超过 26%（彭显龙等，2019）。对黑龙江省稻区施肥情况调查显示，黑龙江省水稻种植区还有 2.0%~11.4% 的理论减氮空间（尹映华等，2022）。在黑龙江省黑土和草甸土采用 NE 推荐施肥技术化肥减量 20%，较农民常规施肥处理水稻不减产（李杰等，2019）。在黑龙江省绥化市机械侧深施肥配合水稻专用肥料（不施返青肥和分蘖肥，穗肥减氮肥 10%，减肥 3.90 kg/hm²），水稻增产 829.50 kg/hm²，增收 3 403.50 元/hm²；水稻专用肥料一次性机械侧深施肥（全生育期不追肥，减施 7.8%，减肥 21.0 kg/hm²），水稻增产 691.05 kg/hm²，增收 2 377.80 元/hm²（李子建和马德仲，2018）。

（二）肥料增效

利用氮肥增效剂调控土壤氮循环进而减少农田土壤氮素损失，是作物增产、增效、提质的有效措施。氮肥增效剂主要包括硝化抑制剂和脲酶抑制剂，目前农业生产中常用的硝化抑制剂有 2-氯-6-三氯甲基吡啶（CP）、双氰胺（DCD）、3,4-二甲基吡唑磷酸盐（DMPP）和 N-丁基硫代磷酰三胺（脲酶抑制剂 NBPT）。黑土农田氮肥单独配施硝化抑制剂，并没有表现出显著的增产增效作用。郝小雨等（2016）发现，在黑土中连续 2 年施用 CP 和 DCD，均不影响玉米产量以及氮肥表观利用率和氮肥偏生产力。Chen 等（2021）同样发现，黑土中分别添加 CP、DCD 和 DMPP 均未影响玉米籽粒产量及地上部生物量。王玲莉等（2012）在黑龙江省三江平原白浆土玉米田的研究发现，等氮量配施脲酶抑制剂和硝化抑制剂（NAM）肥料（增效成分为 DCD 与 NBPT）处理使土壤 NH₄⁺-N 在较长时间内维持较高的水平，并显著提高了作物后期的土壤总有效氮供应水平，从而使作物吸氮量增加了 6.8%，增产 3.1%，并可提高氮肥利用率。孙磊等（2017）在黑龙江省北部黑土区也证实，应用 NAM 肥料添加剂能够提高玉米产量、氮肥利用率，分别增加 10.88% 和 46.45%。在黑土中氮肥添加 DMPP+NBPT 或 CP+NBPT 可以有效抑制 NH₄⁺-N 向 NO₃⁻-N 的转化，增加玉米氮素吸收量，较施普通尿素处理的玉米籽粒产量分别增加 1.64 倍和 2.18 倍，氮素表观利用率分别提高 3.02 倍和 3.34 倍（李学红等，2021）。Hao 等（2023）指出黑土区玉米田施用稳定性肥料（氮肥+硝化抑制剂 Nitrapyrin+脲酶抑制剂 NBPT）减少土壤氨挥发损失量 21.5%~31.8%、降低 N_2O 排放量 44.3%~48.5%，玉米增产 7.3%~9.6%，可提高氮肥利用率、降低农田综合温室效应。黑龙江省水稻田氮肥配施硝化抑制剂 Nitrapyrin 与脲酶抑制剂 NBPT 能够延长氮素释放周期，促进水稻氮素吸收，增加水稻产量，改善水稻品质，提高氮肥利用效率，增加经济效益，增产 6.4%，氮肥表观利用率、氮肥农学效率和氮肥偏生产力分别提高 15.6%、19.1%和 7.6%，增收 2 499.08 元/hm^2（郝小雨，2019）。可见，将硝化抑制剂和脲酶抑制剂配合使用，充分发挥其协同作用，可有效调节氮素在土壤中转化，减少氮素损失，达到增产增效的作用。

一次性施肥技术是以作物专用缓/控释氮肥为载体，根据作物养分需求特征和土壤肥力情况确定最佳施肥量，在播种或整地时将作物专用缓/控释氮肥配合磷、钾肥一次性基施，整个作物生育期内不再进行追肥的方法（刘兆辉等，2018），具有一次施用能满足植物整个生长期的养分需求量、提高养分利用率以及对土壤、水与大气环境的致害作用最小等优点（苏俊，2011），在促进一次性施肥的应用与推广中起到了重要的作用（高永祥等，2020）。根据玉米的需肥特性，黑土区玉米在拔节期到大喇叭口期必须追施肥料，才能保证其高产、稳产。然而，追肥一是对玉米植株损害大，不利于籽粒灌浆和增粒重；二是费力、费工，增加成本投入和农民负担；三是玉米生长期高温、多雨的季节特性易使所施肥料严重流失，导致资源浪费与环境污染（姬景红等，2018）。在水稻上施用控释肥能促进水稻生长发育、提高水稻产量和氮肥利用率（孙磊等，2011）。目前，农业生产中 100%施用控释肥还存在一定的困难，一方面，控释肥的成本较高，控释肥料价格一般比普通氮肥价格高 2~9 倍，全部施用控释肥经济效益不佳；另一方面，田间生产中气候具有不确定性，即作物生育期气温和降水量年份之间各不相同，而控释尿素的养分释放主要受水分和温度的影响（唐汉等，2019）。因此，将普通尿素和控释尿素按照一定比例混合后制得控释掺混尿素，其中的普通尿素能保障玉米苗期氮素需求，控释尿素能满足玉米中后期养分需求，有利于作物增产（Zheng 等，2017），一次性基施，免去追肥环节，在生产上很有应用价值。

（三）秸秆还田

实施玉米秸秆全量直接还田是实现东北地区绿色发展的重要途径。一是可实现秸秆资源高效利用，减少化肥施用；二是保障黑土资源可持续利用，支撑玉米高产稳产；三是促进土壤固碳减排，减缓大气污染（马国成等，

2022）。目前，东北黑土区农作物秸秆直接还田方式主要为翻埋（深施）还田、耕层混拌和覆盖还田。翻埋还田和耕层混拌主要通过机械方式将收获后的作物秸秆粉碎并均匀抛撒在田间，之后进行翻埋或者混拌，达到改善土壤物理性质和提高土壤肥力的目的；覆盖还田分为秸秆粉碎覆盖、高留茬覆盖和整株覆盖，将粉碎的秸秆或整株秸秆直接覆盖于土表，实现抗旱保墒、控制水土流失及提升土壤肥力的目的。近年来，黑土区形成了以秸秆翻埋还田、秸秆碎混还田、秸秆覆盖免耕等为主要技术类型的黑土地保护"龙江模式"，以水稻秸秆翻埋旋耕、原茬打浆还田为主的"三江模式"，以秸秆覆盖免耕栽培技术和秸秆覆盖条带旋耕栽培技术为主的"梨树模式"等（郝小雨，2022b）。

结合不同气候类型和土壤条件探索适合不同区域的黑土地保护与利用技术模式（韩晓增等，2021；杨阳，2022）。一是"秸秆翻埋还田—黑土层保育模式"，主要适用在松嫩平原中东部和三江平原草甸土区，以黑土层扩容增碳为核心技术，组装免耕覆盖技术，建立"一翻"（秸秆和有机肥翻埋还田）"两免"（条耕条盖、苗带休闲轮耕）技术模式。二是秸秆碎混还田—黑土层培育模式，针对因风蚀和水蚀的土壤、薄层黑土、暗棕壤等中低产田，采用秸秆和有机肥混合翻埋、松耙碎混为核心技术，通过玉米—大豆轮作，配套免耕覆盖、条耕条盖和苗带轮耕休闲技术，以及横坡打垄、垄向区田、植物篱等水土保持措施逐渐加深耕层，达到肥沃耕层构建的效果。三是四免一松保护性耕作模式，针对松嫩平原西部风沙、干旱、盐碱等问题，采用秸秆覆盖免耕配合深松的保护性耕作技术，取得了良好的技术效果。四是坡耕地蓄排一体化控蚀培肥模式，建立坡耕地蓄排水与控制面蚀、培肥土壤相结合的一体化系统工程保护黑土地中的坡耕地。

秸秆还田主要通过改变土壤生物、物理和化学性质影响作物根系生长和养分吸收，进而影响作物地上部的生长（杨竣皓等，2020）。李伟群等（2019）指出，黑土连续 5 年玉米秸秆还田可有效改善土壤结构，增强其通气与保水能力，提高土壤团聚体的稳定性，并增加土壤有机碳含量和改善土壤团聚体结构，玉米产量平均提高 4.5%~12.6%。玉米秸秆翻埋还田通过提高黑土中轻组有机碳含量和总有机碳含量实现玉米增产，产量提高 5.8%~7.2%（闫雷等，2020）。在黑龙江省东部玉米—大豆隔年轮作免耕条件下，60%秸秆覆盖还田能够有效增加大豆单株叶面积、地上部及地下部的干物质积累量，增产效果最佳（蔡朋君等，2015）。张久明等（2014）发现，秸秆覆盖结合深松可提高玉米喇叭口期和灌浆期的光合速率，降低蒸腾速率，对于产量均起到积极促进作用。孔凡丹等（2022）指出，玉米秸秆覆盖还田有利于延长大豆叶片的功能期，使叶片合成更多的营养物质来满足营养器官和生殖器官生长的需求，进而影响大豆的产量构成，从而为大豆增产提供了生理基础。在黑龙江省典型黑土区，玉米秸秆碎混还田较传统施肥可提高黑土氮肥利用率，玉米产量提高 7.6%（张杰等，2022）。在松嫩平原黑土大豆—玉米—玉米典型轮作模式下，秸秆深施还田和秸秆覆盖免耕处理可以提高大豆和玉米产量，平均分别增产 5.1% 和 5.5%（郝小雨等，2022b）。

黑土秸秆还田的固碳效应较为显著。在黑土区，秸秆覆盖还田对土壤有机碳的提升主要集中于表层，秸秆深翻还田大幅提高 0~40 cm 土层土壤有机碳的固持能力（梁尧等，2021）。韩锦泽（2017）指出，秸秆还田 15~30 cm 更能促进秸秆的分解、土壤微生物的繁殖、酶活性的提高和有机碳库的积累。玉米秸秆深翻还田不仅能够增加黑钙土表层和亚表层土壤有机碳含量，而且有利于改善土壤腐殖化程度和土壤结构性，是提升土壤固碳能力和肥力质量的有效措施（张姝等，2021）。在黑龙江省典型黑土区青冈的研究表明，尽管深松结合秸秆还田旋耕处理提高了土壤呼吸速率，但土壤有机碳平衡值为盈余，可有效固存有机碳（刘平奇等，2020）。Han 等（2022）的室内培养试验结果显示，向侵蚀区黑土中添加秸秆土壤总有机碳含量提高了 8.8%。从有机碳分组方面来看，玉米秸秆深埋还田可显著增加易氧化有机碳、颗粒有机碳、轻组有机碳含量，进而提高土壤中有机碳的转化速率，使土壤中的有机质不断地更新，也提高了土壤养分供应的强度，对土壤肥力的提高具有促进作用（王胜楠等，2015）。同时，秸秆覆盖还田的保护性耕作不仅增加了有利于微生物、植物吸收利用的总活性碳库，同时也增加了有利于长期固碳的惰性碳库（梁爱珍等，2022）。

（四）有机肥还田

农田施用有机肥在提高土壤肥力、改善耕层物理结构等方面有显著效果。研究表明，长期施用有机肥可增加黑土有机碳含量和黑土有机碳储量（郝小雨等，2016），提高黑土活性有机质含量（何翠翠等，2015）。黑土长期施有机肥可以提高土壤全氮、全磷、全钾、碱解氮、有效磷和速效钾含量（郝小雨等，2015）。有机肥对黑土磷素的活化可能是因为有机肥增加了黑土可溶性有机碳含量和土壤酸性磷酸酶的活性，促进了黑土磷素的转化，进而提高黑土磷素的有效性（唐晓乐等，2012）。黑龙江省海伦长期试验显示，有机肥的施用量为 22.5 t/hm²，连续培肥 13 年后，能够提高 0~40 cm 土层土壤肥力，改善土壤结构，施有机肥处理玉米产量与化肥处理没有显著差异，表明连续有机培肥后的土壤有实现有机肥替代化肥的能力（邹文秀等，2020）。黑土有机无机配施处理玉米产量可持续指数值为 0.712~0.798，具有明显的增产和稳产效果，玉米产量可持续性好（高洪军等，2015）。黑龙江省黑土区有机肥替代化肥 20% 条件下大豆增产 10.4%，并提高大豆粗蛋白质含量，增收 1 261.8 元/hm²（王晓林等，2023）。姜茜等（2018）研究发现，东北地区 46.7% 的粪便资源用于传统有机肥堆沤，3.5% 用于商品有机肥生产，而粪便资源的闲置率达 43.8%。综上，尽管有机肥培肥地力、增产增收效果显著，但黑龙江省农业生产中存在有机肥资源不足、有机肥资源分散、有机肥施用机械缺乏、农民施用有机肥意愿低等问题，导致有机肥利用率低。

（五）施用生物炭

生物炭具有多孔性和巨大的表面积，施入土壤后可提升土壤的持水量、增加对营养元素的吸附以减少其流失，生物炭本身含有丰富的矿质元素（氮、磷、钾、钙、镁等）并能够缓慢释放以供作物吸收，生物炭的孔隙结构及水肥吸附作用使其成为土壤微生物的良好栖息环境，有利于形成健康的土壤环境，此外生物炭多为碱性，可改良酸性土壤，因此生物炭能够改良土壤结构、改善土壤肥力并增加农作物产量（何绪生等，2011；杨放等，2012）。中国科学院海伦实验站长期定位试验结果显示，施用生物炭增加了黑土有机质含量，促使土壤特别是大团聚体中的有机质结构趋于脂肪化，促进了微团聚体中有机质的稳定性。闭蓄态轻组中脂肪族（—CH）的相对丰度增幅最大，有利于促进有机质活性的增强，加快土壤有机质的周转更新（龙杰琦等，2022）。在黑龙江省北安市 3° 坡耕地上，施用生物炭可降低土壤容重，增加土壤孔隙度，有效降低土壤固相比例，提高气相和液相比例，连续施加 25 t/hm² 的生物炭会使玉米产量提高（魏永霞等，2022）。在黑龙江省大庆碱性土壤上，无论是减施氮肥 20%、减施磷肥 20%、减施钾肥 20%，还是氮肥、磷肥、钾肥均减施 20%，都可增加玉米植株干物质积累量、转运率及对籽粒干物质积累贡献率，并可提高玉米产量，促进玉米植株氮、磷、钾积累（田福等，2021）。代琳（2017）试制了玉米、水稻和大豆 3 种秸秆生物炭，在黑龙江省白浆土的应用效果表明，施用 10 t/hm² 生物质炭提高了土壤有机质、阳离子交换量（CEC）、无机氮素、pH 和土壤含水量，并同时降低了土壤容重，并具有增产效果。目前，受成本高、设备落后、产品单一、施用不便等因素影响，黑龙江省生物炭研究主要处于田间应用验证阶段，在规模化生产方面进展缓慢，也有一些科研机构和企业利用生物质炭的吸附、缓释性能，尝试生产生物炭基肥。张伟（2014）以水稻秸秆为原料，分别制备了粒状和柱状生物质炭基尿素肥料，指出生物炭与尿素质量比为 1:1、黏结剂高岭土添加量为 10% 的条件下的粒状炭基尿素肥料性能较好，而当黏结剂为羧甲基纤维素钠或氧化淀粉、成型压力为 6 MPa、生物质炭与尿素质量比 1:1、黏结剂添加量为 7% 时，制备的柱状炭基尿素性能较优。生物炭基肥可一次性施肥，不用追肥，省时省力、节约成本，同时降低了肥料施用量，提高肥料利用率（殷大伟等，2019）。

（六）科学轮作

研究发现，大豆连作使土壤酶活性降低、有效养分含量下降，是造成大豆连作障碍而导致大豆减产的重要原因（王树起等，2009）。轮作是一种用地养地相结合的种植模式，有利于均衡利用土壤养分，防止病、虫、草害发生，改善土壤的理化性状，调节土壤肥力（王娜等，2022）。与玉米连作相比，大豆—玉米轮作可降低土壤容重和固相比，增加土壤孔隙度和土壤表层的碱解氮含量，改善土壤的理化性质，增加土壤肥力，收获后的作物残茬促进了后续作物的生长，达到养地的目的（陈庆山和姜振峰，2022）。黑龙江省克山县玉米—大豆轮作土壤碱解氮和速效钾含量高于玉米连作和大豆连作，土壤有机质含量高于玉米连作（王聪等，2022）。陈海江等（2018）基于嫩江市轮作定位试验和农户调研数据，发现与非轮作模式相比，轮作的大豆产量提高 325.65 kg/hm², 玉米产量提高 803.81 kg/hm², 节省大豆农药投入费用 42 元/hm², 节省玉米化肥投入量 117 kg/hm²。Yuan 等（2022）调查了齐齐哈尔市盐碱土不同轮作模式的作物产量，与玉米连作相比，玉米—大豆—玉米轮作模式的玉米产量提高 5.4%；与大豆连作相比，大豆—玉米—玉米轮作模式的大豆产量提高 9.7%。研究显示，玉米—大豆轮作作为我国两大主粮可持续发展的重要种植模式，能够增加作物残茬的还田量，改善土壤物理结构，有利于团聚体结构的形成，并提高表层土壤有机碳的含量，是保证玉米、大豆高产稳产的重要措施（提俊阳等，2022）。

（七）机械施肥

机械深施涵盖了底肥、种肥和追肥，能有效减少养分损失、提高肥效、增加作物产量、节约人力资源。2018 年我国机械深施化肥面积已达 3 527.0 万 hm²，推动了农业节本增效（邱子健等，2022）。研究表明，机械化深施可使粮食作物等增产 300~675 kg/hm², 化肥利用率则可提升至 40%~45%（付浩然等，2020）。姜佰文等（2023）利用深松施肥一体机（作业位置与苗带水平距离为 20 cm，施肥深度 20 cm），增密种植配合玉米苗期深松与氮肥侧深施组合技术，可有效改善玉米根系生长，促进植株氮素吸收，提高植株营养器官氮转运率，实现增产与氮肥增效，氮肥偏生产力提高 102.4%，氮肥农学效率提高 143.1%，增产 50.6%。在黑龙江省建三江垦区采用的水田机械侧深施肥技术可以有效地将肥料施用于作物秧苗侧 3~5 cm, 施肥深度 4.5~5.0 cm, 提高氮肥利用率 35%(刘毅, 2015)。在黑龙江省八五九农场, 利用自动驾驶系统的变量施肥插秧机, 可在插秧过程中实时测量出土壤的肥沃程度, 动态调整施肥量, 减肥率能达 10%, 亩节肥 3 kg 左右、节本 10 元左右, 还能通过平衡施肥, 提高水稻抗倒伏能力, 提升水稻品质(刘晓璐和高鹏飞, 2022)。

三、黑龙江省肥料减施增效相关举措

(一) 建立农作物科学推荐施肥方法

前人研究指出, 基于作物产量的推荐施肥方法主要有肥料效应函数法、叶绿素仪、叶片硝酸盐诊断法、冠层光谱诊断法、植株症状诊断等(串丽敏等, 2016)。还有学者提出了基于土壤氮素测试的黑土玉米推荐施肥方法(刘双全和姬景红, 2017)。近年来, 相关学者提出了理论施氮量(Theoretical nitrogen rate, TNR)(Ju 和 Christie, 2011)和 NE(徐新朋等, 2016)的推荐施肥方法。巨晓棠(2015)指出, 合理施氮量约等于作物地上部吸氮量, 即:

$$理论施氮量 \approx 目标产量/100×100 \ kg \ 收获物需氮量 \qquad (1-1)$$

NE 的原理是基于产量反应和农学效率进行推荐施肥, 采用地上部产量反应来表征土壤基础养分供应能力和作物生产能力, 将土壤养分供应看作一个"黑箱", 采用不施该养分地上部的产量或养分吸收来表征, 计算方法(何萍等, 2012; 串丽敏等, 2016; 何萍等, 2023)为:

$$氮肥推荐量 = 氮产量反应/氮肥农学效率 \qquad (1-2)$$

上述推荐施肥方法有的需要测定土壤和植株养分, 有的需要田间试验来获得产量效应, 操作仍有一定局限性, 在实际应用中还未大范围推广。近年来, 黑龙江省农业主管部门发布了作物推荐施肥方法, 以"黑龙江省玉米施肥方法"为例, 该方法根据黑龙江省积温区域和生产布局, 将玉米施肥划分为 6 个区, 确定不同区域推荐玉米施肥方法和技术, 对于黑龙江省玉米减施增效起到了较好的指导作用。

(二) 实施黑土地肥料减施增效政策

2015 年, 国家出台了《到 2020 年化肥使用量零增长行动方案》, 提出东北地区的施肥原则为控氮、减磷、稳钾, 补锌、硼、铁、钼等微量元素肥料; 主要措施为结合深松整地和保护性耕作, 加大秸秆还田力度, 增施有机肥; 适宜区域实行大豆、玉米合理轮作, 在大豆、花生等作物推广根瘤菌; 推广化肥机械深施技术, 适时适量追肥; 干旱地区玉米推广高效缓释肥料和水肥一体化技术。《东北黑土地保护规划纲要（2017—2030 年）》提出，要深入开展化肥使用量零增长行动，制定东北黑土区农作物科学施肥配方和科学灌溉制度，促进农企合作，发展社会化服务组织，建设小型智能化配肥站和大型配肥中心，推行精准施肥作业，推广配方肥、缓释肥料、水溶肥料、生物肥料等高效新型肥料，在玉米、水稻优势产区全面推进配方施肥到田。《国家黑土地保护工程实施方案（2021—2025 年）》提出，深入实施"藏粮于地、藏粮于技"战略，以保障粮食产能、恢复耕地地力，促进黑土耕地资源持续利用为核心，以治理黑土耕地"薄、瘦、硬"问题为导向，以保育培肥、提质增肥、固土保肥、改良培肥为主攻方向。近年来，黑龙江省也陆续出台了一系列黑土地保护方面的政策，这些政策也涉及了肥料减施增效方面的内容。2016 年黑龙江省出台《关于深入推进农业"三减"行动的实施意见》，明确到 2020 年，全省化肥亩均施用量要减少 10%以上，化肥利用率要提高 6.7%；农药利用率提高 9%；除草剂使用量减少 1.4 万 t 以上，下降 20%。《黑龙江省"十四五"黑土地保护规划》指出，全面实施测土配方施肥，改进施肥方式方法，推广高效新型肥料和配套施肥技术，提高化肥利用率，实现减量增效；强化畜禽粪污综合利用，支持畜禽规模养殖场粪污处理设施改造升级。通过市场化运营模式，在养殖密集区建设畜禽粪污集中处理中心，推进畜禽粪污肥料化生产，以有机肥替代化肥；到 2025 年，全省黑土地保护利用示范区测土配方施肥技术实现全覆盖，畜禽粪污综合利用率达到 85%。在这些政策的指引下，黑龙江省肥料减施增效成效显著。据统计，2022 年黑龙江省化肥用量（折纯量）为 238.5 万 t，较 2015 年的 255.3 万 t 下降 6.6%（黑龙江省统计局，2023）。

（三）在黑土地保护立法工作中明确肥料减施增效措施

《中华人民共和国黑土地保护法》第十三条规定，县级以上人民政府应当推广科学的耕作制度，采取以下措施提高黑土地质量：第一，因地制宜实行轮作等用地养地相结合的种植制度，按照国家有关规定推广适度休耕；第二，因地制宜推广免（少）耕、深松等保护性耕作技术，推广适宜的农业机械；第三，因地制宜推广秸秆覆盖、粉碎深（翻）埋、过腹转化等还田方式；第四，组织实施测土配方施肥，科学减少化肥施用量，鼓励增施有机肥料，推广土壤生物改良等技术；第五，推广生物技术或者生物制剂防治病虫害等绿色防控技术，科学减少化学农药、除草剂使用量，合理使用农用薄膜等农业生产资料；第六，其他黑土地质量提升措施。为了保护好、利用好黑土地，防止黑土地数量减少、质量下降、生态功能退化，促进黑土地可持续利用，维护国家资源安全、生态安全、粮食安全，在《中华人民共和国黑土地保护法》的基础上，2021 年黑龙江省实施《黑龙江省黑土地保护利用条例》，其第二十七条指出，县级以上人民政府农业农村主管部门应当组织开展科学施肥，因地制宜推广秸秆直接还田、秸秆过腹转化、少耕免耕、深松深耕、轮作休耕等黑土地保护措施，推广先进适用的农业机械和标准化种植方式，鼓励使用节水灌溉设施，推广水肥一体化等技术；第二十八条指出，县级以上人民政府农业农村主管部门应当组织实施测土配方施肥，科学减少化肥施用量，鼓励增施有机肥料，推广土壤生物改良等技术，支持以农作物秸秆、畜禽粪污、食用菌栽培废料等为主要原料的有机肥料研发、生产。

第二节　黑龙江省农药使用现状及存在问题

近年来，随着黑龙江省加大招商力度、农药企业重组并购，以及我国农药厂"北迁"、项目转移，黑龙江省已发展成为我国农药生产的主要基地。中国农药信息网（http://www.icama.org.cn/）公布的统计数据表明，黑龙江省 2022 年年底农药品种发展到 287 个，比 2011 年农药品种增加了近 100%；农药产品登记数量达 784 个，比 2011 年产品登记数量增长了 76%，位居我国北方 14 个省（区、市）前列。本节对黑龙江省农药产品登记情况、农药施用现状及存在问题进行简析，以期为保证国家粮食安全、黑龙江省农药高质量发展和乡村振兴提供参考。

一、黑龙江省农药登记情况

（一）农药登记现状

截至 2022 年 12 月 31 日，黑龙江省登记农药产品共 784 个，排在辽宁省之后，高于天津市、北京市、吉林省、内蒙古自治区、山西省、甘肃省、宁夏回族自治区、湖北省等其他北方各地的农药产品登记数量，居全国第 14 位，其中除草剂 491 个（图 1-1），杀菌剂 131 个，杀虫剂 114 个，其他农药 28 个，植物生长调节剂 15 个，卫生杀虫剂 4 个，杀鼠剂 1 个；原（母）药 83 个，制剂 701 个；低毒 654 个，中等毒 50 个，微毒 47 个，高毒 14 个，低毒（原药高毒）12 个，中等毒（原药高毒）7 个；化学农药 720 个，生物农药 64 个；可溶液剂农药 774 个，乳油农药 6 个，可湿性粉剂农药 4 个；共涉及有效成分 169 种，有化学农药 148 种、生物农药 21 种（郑庆伟，2023）。

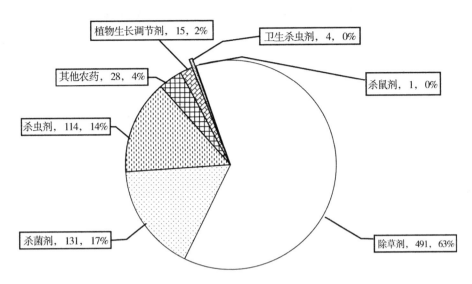

图 1-1 黑龙江省农药各类别构成（郑庆伟，2023）

1. 农药剂型

784 个农药产品中，涉及农药剂型 35 种，依次为乳油 202 个、可湿性粉剂 139 个、水剂 84 个、原药 78 个、可分散油悬浮剂 56 个、悬浮剂 38 个、水分散粒剂 29 个，分别占登记总数的 25.76%、17.73%、10.71%、9.94%、7.14%、4.84%、3.69%、15.69%，悬浮种衣剂、水乳剂、可溶粉剂、微乳剂、种子处理悬浮剂均为 10 个。

2. 农药种类

从农药种类来看，黑龙江省农药登记产品以化学农药为主，有 720 个，占比达 91.84%；生物农药产品 64 个，占比为 8.16%，说明黑龙江省绿色有机农作物病虫害防治有药可用。在生物农药中，从登记品类来看，农用抗生素占半壁江山，达 34 个（表 1-1），微生物农药、生物化学农药、植物源农药次之，分别有 14 个、12 个、3 个，其他农药仅 1 个；从登记农药的用途来看，有杀虫剂 30 个、杀菌剂 20 个、植物生长调节剂 9 个、其他农药 5 个；从登记的有效成分来看，生物化学农药的有效成分最多，有 8 种，农用抗生素、微生物农药、植物源农药的有效成分次之，分别有 6 种、4 种、3 种。黑龙江省目前使用的生物农药品种：杀虫剂有阿维菌素、苏云金杆菌、多杀霉素、苦参碱等；杀菌剂有春雷霉素、井冈霉素、宁南霉素、枯草芽孢杆菌、淡紫拟青霉、木霉菌等。

表1-1　黑龙江省登记生物农药品类、用途、名称和数量

品类	用途	名称	数量/个
农用抗生素	杀虫剂	甲氨基阿维菌素苯甲酸盐	15
		阿维菌素	9
		多杀霉素	2
	杀菌剂	宁南霉素	5
		井冈霉素	2
		春雷霉素	1
微生物农药	杀菌剂	枯草芽孢杆菌	6
		淡紫拟青霉	2
		木霉菌	1
	其他农药	苏云金杆菌	5
生物化学农药	植物生长调节剂	萘乙酸	4
		24-表芸·赤霉酸	2
		乙烯利	1
		烯腺·羟烯腺	1
		24-表芸苔素内酯·S-诱抗素	1
	杀菌剂	香菇多糖	3
植物源农药	杀虫剂	鱼藤酮	1
		烟碱·苦参碱	2
其他农药	杀虫剂	甲维·苏云菌	1

3. 产品数量

黑龙江省农药产品主要以原药和制剂为主，其中，大约85%为制剂，15%为原药。制剂主要以农药瓶装产品和散装产品为主，瓶装产品常用于小作物、粮食和蔬菜，散装产品通常用于大田作物。截至2022年年底，有效期内的黑龙江省允许使用农药制剂产品共701个，单剂数量（419个）大于混剂（282个），占比分别为59.63%和40.37%，共涉及有效成分169个，其中有化学农药成分143个、生物农药成分21个。

4. 农药类别

从农药类别来看，黑龙江省农药登记制剂产品有7类：除草剂产品443个，占农药登记总数的63.2%；杀菌剂122个，占比17.4%；杀虫剂90个，

占比 12.84%；其他农药 28 个，占比 3.99%；植物生长调节剂、卫生杀虫剂、杀鼠剂共占 2.57%。

（二）农药生产企业

1. 企业分布

从农药生产企业分布来看，47 家生产企业分布在黑龙江 10 个地级市。其中，农药企业在 6 家以上的地级市有 3 个，按农药生产企业数量从高到低排列依次为哈尔滨市（17 家）、绥化市（9 家）、佳木斯市（6 家）（图 1-2）；2 家以上的地级市有 5 个，依次为牡丹江市（4 家）、齐齐哈尔市（3 家）、黑河市（2 家）、鸡西市（2 家）、鹤岗市（2 家）；七台河市、大庆市各有 1 家。黑龙江省农药生产企业分布情况见表 1-2。

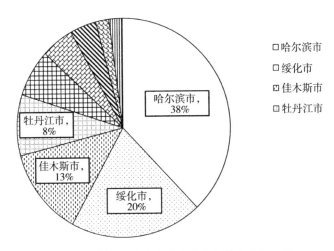

图 1-2　主要地区农药生产企业家数占全省比例

表 1-2　黑龙江省农药生产企业属地分布情况

地区	登记证持有人
哈尔滨市	黑龙江省哈尔滨利民农化技术有限公司、黑龙江省哈尔滨富利生化科技发展有限公司、德强生物股份有限公司、哈尔滨市益农生化制品开发集团有限公司、哈尔滨理工化工科技有限公司、黑龙江华诺生物科技有限责任公司、哈尔滨火龙神农业生物化工有限公司、黑龙江森工农化有限公司、哈尔滨汇丰生物农化有限公司、黑龙江省哈尔滨市农丰科技化工有限公司、黑龙江五常农化技术有限公司、黑龙江科润生物科技有限公司、黑龙江双盈生物科技有限公司、黑龙江省化工研究院天泽农药有限公司、黑龙江省哈尔滨龙志农资化工有限公司、东北农业大学、株式会社 LG 化学

（续表）

地区	登记证持有人
绥化市	黑龙江吉翔农化有限公司、东部韩农（黑龙江）生物科技有限公司、安达市海纳贝尔化工有限公司、黑龙江谱农丰生物科技开发有限公司、黑龙江省大地丰农业科技开发有限公司、黑龙江绥农农药有限公司、黑龙江省富农科技开发有限公司、黑龙江省苗必壮农业科技有限公司、黑龙江省绥化农垦晨环生物制剂有限责任公司
佳木斯市	佳木斯黑龙农药有限公司、黑龙江绿丰源生物科技有限公司、黑龙江省佳木斯市恺乐农药有限公司、黑龙江省佳木斯兴宇生物技术开发有限公司、黑龙江九洲农药有限公司、黑龙江梅亚种业有限公司
牡丹江市	黑龙江赛农姆化学有限公司、黑龙江省牡丹江市水稻壮秧剂厂、黑龙江省牡丹江金达农化有限公司、株式会社福阿姆韩农
齐齐哈尔市	齐齐哈尔盛泽农药有限公司、黑龙江省齐齐哈尔四友化工有限公司、华丰作物科技（黑龙江）有限公司
黑河市	嫩江绿芳化工有限公司、黑龙江省绿洲农药厂
鸡西市	黑龙江省卫星生物科技有限公司、松辽生物农药制造（黑龙江）有限公司
鹤岗市	鹤岗市旭祥禾友化工有限公司、鹤岗市英力农化有限公司
大庆市	黑龙江省大庆志飞生物化工有限公司
七台河市	黑龙江联顺生物科技有限公司

2. 企业证件

从农药生产企业登记证件数量来看，黑龙江吉翔农化有限公司登记证件114个，高居榜首，占黑龙江省农药产品登记总数的14.54%；黑龙江省哈尔滨利民农化技术有限公司登记证件59个，位列第2，占比为7.53%；黑龙江省哈尔滨富利生化科技发展有限公司登记证件44个，位居第3，占比为5.61%。黑龙江省农药生产企业登记证件概况见表1-3。

表1-3　黑龙江省农药生产企业登记证件概况　　　　　单位：个

农药生产企业	产品数量	原（母）药产品数量	制剂产品数量	单剂产品数量	混剂产品数量
黑龙江吉翔农化有限公司	114	29	85	65	20
黑龙江省哈尔滨利民农化技术有限公司	59	3	56	37	19
黑龙江省哈尔滨富利生化科技发展有限公司	44	0	44	24	20
东部韩农（黑龙江）生物科技有限公司	41	0	41	31	10
佳木斯黑龙农药有限公司	37	15	22	17	5

（续表）

农药生产企业	产品数量	原（母）药产品数量	制剂产品数量	单剂产品数量	混剂产品数量
黑龙江绿丰源生物科技有限公司	30	0	30	12	18
德强生物股份有限公司	30	4	26	22	4
黑龙江联顺生物科技有限公司	29	14	15	6	9
齐齐哈尔盛泽农药有限公司	28	0	28	15	13
哈尔滨市益农生化制品开发集团有限公司	25	0	25	15	10
哈尔滨理工化工科技有限公司	23	0	23	8	15
黑龙江省佳木斯市恺乐农药有限公司	22	4	18	14	4
黑龙江华诺生物科技有限责任公司	22	0	22	17	5
安达市海纳贝尔化工有限公司	22	1	21	16	5
哈尔滨火龙神农业生物化工有限公司	21	0	21	2	19
黑龙江谱农丰生物科技开发有限公司	16	0	16	7	9
黑龙江省齐齐哈尔四友化工有限公司	15	0	15	3	12
黑龙江赛农姆化学有限公司	15	0	15	11	4
华丰作物科技（黑龙江）有限公司	14	0	14	5	9
黑龙江省佳木斯兴宇生物技术开发有限公司	13	1	12	9	3
黑龙江森工农化有限公司	13	0	13	9	4
哈尔滨汇丰生物农化有限公司	12	0	12	5	7
黑龙江省哈尔滨市农丰科技化工有限公司	11	0	11	3	8
嫩江绿芳化工有限公司	10	1	9	9	0
黑龙江五常农化技术有限公司	10	0	10	5	5
黑龙江省大地丰农业科技开发有限公司	10	0	10	6	4
黑龙江科润生物科技有限公司	10	0	10	4	6
黑龙江双盈生物科技有限公司	8	0	8	2	6
黑龙江省大庆志飞生物化工有限公司	8	3	5	5	0
黑龙江绥农农药有限公司	6	0	6	4	2
黑龙江省绿洲农药厂	6	0	6	4	2
黑龙江省化工研究院天泽农药有限公司	6	0	6	6	0
鹤岗市旭祥禾友化工有限公司	6	3	3	3	0

（续表）

农药生产企业	产品数量	原（母）药产品数量	制剂产品数量	单剂产品数量	混剂产品数量
黑龙江省卫星生物科技有限公司	5	0	5	1	4
黑龙江省哈尔滨龙志农资化工有限公司	5	0	5	2	3
黑龙江省富农科技开发有限公司	5	0	5	2	3
鹤岗市英力农化有限公司	5	1	4	4	0
株式会社 LG 化学	4	2	2	2	0
黑龙江省苗必壮农业科技有限公司	4	0	4	0	4
黑龙江九洲农药有限公司	4	0	4	3	1
黑龙江省牡丹江市水稻壮秧剂厂	3	0	3	0	3
黑龙江梅亚种业有限公司	3	0	3	2	1
株式会社福阿母韩农	2	1	1	1	0
松辽生物农药制造（黑龙江）有限公司	2	0	2	0	2
黑龙江省双城市盖敌农药有限责任公司	2	0	2	0	2
东北农业大学	2	1	1	1	0
黑龙江省牡丹江金达农化有限公司	1	0	1	0	1
黑龙江省绥化农垦晨环生物制剂有限责任公司	1	0	1	0	1

3. 招商引资

在招引外资方面，与2011年登记的农药企业相比，引进外资企业2家，均为韩国企业。其一，株式会社 LG 化学，2011年办公地点在江苏省南京市，目前入驻黑龙江省哈尔滨市道外区。其二，株式会社福阿母韩农，2011年办公地点在北京市海淀区，现入驻黑龙江省牡丹江市宁安市。招引内资方面，2022年从江苏省招进1家具有出口创汇能力的农药企业落户绥化市，现为黑龙江吉翔农化有限公司（原江苏天容集团股份有限公司）。

（三）农药新品种

与2011年前登记的农药品种相比，截至2022年12月31日，黑龙江省共登记农药新品种134种（除草剂82种，包括单剂17种、混剂65种；杀菌剂23种，包括单剂9种、混剂14种；杀虫剂16种，包括单剂6种、混剂10种；其他农药7种，均为混剂，7种；植物生长调节剂5种，包括单剂2种、混剂3种；卫生杀虫剂1种，为单剂），其中东北农业大学创制的植物生长调节剂谷维菌素，黑龙江省哈尔滨富利生化科技发展有限公司研发的吡嘧·硝草酮，黑龙江华诺生物科技有限责任公司研制的吡嘧·吡氟酰，哈尔滨火龙神农业生物化工有限公司开发的呋虫胺·嘧菌酯·种菌唑、吡唑酯·咯菌腈·精甲霜，华丰作物科技（黑龙江）有限公司研发的丙炔氟·乙草胺，哈尔滨汇丰生物农化有限公司登记的滴异酯·噻吩隆·乙草胺，黑龙江科润生物科技有限公司研制的滴辛酯·噻吩隆·乙草胺，黑龙江省佳木斯兴宇生物技术开发有限公司研发的多·福·甲维盐等产品，独一无二，处于领跑地位；黑龙江省哈尔滨富利生化科技发展有限公司研制的苯·苄·西草净，东部韩农（黑龙江）生物科技有限公司生产的丙草·西草净，齐齐哈尔盛泽农药有限公司开发的苯·苄·硝草酮，黑龙江绿丰源生物科技有限公司制成的苄·扑·西草净、丙草胺·西草净·乙氧氟、丙嗯·五氟磺等，处于领先地位；黑龙江联顺生物科技有限公司生产的吡嘧·二甲戊产品处于并跑阶段。上述产品表明黑龙江省已成为我国具有自主创制农药能力的省份之一。

二、黑龙江省农药施用现状

（一）黑龙江省农作物种植情况

黑龙江省是我国农业大省，是全国最重要的商品粮基地和粮食战略后备基地，农业生产特别是粮食生产在全国占有重要的战略地位，肩负着保障国家粮食安全、生态安全的重任。目前，黑龙江省共有耕地面积 2.569 7 亿亩，位居全国之首。黑龙江省典型黑土耕地面积占全国典型黑土区耕地面积的 56.1%，土壤有机质平均含量 36.2 g/kg。作为全国粮食生产第一大省，粮食作物常年种植面积在 2.1 亿亩以上，粮食总产连续 6 年超过 750 亿 kg，连续 14 年居全国第一位。全省粮食播种面积 2.21 亿亩，产量 778.82 亿 kg，增产 2.52 亿 kg，连续 14 年居全国首位（黑龙江省农业农村厅，2024）。

玉米为黑龙江省第一大粮食作物，种植面积高达 597.0 万 hm²，大豆种植面积为 493.2 万 hm²，水稻种植面积为 360.1 万 hm²。其中哈尔滨市、绥化市、齐齐哈尔市是黑龙江省玉米的主栽区（占全省玉米播种面积的 54.32%），黑河市和齐齐哈尔市是黑龙江大豆的主栽区（占全省大豆播种面积的 48.51%），佳木斯、哈尔滨市、鸡西市是水稻的主栽区（占全省水稻播种面积的 54.92%），见表 1-4。

表 1-4　2022 年黑龙江省主要地区农作物种植面积　　　单位：hm²

地区	玉米	大豆	水稻	其他	合计
哈尔滨市	1 174 208.2	234 837.7	573 647.4	21 798.5	2 004 491.8
齐齐哈尔市	1 030 133.5	953 943.8	413 357.7	52 981.5	2 450 416.5
鸡西市	305 394.4	177 888.4	470 247.1	3 816.3	957 346.2
鹤岗市	130 559.2	138 200.3	277 573.9	3 945.3	550 278.7
双鸭山市	360 446.4	292 832.6	361 523.2	2 425.5	1 017 227.7
大庆市	498 563.5	89 759.5	108 077.7	12 813.7	709 214.4
伊春市	54 310.9	169 019.8	56 922.8	3 564.6	283 818.1
佳木斯市	461 408.7	541 660.1	933 921.8	1 467.8	1 938 458.4
七台河市	136 837.9	52 117.8	21 322.0	691.0	210 968.7
牡丹江市	356 026.0	238 043.7	47 431.1	13 122.7	654 623.5
黑河市	372 003.7	1 438 565.4	12 749.2	35 068.8	1 858 387.1
绥化市	1 038 614.5	458 782.8	298 825.4	23 234.0	1 819 456.7
大兴安岭地区	3 540.4	165 057.2	—	5 109.5	173 707.1
合计	5 922 047.3	4 950 709.1	3 575 599.3	180 039.2	14 628 394.9

数据来源：黑龙江省统计局（2023）。

（二）黑龙江省主要病虫草害发生情况

黑龙江省地处寒温带与温带大陆性季风气候，气候寒冷，病虫害发生相对较轻，草害发生较重。

水稻田主要病害菌源丰富。稻瘟病、纹枯病、叶鞘腐败病等是黑龙江省水稻主要病害，近几年虽整体偏轻发生，但均有发生较重的地块；稻曲病发生范围不断扩大，个别地块发生较重，田间菌源充足，有利于病害发生。部分县主栽品种稻瘟病发生风险较高。对 40 个县主栽品种稻瘟病的监测结果显示，自 2018 年以来，田间监测圃中发病品种占比由 84.7% 下降到 14.3%，黑龙江省水稻主栽品种对稻瘟病整体抗性水平有较大幅度的提升，但从目前已鉴定明确稻瘟病发病风险等级的 398 个水稻品种种植情况看，部分县稻瘟病发生风险大，如 2023 年五优稻 4 号在五常市发病风险等级为"高"或"极高"，但其种植面积占比达 71.7%；齐粳 10 在尚志市发病风险等级为"较高"，但其种植面积占 54.2%。

水稻二化螟越冬基数较低。2023 年秋季调查结果显示，水稻二化螟全省平均百秆活虫 1.46 头，比上年高 0.03 头，较近 10 年均值低 0.31 头。其中，饶河县虫量最高，百秆活虫 6 头，较上年增加 2 头；抚远市、汤原县、绥棱县等市（县、区）较上年增加 0.26~1 头；五常市、方正县、北林区、肇东市等市（县、区）较上年减少 0.04~0.4 头。

玉米田主要害虫越冬基数进一步下降。2023 年秋季玉米螟扒秆调查，各地百秆活虫加权平均为 15.04 头，较上年下降 1.86 头，为历史最低年份；存活率平均为 81.27%，较常年和上年分别下降 7.18 个和 4.95 个百分点，且越冬虫源发育质量较上年略差，但部分县虫源基数较上年有较大幅度增加，个别地块百秆活虫超过 100 头。金针虫、蛴螬、地老虎越冬基数为 0.21~0.26 头/m²，较上年低 0.01~0.08 头，比近 5 年均值低 0.12~0.16 头。蝼蛄越冬基数为 0.31 头/m²，较上年和常年分别高 0.02 头/m² 和 0.06 头/m²。

玉米田耕作制度对病虫害发生总体有利。秸秆还田、免耕种植、长期连作，有利于田间病虫源积累，为部分病虫害发生创造了有利条件。虽然玉米田机械收获及旋耕等农事操作，破坏秸秆、根茬等玉米螟主要越冬场所，但其野生寄主较普遍，田间仍保持一定的虫源基数。近年来种植密度加大，有利于病虫害发生。

大豆田虫源基数较低。2023 年秋季越冬基数调查，大豆食心虫全省平均虫食率为 3%，较上年下降 1.1 个百分点，较近 10 年均值下降 0.76 个百分点。全省超过防治指标（5%）的县有 10 个，较上年减少 4 个，其中，兰西县最高，为 10.6%。大豆蚜虫、大豆红蜘蛛 2023 年总体偏轻发生，虫源基数较低。地下害虫蛴螬、地老虎越冬基数分别为 0.18 头/m²、0.17 头/m²，比上年分别低 0.08 头/m² 和 0.05 头/m²，比近 5 年均值分别低 0.14 头/m² 和 0.16 头/m²。

黑龙江省近年大豆种植面积处于高位，重迎茬面积占比超过 80%，且后春及夏季降水略多，对大豆根腐病、菌核病及霜霉病、紫斑病等叶部病害发生有利。

水稻田常发性为害杂草主要有稻稗、稗、野慈姑、萤蔺、扁秆藨草、泽泻、雨久花、狼巴草、三棱水葱（藨草）、日本藨草（Scirpus nipponicus Makino）、李氏禾、牛毛毡、水绵、匍匐剪股颖、眼子菜、菰等；玉米田以稗、狗尾草、野黍、马唐、芦苇等禾本科杂草为害较重；大豆田以反枝苋、野大豆、鸭跖草、藜、小蓟、大蓟等阔叶杂草为害较重。除草剂普遍超量使用及单一除草剂品种多年连续使用，加快了杂草群落演替，抗性杂草为害加剧，难防杂草种类增多。据监测，黑龙江省大部分稻区稗种群对氰氟草酯、五氟磺胺、二氯喹啉酸抗性较高，野慈姑、萤蔺、扁秆荆三棱对吡嘧磺隆、苄嘧磺隆抗性较高；玉米田狗尾草、马唐、稗对烟嘧磺隆、莠去津抗性较高；大豆田反枝苋、鸭跖草对氟磺胺草醚抗性较高。

（三）黑龙江省农药使用基本情况

2022 年黑龙江省种植结构变化较大，主要是大豆种植面积有较大增加，玉米种植面积减幅较大，水稻种植面积与去年基本持平。因此，玉米使用的种衣剂、除草剂等需求下降，大豆使用的拌种剂、除草剂、杀菌剂、杀虫剂、叶面肥等需求量略有增加（主要是受连续降雨影响，苗后除草剂使用量减少）。近年来，黑龙江省农药使用量呈现逐年减少的趋势。黑龙江省统计局的数据显示，2018 年黑龙江省农药使用量为 7.5 万 t，到 2022 年全省农药使用量已降至 5.5 万 t。整体而言，根据黑龙江省大田作物的用药习惯和防治水平，毫无疑问除草剂还是占据最大市场份额。农药结构大体为除草剂 70%左右、杀菌剂 15%左右、杀虫剂 10%左右、植物生长调节剂等其他农药占比不大。

1. 旱田作物除草剂使用情况

由于黑龙江省旱田杂草基数不断增加，后期杂草控制难度较大，所以大部分地区旱田多选择苗前封闭+苗后茎叶处理 2 次用药来控制杂草为害。2019 年全省旱田封闭除草在 60%以上，比 2018 年增加 10%。当年旱田苗后除草剂需求出现 2 个特点：①玉米田后期禾本科杂草基数较多，增加了玉米苗后除草剂的需求量；②大豆田防治时期连续降雨，有些地块打不进药，致使需求量减少。

2. 水田除草剂使用情况

黑龙江省水稻苗床除草仍以出苗后使用氰氟草酯茎叶喷雾为主流除草方式，苗床封闭除草使用的药剂有禾草丹、丁草胺、丁·扑等，其中禾草丹、丁草胺安全性较好，但受用药时期低温影响，部分苗床除草效果不太理想，而丁·扑普遍药害较重。

黑龙江省水稻田杂草种类多、基数大，每年水稻插秧本田使用除草剂 2.4~2.5 次。第一次是在耙地和插秧前施药，全省用药比例在 15%左右。第二次是在水稻插秧返青后施药，由于插秧后低温苗弱，加之缺水，部分地块没有进行插秧后封闭除草（正常年份在 90%左右），插秧返青后用药结构发生了较大变化，全省用药比例在 80%左右。第三次是在前 2 次封闭除草没封住的地块或没有进行第二次封闭的地块通过茎叶喷雾来防除田间杂草，全省采用茎叶喷雾防除田间杂草的比例在 50%左右。

3. 杀菌剂使用情况

水稻田发生较重的病害有纹枯病、穗颈瘟，部分地区细菌性褐斑病、褐变穗、稻曲病、恶苗病、绵腐病也有发生。普遍采取种衣剂拌种（部分地区或农户采用种衣剂拌种+浸种）方式预防水稻恶苗病。水稻苗床立枯病、绵腐病、生理性病害发生较轻，但 7 月中下旬黑龙江省大部分地区连续降雨、寡照，致使水稻穗颈瘟严重发生，防治水稻穗颈瘟的杀菌剂稻瘟灵、春雷霉素、稻瘟酰胺、咪鲜胺、三环唑等后期出现脱销。玉米大斑病较重，但基本没有形成为害，根腐病、菌核病、大豆疫病在大豆主产区发生较为普遍，由于大豆田玉米倒茬占有一定比例，羞萎病、霜霉病发生程度较轻，马铃薯早晚疫病、黑胫病、疮痂病、病毒病、炭疽病、瓜类疫病、枯萎病、黑星病、蔓枯病、猝倒病、炭疽病、白粉病、果腐病发生较普遍，为害较重，蔬菜常发性病害发生较为普遍。

4. 杀虫剂使用情况

水稻田害虫负泥虫、潜叶蝇全省普遍发生，且程度较重，稻摇蚊（老百姓俗称"线虫"）也在部分市（县、区）有偏重发生，水稻二化螟在哈尔滨市、绥化市、牡丹江市及佳木斯市部分市（县、区）发生，水稻象甲在个别市（县、区）局部发生。大部分地区春夏两季连续降雨，土壤湿度大，地下害虫发生较轻，苗期害虫基本没有发生，蚜虫、黏虫、玉米螟局部地区发生。旱田作物主要防治地下害虫、苗期害虫以及突发性害虫等。

5. 植物生长调节剂使用情况

受农作物种植结构较大幅度调整的影响，残留药害发生较为普遍。另外，因大部分地区低温，大豆田苗后过量使用氟磺胺草醚，玉米田过量使用烟嘧磺隆、2,4-滴丁酯等所产生的药害比例较大，植物生长调节剂、解药害剂等需求有所增加。无人机飞防的暴发式增长，也拉动了无人机喷雾沉降剂和助剂的需求量。用于防治苗床病害和壮苗的芸苔素内酯、吲哚丁酸、萘乙酸、S-诱抗素等植物生长调节剂，虽有一定使用量，但总体上有所下降（李广仁等，2019）。

三、黑龙江省农药施用过程中存在的问题

（一）影响农药使用效果和安全性因素分析

农药（尤其除草剂）施用过程中，必须充分考虑天气、施药方法、周围作物等可能出现的各种问题，否则就会出现药效难以发挥或出现药害的现象。影响农药使用效果的因素可能有如下 8 个原因。

1. 假农药

购买的为不正规厂家生产的农药，里面所含的成分和剂量，与外包装的差距比较大，另外，再加上生产工艺落后，导致达不到防治病虫草的目的，不仅耽误了最佳防治时期，还有可能造成药害。

2. 天气因素

农药喷施以后，遇到了下雨天，或者温度过低（过高）的情况，也有可能影响药效。例如，喷施农药 6 h 内出现了降雨，这一方面会冲刷掉部分药液，另一方面会稀释药液，导致药效降低。温度过高时，药液会被蒸发掉一部分，而温度过低时，则不利于吸收，导致农药喷施以后药效不好。

3. 错用农药

农药购买回来以后，可能会出现下面 2 种情况：第一，购买的是杀菌剂，但是田间有虫时，没有仔细看，把杀菌剂拿去当杀虫剂喷施；第二，以除草剂来说，购买的是禾本科除草剂，但是田间以阔叶草居多。以上 2 种情况，在实际过程中并不少见，可以想象，喷施以后，效果肯定不好。

4. 使用方法不对

田间的病虫草有很多，根据不同的习性，选择合适的喷药方法，比如除草剂主要对着杂草喷施，杀虫剂、杀菌剂主要对着作物喷施，该全田喷雾的要全田喷雾，该定向喷雾的要定向喷雾，这都是有规定的，如果使用时，随意喷施，方法不对，除药效降低外，出现药害的情况也会增加。

5. 药剂浓度不当

不同的药剂，使用时浓度也会有差别，使用时可观看农药包装上的用药浓度使用说明，有些农民为了节省成本，将本应为 1 亩的剂量，应用于 1.5亩，导致浓度过低，最终的防效变差，或者怕药剂浓度不够、防治效果不好，随意加大用药量，导致药害产生。

6. 用药时期

无论是杂草，还是病虫害，都有它适宜的用药时期，如果提前打药或者延迟打药，都有可能造成效果不好，比如杂草，大部分的杂草，都是在刚出苗 2~4 叶期打药效果最佳，如果提前施药，有些杂草还未出苗，后期还是会生长出大量的杂草，如果施药过迟，杂草的抗药性增加，防除效果大大降低。

7. 混用错误

不少农户在使用农药时，为了节省人工，会选择药剂混用，这样的想法是没错的，但是，并不是所有的农药都可以混用，如果把不能混用的农药，混合在了一起，不仅会降低药效，达不到效果，还有可能出现药害，比如酸性农药和碱性农药是不能混合的，再比如，除草剂和杀虫剂杀菌剂也不建议混合，以免影响药效的发挥。

8. 抗性问题

在实际种植过程中，会出现多年使用某一种药剂的现象，导致该地块病虫草害自身的抗性增加，在这种情况下，继续喷施同样的药剂，效果会大打折扣。

（二）化学除草面临主要问题

随着现代化农业的发展，人们为了追求高产量和高收益，除草剂被大量应用于水稻、玉米、大豆、油菜等作物田间杂草及草坪的防治中去。除草剂的广泛使用，虽极大地解决了生产中劳动力不足的问题，但除草剂大面积、高频率、高剂量的使用，也给农业生产带来诸多影响，除草剂药害及杂草抗药性等问题随之显现而来（张苏新，2021）。

1. 杂草群落不断演替

化学除草剂具有选择性，对于敏感的靶标杂草可以达到较好的防除效果，而为不敏感的非靶标杂草提供了更宽广的生存空间，因此某些非靶标杂草上升为新的优势杂草种群，导致原有的杂草群落组成发生改变，新的杂草群落向着不可防治的方向发展。黑龙江省齐齐哈尔市水稻田由于常年大面积使用合成激素类、磺酰脲类、酰胺类除草剂，其水田中异型莎草、稻稗、芦苇等杂草的发生频率大幅下降，而野慈姑、雨久花、泽泻、鸭舌草、匍匐翦股颖等杂草发生频率显著增加，水田杂草群落组成由最初的"禾本科杂草+莎草科杂草+阔叶类杂草"逐渐演替成"阔叶类杂草+禾本科杂草+莎草科杂草"模式。浙江省水稻田自20世纪90年代以来便开始使用酰胺类（乙草胺、丙草胺、丁草胺、二氯喹啉酸）、磺酰脲类（吡嘧磺隆、苄嘧磺隆）除草剂，虽降低了牛毛毡、矮慈姑等杂草的数量，但稗、千金子、耳叶水苋等逐渐成了优势杂草，并产生了一定的抗性。杂草群落演替朝着抗性的发展，也为杂草的防除带来了困难和挑战。

2. 杂草抗性问题日渐凸显

随着农业现代化进程的发展，农民已经离不开除草剂的应用，而频繁、单一、大量地使用同一种或作用机制相同的除草剂无可避免地导致杂草抗药性的发生和进化。据国际抗性杂草数据库统计，截至2024年，在全球72个国家的100种作物田中已有272种杂草（155种双子叶植物和117种单子叶植物）的531个生物型，对已知的31种除草剂作用位点中的21类，共168种不同的除草剂产生了抗性。近年来我国水稻田大量使用丁草胺、五氟磺草胺、二氯喹啉酸、氰氟草酯、吡嘧磺隆、苄嘧磺隆等除草剂，导致大量抗性杂草的产生。20世纪90年代黄炳球教授便发现对丁草胺产生抗性的稗草，而后抗二氯喹啉酸等激素类除草剂的稗属杂草也相继在全国多处水稻田发现，抗磺酰脲类除草剂的雨久花、野慈姑、眼子菜、耳叶水苋等也在各个地区相继报道。杂草抗药性问题呈逐年增长趋势，这也为我国化学除草技术带来巨大挑战，因此研制新品种及不同作用方式的除草剂等迫在眉睫。

3. 环境污染日益严重

在现代农业中，依赖于化学除草剂防治的农田杂草占比在 80% 以上，在未来很长一段时间内化学除草剂对农田杂草的防除是不可取代的，但除草剂在施用过程中会出现迁移、扩散、蒸发等现象，从而对大气、土壤、水资源造成一定的污染。在风力、蒸腾拉力的作用下，挥发性除草剂会在空气中漂浮，引发空气污染，而这些药剂在空中漂浮一段时间后，又会受到风力、引力、拉力、降水等因素的影响，在空气中不断凝聚，当颗粒达到一定的重量后，又会落回到地面或作物上，从而对作物产生一定的毒害。据统计，在农田施用的农药中仅有约 30% 的药量能够被吸收，剩余约 70% 散失到空气或土壤中，导致农田土壤中农药残留物及其衍生物的含量增加，造成污染。研究发现，有机磷类、有机硫类、有机氮类等非除草剂的农药也会对人体肝功能造成损害，其中有机氮类和有机磷类农药对农民的周围神经系统造成的损害更为明显。因此，除草剂低量高效的应用技术至关重要。

4. 药害问题频繁发生

除草剂除草效果显著的同时对作物的药害也不容忽视。除草剂产生药害的原因较多，有除草剂本身的内在因素，如持效期、毒性、残留量等，也有作物自身特性的影响，如敏感性不同、种类不同等，还与施药技术关系密切，如施药时期、施药剂量等。药害的影响主要表现在两方面：一方面影响作物正常生长，为害轻时叶色褪绿发黄，出现褐斑、焦叶，为害重时生长缓慢、植株死亡，导致作物产量下降；另一方面农药残留过多也会对人体健康产生影响。

四、小结

2023 年 3 月，黑龙江省农业农村厅结合本省实际，研究制定了《黑龙江省到 2025 年化学农药减量化行动实施方案》。该方案提出的目标任务：到 2025 年，建立健全网格化村级全覆盖的农作物病虫疫情监测预警和综合防控指导网络体系，病虫害防控技术指导到位率显著提高，农药使用品种结构更加合理，科学安全用药技术水平全面提升，力争保持化学农药使用总量持续下降。

化学农药使用强度方面，水稻、玉米、大豆等主要农作物化学农药使用强度较"十三五"末期降低 5%。病虫害绿色防控方面，充分发挥绿色防控示范区作用，不断优化综合防治技术，大力推广天敌昆虫、生物农药、理化诱控等绿色防控措施，主要农作物病虫害绿色防控覆盖率达到 65% 以上。

病虫害统防统治方面，发挥农作物重大病虫统防统治项目示范作用，创新防治组织方式，推动病虫害统防统治，水稻、玉米、大豆 3 种作物统防统治覆盖率达到 65% 以上（黑龙江省农业农村厅，2023）。因此，农药使用向着减量化、绿色化发展是必然趋势。

参考文献

蔡朋君，张敬涛，刘蜻琦，等，2015. 玉米—大豆免耕轮作体系玉米秸秆还田量对土壤养分和大豆产量的影响[J]. 作物杂志(5)：107-110.

陈海江，司伟，魏丹，等，2018. 粮豆轮作技术的"减肥增效"效应研究：基于东北地区轮作定位试验和农户调研分析[J]. 大豆科学，37(4)：545-550.

陈庆山，姜振峰，2022. 加强黑土耕地大豆玉米轮作 保障粮食可持续供给[J]. 奋斗(1)：41-43.

串丽敏，何萍，赵同科，2016. 作物推荐施肥方法研究进展[J]. 中国农业科技导报，18(1)：95-102.

代琳，2017. 生物质炭制备及对白浆土改良效果和温室气体排放影响[D]. 哈尔滨：东北农业大学.

丰智松，曹寒冰，付浩然，等，2022. 我国东北地区春玉米科学施肥评价[J]. 中国土壤与肥料(3)：52-60.

付浩然，李婷玉，曹寒冰，等，2020. 我国化肥减量增效的驱动因素探究[J]. 植物营养与肥料学报，26(3)：561-580.

高洪军，彭畅，张秀芝，等，2015. 长期不同施肥对东北黑土区玉米产量稳定性的影响[J]. 中国农业科学，48(23)：4790-4799.

高静，马常宝，徐明岗，等，2009. 我国东北黑土区耕地施肥和玉米产量的变化特征[J]. 中国土壤与肥料(6)：28-31，56.

高永祥，李若尘，张民，等，2021. 秸秆还田配施控释掺混尿素对玉米产量和土壤肥力的影响[J]. 土壤学报，58(6)：1507-1519.

谷洁，高华，2000. 提高肥料利用率技术创新展望[J]. 农业工程学报，16(2)：17-20.

韩锦泽，2017. 玉米秸秆还田深度对土壤有机碳组分及酶活性的影响[D]. 哈尔滨：东北农业大学.

韩晓增，邹文秀，杨帆，2021. 东北黑土地保护利用取得的主要成绩、面临挑战与对策建议[J]. 中国科学院院刊，36(10)：1194-1202.

郝小雨，2022a. 硝化/脲酶抑制剂在玉米上的增产、增效及提质效应研究进展[J]. 黑龙江农业科学(10)：103-108，118.

郝小雨，2022b. 黑土区秸秆还田的改土培肥及增产效应研究进展[J]. 黑龙江农业科学(12)：83-88.

郝小雨，马星竹，陈苗苗，等，2019. 氮肥配施增效剂实现寒地水稻增产、提质与增效[J]. 水土保持学报，33(4)：175-179，307.

郝小雨，马星竹，高中超，等，2016. 氮肥管理措施对黑土春玉米产量及氮素利用的影响[J]. 玉米科学，24(4)：151-159.

郝小雨，马星竹，周宝库，等，2016. 长期不同施肥措施下黑土有机碳的固存效应[J]. 水土保持学报，30(5)：316-321.

郝小雨，孙磊，马星竹，等，2022a. 黑龙江省黑土区玉米田氮肥减施效应及碳足迹估算[J]. 河北农业大学学报，45(5)：10-18，131.

郝小雨，王晓军，高洪生，等，2022b. 松嫩平原不同秸秆还田方式下农田温室气体排放及碳足迹估算[J]. 生态环境学报，31(2)：318-325.

郝小雨，周宝库，马星竹，等，2015. 长期施肥下黑土肥力特征及综合评价[J]. 黑龙江农业科学 (11)：23-30.

何翠翠，王立刚，王迎春，等，2015. 长期施肥下黑土活性有机质和碳库管理指数研究[J]. 土壤学报，52(1)：194-202.

何萍，金继运，PAMPOLINO M F，等，2012. 基于作物产量反应和农学效率的推荐施肥方法[J]. 植物营养与肥料学报，18(2)：499-505.

何萍，徐新朋，丁文成，等，2023. 基于作物产量反应和农学效率的智能化推荐施肥原理与实践[J]. 植物营养与肥料学报，29(7)：1181-1189.

何绪生，耿增超，佘雕，等，2011. 生物炭生产与农用的意义及国内外动态[J]. 农业工程学报，27(2)：1-7.

黑龙江省农业农村厅，2023. 关于印发《黑龙江省到2025年化学农药减量化行动实施方案》的通知[EB/OL]. http://nongyao. jinnong. cn/n/2023/03/24/1931499665. shtml.

黑龙江省农业农村厅，2024. 农业概况[EB/OL]. http://nynct. hlj. gov. cn/nynct/c115443/public_tt_time. shtml.

黑龙江省统计局，国家统计局黑龙江省调查总队，2022. 黑龙江统计年鉴[M]. 北京：中国统计出版社.

黑龙江省统计局，2023. 黑龙江统计年鉴[EB/OL]. http://tjj. hlj. gov. cn/tjjnianjian/2023/zk/indexch. htm.

胡云峰，王擎运，屠人凤，等，2022. 长期施肥下旱地红壤剖面磷素的形态变化与累积特征[J]. 华中农业大学学报(自然科学版), 41(2): 115-123.

姬景红, 李玉影, 刘双全, 等, 2014. 黑龙江省春玉米的优化施肥研究[J]. 中国土壤与肥料(5): 53-58.

姬景红, 李玉影, 刘双全, 等, 2018. 控释尿素对黑龙江地区水稻产量及氮肥利用率的影响[J]. 土壤通报, 49(4): 876-881.

姬景红, 刘双全, 郑雨, 等, 2022. 黑龙江省春玉米近二十年产量及肥料利用率变化[J]. 农业资源与环境学报, 39(6): 1099-1105.

姜佰文, 于士源, 杨贺淇, 等, 2023. 增密种植条件下苗期深松与氮肥侧深施对玉米根系生长与氮效率的影响[J]. 东北农业大学学报, 54(6): 1-9, 19.

姜茜, 王瑞波, 孙炜琳, 2018. 我国畜禽粪便资源化利用潜力分析及对策研究: 基于商品有机肥利用角度[J]. 华中农业大学学报(社会科学版)(4): 30-37, 166-167.

金继运, 李家康, 李书田, 2006. 化肥与粮食安全[J]. 植物营养与肥料学报, 12(5): 601-609.

巨晓棠, 2015. 理论施氮量的改进及验证: 兼论确定作物氮肥推荐量的方法[J]. 土壤学报, 52(2): 249-261.

巨晓棠, 谷保静, 2014. 我国农田氮肥施用现状、问题及趋势[J]. 植物营养与肥料学报, 20(4): 783-795.

巨晓棠, 张翀, 2021. 论合理施氮的原则和指标[J]. 土壤学报, 58(1): 1-13.

孔凡丹, 周利军, 郑美玉, 等, 2022. 秸秆覆盖对黑土区大豆生长及产量构成因素的影响[J]. 大豆科学, 41(2): 189-195.

李广仁, 张凤双, 万里鹏, 等, 2020. 黑龙江省新型农业经营主体农药使用与监管调研探究[J]. 农药科学与管理, 41(3): 29-35.

李杰, 姬景红, 李玉影, 等, 2019. 化肥减施结合菌肥对寒地粳稻产量及肥料利用率的影响[J]. 黑龙江农业科学(10): 45-49.

李威, 许芳维, 陈庚, 等, 2021. 黑龙江省玉米施肥现状调查分析[J]. 玉米科学, 29(3): 123-127.

李伟群, 张久明, 迟凤琴, 等, 2019. 秸秆不同还田方式对土壤团聚体及有机碳含量的影响[J]. 黑龙江农业科学(5): 27-30.

李学红, 李东坡, 武志杰, 等, 2021. 添加 NBPT/DMPP/CP 的高效稳定性尿素在黑土和褐土中的施用效应[J]. 植物营养与肥料学报, 27

（6）：957-968.

李玉浩，王红叶，崔振岭，等，2022. 我国主要粮食作物耕地基础地力的时空变化[J]. 中国农业科学，55（20）：3960-3969.

李子建，马德仲，2018. 应用侧深施肥技术实现水稻绿色安全生产的调查分析[J]. 江苏农业科学，46（11）：48-51.

梁爱珍，张延，陈学文，等，2022. 东北黑土区保护性耕作的发展现状与成效研究[J]. 地理科学，42（8）：1325-1335.

梁尧，蔡红光，闫孝贡，等，2016. 玉米秸秆不同还田方式对黑土肥力特征的影响[J]. 玉米科学，24（6）：107-113.

林葆，李家康，1997. 当前我国化肥的若干问题和对策[J]. 磷肥与复肥（2）：1-5.

刘平奇，张梦璇，王立刚，等，2020. 深松秸秆还田措施对东北黑土土壤呼吸及有机碳平衡的影响[J]. 农业环境科学学报，39（5）：1150-1160.

刘双全，姬景红，2017. 黑龙江省玉米高效施肥技术[M]. 北京：中国农业出版社.

刘晓璐，高鹏飞，2022. 黑土地"减肥"更增效：建三江分公司以减肥增效推动绿色农业高质量发展[J]. 中国农垦（8）：22-23.

刘毅，2015. 水稻侧深施肥机在建三江水稻生产中的应用[J]. 现代化农业（7）：58-59.

刘兆辉，吴小宾，谭德水，等，2018. 一次性施肥在我国主要粮食作物中的应用与环境效应[J]. 中国农业科学，51（20）：3827-3839.

龙杰琦，苗淑杰，李娜，等，2022. 施用生物炭对黑土各组分有机质结构的影响[J]. 植物营养与肥料学报，28（5）：775-785.

吕敏娟，陈帅，辛思颖，等，2019. 施氮量对冬小麦产量、品质和土壤氮素平衡的影响[J]. 河北农业大学学报，42（4）：9-15.

马国成，蔡红光，范围，等，2022. 黑土区玉米秸秆全量直接还田技术区域适应性探讨[J]. 玉米科学，30（6）：1-6.

潘丹，郭巧苓，孔凡斌，2019. 2002—2015 年中国主要粮食作物过量施肥程度的空间关联格局分析[J]. 中国农业大学学报，24（4）：187-201.

彭显龙，刘元英，罗盛国，等，2007. 寒地稻田施氮状况与氮素调控对水稻投入和产出的影响[J]. 东北农业大学学报，38（4）：467-472.

彭显龙，王伟，周娜，等，2019. 基于农户施肥和土壤肥力的黑龙江水稻减肥潜力分析[J]. 中国农业科学，52（12）：2092-2100.

邱吟霜，王西娜，李培富，等，2019. 不同种类有机肥及用量对当季旱地土壤肥力和玉米产量的影响[J]．中国土壤与肥料(6)：182-189．

邱子健，申卫收，林先贵，2022．化肥减量增效技术及其农学、生态环境效应[J]．中国土壤与肥料(4)：237-248．

苏俊，2011．黑龙江玉米[M]．北京：中国农业出版社．

孙磊，李一丹，张哲，等，2011．肥料增效与控释技术在黑土水稻上的应用效果初探[J]．黑龙江农业科学 (11)：33-35．

孙磊，2017．NAM 肥料添加剂在寒地玉米上的应用效果[J]．黑龙江农业科学(7)：22-24．

唐汉，王金武，徐常塑，等，2019．化肥减施增效关键技术研究进展分析[J]．农业机械学报，50(4)：1-19．

唐晓乐，李兆君，马岩，等，2012．低温条件下黄腐酸和有机肥活化黑土磷素机制[J]．植物营养与肥料学报，18(4)：893-899．

提俊阳，张玉芹，杨恒山，等，2022．玉米—大豆轮作对土壤肥力及其产量影响的研究进展[J]．内蒙古民族大学学报(自然科学版)，37(2)：156-160．

田福，聂金锐，周子渝，等，2021．生物炭与化肥减量配施对玉米干物质、产量及氮、磷、钾积累转运的影响[J]．玉米科学，29(5)：158-165．

王聪，孙继英，刘玲玲，等，2022．施肥方式对黑土轮作区土壤及作物产量的影响[J]．农业科技通讯 (4)：172-176．

王玲莉，古慧娟，石元亮，等，2012．尿素配施添加剂 NAM 对三江平原白浆土氮素转化和玉米产量的影响[J]．中国土壤与肥料(2)：34-38．

王娜，王璐，宋昌海，等，2022．轮作对黑土区作物产量及土壤理化性质的影响[J]．农业科技通讯 (9)：71-74．

王胜楠，邹洪涛，张玉龙，等，2015．秸秆集中深还田对土壤水分特性及有机碳组分的影响[J]．水土保持学报，29(1)：154-158．

王树起，韩晓增，乔云发，等，2009．寒地黑土大豆轮作与连作不同年限土壤酶活性及相关肥力因子的变化[J]．大豆科学，28(4)：611-615．

王晓林，张景云，杜吉到，2023．有机肥与化肥配施对黑土区大豆产量及品质的影响[J]．黑龙江农业科学(4)：13-17．

魏永霞，朱畑豫，刘慧，2022．连年施加生物炭对黑土区土壤改良与玉米产量的影响[J]．农业机械学报，53(1)：291-301．

魏丹，匡恩俊，迟凤琴，等，2016．东北黑土资源现状与保护策略[J]．黑龙江农业科学(1)：158-161．

吴建忠，2018．黑龙江省玉米施肥存在问题及建议[J]．黑龙江农业科学

（11）：143-145.

徐新朋，魏丹，李玉影，等，2016. 基于产量反应和农学效率的推荐施肥方法在东北春玉米上应用的可行性研究[J]. 植物营养与肥料学报，22（6）：1458-1460.

闫雷，周丽婷，孟庆峰，等，2020. 有机物料还田对黑土有机碳及其组分的影响[J]. 东北农业大学学报，51（5）：40-46.

杨放，李心清，王兵，等，2012. 生物炭在农业增产和污染治理中的应用[J]. 地球与环境，40（1）：100-107.

杨竣皓，骆永丽，陈金，等，2020. 秸秆还田对我国主要粮食作物产量效应的整合（Meta）分析[J]. 中国农业科学，53（21）：4415-4429.

杨阳，2022. "龙江模式"与黑土地保护：访中国科学院东北地理与农业生态研究所研究员韩晓增[J]. 中国农村科技（1）：12-15.

殷大伟，金梁，郭晓红，等，2019. 生物炭基肥替代化肥对砂壤土养分含量及青贮玉米产量的影响[J]. 东北农业科学，44（4）：19-24，88.

尹映华，彭晓宗，翟丽梅，等，2022. 东北黑土水稻主产区氮肥减施潜力研究[J]. 地理学报，77（7）：1650-1661.

张福锁，王激清，张卫峰，等，2008. 中国主要粮食作物肥料利用率现状与提高途径[J]. 土壤学报，45（5）：915-924.

张杰，金梁，李艳，等，2022. 不同施肥措施对黑土区玉米氮效率及碳排放的影响[J]. 植物营养与肥料学报，28（3）：414-425.

张久明，迟凤琴，宿庆瑞，等，2014. 不同有机物料还田对土壤结构与玉米光合速率的影响[J]. 农业资源与环境学报，31（1）：56-61.

张丽，任意，展晓莹，等，2014. 常规施肥条件下黑土磷盈亏及其有效磷的变化[J]. 核农学报，28（9）：1685-1692.

张姝，袁宇含，苑佰飞，等，2021. 玉米秸秆深翻还田对土壤及其团聚体内有机碳含量和化学组成的影响[J/OL]. 吉林农业大学学报（网络首发）：1-14.

张苏新，2021. 乙氧氟草醚对水稻的安全性及其混用效应的研究[D]. 哈尔滨：东北农业大学.

张伟，2014. 水稻秸秆炭基缓释肥的制备及性能研究[D]. 哈尔滨：东北农业大学.

赵兰坡，张志丹，王鸿斌，等，2008. 松辽平原玉米带黑土肥力演化特点及培育技术[J]. 吉林农业大学学报，30（4）：511-516.

郑庆伟，2023. 黑龙江省农药产品登记情况简析及产业发展建议[OL]. 农

药市场信息新媒界，2023 - 7 - 18. https://mp. weixin. qq. com/s? _biz
= MjM5NDExMTg4NA = = &mid = 2650635945&idx = 1&sn = 6b3336203
d6876f077b8ab6a2e735b44&chksm = be85164a89f29f5c379929582d8e7e-fdd
15d5afb458eaac0f7b215f16f3e7ac2a0d60191f278&scene = 27.

朱兆良，1998. 我国氮肥的使用现状、问题和对策[C]//李庆逵，朱兆
良，于天仁. 中国农业持续发展中的肥料问题. 南京：江苏科学技术
出版社：38-51.

朱兆良，金继运，2013. 保障我国粮食安全的肥料问题[J]. 植物营养与
肥料学报，19(2)：259-273.

邹文秀，邱琛，韩晓增，等，2020. 长期施用有机肥对黑土土壤肥力和玉
米产量的影响[J]. 土壤与作物，9(4)：407-418.

BALIGAR V C, FAGERIA N K, HE Z L, 2001. Nutrient use efficiency in
plants [J]. Communications in Soil Science and Plant Analysis, 32(7 -
8)：921-950.

CHEN Z M, LI Y, XU Y H, et al., 2021. Spring thaw pulses decrease an-
nual N_2O emissions reductions by nitrification inhibitors from a seasonally
frozen cropland [J]. Geoderma, 403：115310.

EAGLE A J, BIRD J A, HORWATH W R, et al., 2000. Rice yield and ni-
trogen utilization efficiency under alternative straw management
practices [J]. Agronomy Journal, 92(6)：1096-1103.

Food and Agriculture Organization of the United Nations. FAO Statistical
pocketbook：World food and agriculture 2015 [DB/OL]. (2016 - 12 -
10) [2024-04-25]. https://www.fao.org/3/i4691e/i4691e.pdf.

Food and Agriculture Organization of the United Nations. FAOSTAT data-
base collections [DB/OL]. (2020 - 10 - 12) [2024 - 04 - 25]. https://
www.fao.org/faostat/en/#data/RFN.

HAN M Z, WANG M M, ZHAI G Q, et al., 2022. Difference of soil aggre-
gates composition, stability, and organic carbon content between eroded and
depositional areas after adding exogenous organic materials [J]. Sustainability,
14(4)：2143.

HAO X Y, SUN L, ZHOU B K, et al., 2023. Change in maize yield, N use
efficiencies and climatic warming potential after urea combined with Nitra-
pyrin and NBPT during the growing season in a black soil [J]. Soil & Till-
age Research, 231：105721.

JU X T, KOU C L, CHRISTIE P, et al., 2007. Changes in the soil environment from excessive application of fertilizers and manures to two contrasting intensive cropping systems on the North China Plain [J]. Environmental Pollution, 145: 497-506.

JU X, CHRISTIE P, 2011. Calculation of theoretical nitrogen rate for simple nitrogen recommendations in intensive cropping systems: A case study on the North China Plain [J]. Field Crops Research, 124(3): 450-458.

LONERAGAN J F, 1997. Plant nutrition in the 20th and perspective for the 21st century [J]. Plant and Soil, 196: 163-174.

TAO R, LI J, GUAN Y, et al., 2018. Effects of urease and nitrification inhibitors on the soil mineral nitrogen dynamics and nitrous oxide (N_2O) e-missions on calcareous soil [J]. Environmental Science & Pollution Research International, 25: 9155-9164.

YUAN M, BI Y, HAN D, et al., 2022. Long-term corn-soybean rotation and soil fertilization: Impacts on yield and agronomic traits [J]. Agronomy, 12(10): 2554.

ZHENG W K, LIU Z G, ZHANG M, et al., 2017. Improving crop yields, nitrogen use efficiencies, and profits by using mixtures of coated controlled-released and uncoated urea in a wheat-maize system [J]. Field Crops Research, 205(6): 106-115.

第二章

黑龙江省农作物肥料
减施增效实践

黑龙江省是我国重要的商品粮生产基地，粮食播种面积、总产量、商品量、调出量、绿色食品面积、农业机械化率均居全国第一，在保障国家粮食安全方面发挥着"稳压器"和"压舱石"的作用。化肥是粮食的"粮食"，其在粮食的增产增效上发挥着不可替代的作用。黑龙江省化肥年施用量均在200万t以上，虽然作物生产单位面积施肥量低于全国平均水平，但受"高投入高产出""施肥越多，产量越高""要高产必须多施肥"等传统观念的影响，部分地区不合理甚至盲目过量施肥现象仍然普遍存在。为了追求高产，东北平原玉米产区农民不惜大量施用化肥，一些农户的施氮量（N）已高达300 kg/hm^2（赵兰坡等，2008）。过量投入的氮素导致土壤氮素大量累积，不仅造成氮素利用率降低，也存在潜在的环境风险，制约农业的可持续发展。因此，开展化肥减施增效技术的研究与应用、科学合理地施用氮肥、提高肥料利用率是有效贯彻落实国家关于《到2025年化肥减量化行动方案》的重要措施，对于大力推进化肥减量提效，发展资源节约、环境友好的现代农业之路具有重要的意义。

第一节　玉米肥料减施增效技术

发达国家化肥减量的理论基础是完善的测土配方施肥技术。通过定期土壤养分测定，明确土壤养分丰缺状况，在信息化技术和大数据技术支撑下，实现肥料养分的精准化和智能化投入。缓/控释肥料、高效复合肥和水肥一体化等技术的研发协调了作物养分需求与肥料养分供应的一致性，机械精准化作业大幅度减少了肥料的损失，进一步减少了化肥用量（周卫和丁文成，2023）。随着农业农村部印发《到2020年化肥使用零增长行动方案》，我国化肥减量增效研究取得了积极进展，科学施肥水平有了明显提高，表现在灌溉、机械、良种和栽培技术不断完善和推广（周卫和丁文成，2023）。黑龙江省是农业大省，近年来，黑龙江省陆续出台了《东北黑土地保护规划纲要（2017—2030年）》《黑龙江省黑土地保护利用条例》等系列政策，并采取了一系列的肥料减施增效行动，成效显著。

玉米是主要粮食作物之一，2022年黑龙江省玉米种植面积597.0万hm^2，产量4 038.4万t，均居全国首位。2022年黑龙江省玉米播种面积占粮食作物总播种面积的40.7%，总产量4 038.4万t，占全省粮食作物总产量的52.0%，占到了全国玉米总产量的14.6%（国家统计局，2023）。可见，玉米的高产稳产在保障黑龙江省乃至全国粮食安全方面具有极其重要的作用。然而，黑龙江省许多地区农民施肥也存在盲目性，长期投入高量化学肥料，不但限制了玉米产量的提高，还造成土壤养分不平衡、资源浪费和环境风险。因此，探索玉米肥料减施增效技术是实现玉米高产高效、农业可持续发展的有效保障。

一、玉米氮肥减量实施

氮是玉米生长发育所必需的大量营养元素之一，对玉米的产量形成起着关键性作用。施用氮肥的主要目的是作物获得较高的目标产量、相应品质和经济效益并维持或提高土壤肥力。只有合理施用氮肥，才能使农作物产量、品质和效益均较高，环境代价最低（巨晓棠和张翀，2021）。据测算，在我国玉米种植（目标产量 $6.5 \sim 9.5$ t/hm²）的合理施氮量范围为 $150 \sim 250$ kg/hm²（巨晓棠和张翀，2021）。徐新朋等（2016）利用玉米 NE 对东北地区进行玉米推荐施肥，实现 12 t/hm² 玉米产量的氮投入量为 $153 \sim 178$ kg/hm²。在吉林省梨树县 $12 \sim 14$ t/hm² 玉米生产水平下，玉米施氮量为 $180 \sim 240$ kg/hm²（Chen 等，2015）。在东北春玉米不同的产量水平下氮肥均已过量施用。

氮肥合理施用一方面可以增加玉米产量效益，降低成本，保障国家粮食安全；另一方面可以提高氮肥利用率，最大限度地发挥土壤增产潜力，降低环境风险。吉林省黑土春玉米连作体系的研究表明，玉米产量和氮素吸收量随施氮量的增加变化不大，氮肥利用率随施氮量的增加而降低（蔡红光等，2010）。提高作物氮肥效率的有效手段之一是降低施氮量（Hirel 等，2007）。在考虑土壤自身供氮水平的基础上，适当降低肥料的施用量不仅不会影响作物的产量，而且可将氮素的表观损失降到一个较低的水平（赵营等，2006）。

目前，黑龙江省不同区域玉米田氮肥减施的比例尚不明确。因此，在黑龙江省黑土玉米产区赵光、青冈、双城开展了玉米氮肥减量试验，分析不同氮肥减施比例对玉米产量、氮素吸收利用的影响，以期为黑龙江省黑土区玉米田化肥减施增效及农业可持续发展提供科学依据。具体试验处理如表 2-1 所示。

表 2-1 不同地区氮、磷、钾养分用量   单位：kg/hm²

处理	氮肥（N）			磷肥（P₂O₅）			钾肥（K₂O）		
	赵光	青冈	双城	赵光	青冈	双城	赵光	青冈	双城
CK	0	0	0	70	70	80	75	75	80
CF	141.3	163.6	233.1	70	70	80	75	75	80

（续表）

处理	氮肥（N）			磷肥（P_2O_5）			钾肥（K_2O）		
	赵光	青冈	双城	赵光	青冈	双城	赵光	青冈	双城
N_{90}	127.2	147.2	209.8	70	70	80	75	75	80
N_{80}	113.0	130.9	186.5	70	70	80	75	75	80
N_{70}	98.9	114.5	163.2	70	70	80	75	75	80

注：CK 为不施氮；CF 为农民习惯施氮量；N_{90}、N_{80}、N_{70} 处理为在农民习惯施氮量基础上分别减氮 10%、20%、30%。

（一）氮肥减施对玉米产量的影响

施用氮肥显著增加了玉米产量，赵光、青冈和双城增产率分别为 17.8%～35.5%、13.7%～22.0% 和 28.3%～53.5%，平均分别为 28.5%、19.7% 和 46.5%（图 2-1），说明仅依靠土壤本底的氮素供应，不能满足玉米生育期氮素需求。在农民习惯施氮肥的基础上，减施氮肥 10%、20% 和 30% 时，各地区玉米产量反应不尽一致。在赵光，减施氮肥 10%（N_{90}）较农民习惯施肥（CF）玉米产量并未明显下降（$P>0.05$），实现了节肥不减产；减施氮肥 20%（N_{80}）和 30%（N_{70}），CF 处理玉米产量显著下降（$P<0.05$），分别减产 7.1% 和 13.0%，说明较低的氮素供应不能满足玉米生长所需养分。在青冈和双城，减施氮肥 10%（N_{90}）和 20%（N_{80}）较 CF 处理玉米产量并未明显下降（$P>0.05$）；减施氮肥 30%（N_{70}），玉米产量较 CF 处理显著下降（$P<0.05$），分别减产 6.4% 和 15.9%。

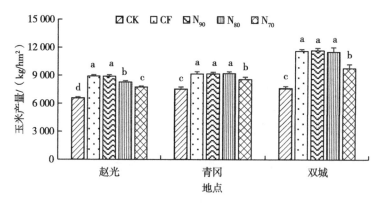

图 2-1 不同地区减施氮肥玉米产量变化

注：同一地区柱上不同字母表示各处理之间差异显著（$P<0.05$）。

（二）氮肥减施对植株氮素吸收利用的影响

施用氮肥显著促进了玉米籽粒和植株的氮素吸收（表2-2）。与CK相比，赵光、青冈和双城玉米籽粒氮素吸收量分别增加31.8%~65.6%、50.1%~85.1%和68.8%~127.6%，平均分别为51.8%、75.7%和110.8%；赵光、青冈和双城玉米植株氮素吸收量较CK分别增加了38.8%~71.0%、65.9%~94.0%和68.2%~127.3%，平均分别为57.8%、85.4%和110.4%；与此同时，玉米氮素总吸收量较CK分别增加34.7%~67.9%、56.8%~88.4%和68.5%~125.4%，平均分别为54.3%、79.8%和110.6%。与CF处理相比，合理减施氮肥不会降低玉米氮素吸收量。赵光减施氮肥10%较CF处理玉米氮素吸收量无显著变化（$P>0.05$），青冈和双城减施氮肥10%、20%时玉米氮素吸收量无显著变化（$P>0.05$），说明过量施氮不会增加玉米氮素吸收量。随着施氮量的减少，玉米氮素吸收量随之降低，赵光、青冈和双城减施氮肥30%时，玉米氮素吸收量均显著降低（$P<0.05$），说明过度减施氮肥不足以保证玉米氮素供应和吸收。

从氮肥利用效率来看，赵光减施氮肥10%较CF处理氮肥回收率和农学

表2-2　氮肥减施对玉米氮素吸收利用的影响

地点	处理	氮素吸收量/（kg/hm²）			氮肥利用效率	
		籽粒	植株	合计	氮肥回收率/%	农学效率/（kg/kg）
赵光	CK	49.2±1.7d	35.8±1.9d	85.0±2.5d	—	—
	CF	81.5±0.6a	61.2±0.9a	142.7±1.1a	40.8±1.2b	16.5±0.8b
	N₉₀	80.9±0.8a	61.0±0.7a	141.9±0.9a	44.7±1.4a	18.2±0.8a
	N₈₀	71.6±1.3b	54.0±1.4b	125.6±2.6b	35.9±0.1c	15.0±0.9b
	N₇₀	64.8±0.9c	49.7±0.8c	114.5±0.9c	29.8±2.1d	11.9±2.0c
青冈	CK	58.1±1.0c	44.8±0.6c	102.9±0.7c	—	—
	CF	91.1±1.5a	67.7±2.1a	158.7±3.1a	34.1±1.5c	9.9±0.2c
	N₉₀	90.7±1.6a	69.4±1.2a	160.1±2.4a	38.8±1.2b	11.1±0.7b
	N₈₀	90.1±1.9a	69.0±0.2a	159.2±2.0a	42.9±1.0a	12.7±0.3a
	N₇₀	73.9±3.1b	59.4±3.2b	133.2±6.0b	26.5±4.9d	9.0±0.9d
双城	CK	66.6±1.5c	47.3±1.0c	113.9±2.4c	—	—
	CF	112.0±2.3a	79.5±2.3a	191.5±3.8a	33.3±0.8c	17.2±0.7c
	N₉₀	110.2±2.3a	81.3±1.7a	191.6±2.3a	37.0±0.1b	19.4±0.3b
	N₈₀	109.7±4.1a	80.1±2.6a	189.8±6.8a	40.7±2.4a	21.1±1.4a
	N₇₀	83.1±3.3b	60.2±3.0b	143.2±6.1b	18.0±5.1d	13.2±1.8d

注：同一地区同列不同字母表示各处理之间差异显著（$P<0.05$）。

效率均显著上升（$P<0.05$），分别为 44.7% 和 18.2 kg/kg，分别增加 9.6% 和 10.3%。青冈和双城减施氮肥 10%、20% 时较 CF 处理氮肥回收率和农学效率均显著上升（$P<0.05$），特别是减施氮肥 20% 效果最佳。青冈和双城 N_{80} 处理氮肥回收率和农学效率分别为 42.9%、40.7% 和 12.7 kg/kg、21.1 kg/kg，较 CF 处理分别增加 25.8%、22.2% 和 28.3%、22.7%。

（三）氮肥减施对玉米经济收益的影响

经济效益分析结果（表 2-3）显示，合理减施氮肥在降低肥料成本的同时可提高玉米的经济效益，过量减施氮肥导致经济收益下降，原因是玉米减产导致收益降低。赵光 N_{90} 处理纯收益最高，达到 4 499.63 元/hm^2，较 CF 处理增收 22.18 元/hm^2；N_{80} 和 N_{70} 处理较 CF 处理经济收益分别减少 832.08 元/hm^2 和 1 557.00 元/hm^2。青冈 N_{80} 处理纯收益最高，达到 4 748.25 元/hm^2，较 CF 处理增收 205.26 元/hm^2；其次为 N_{90} 处理，较 CF 处理增收 93.28 元/hm^2；N_{70} 处理较 CF 处理经济收益减少 672.56 元/hm^2。双城 N_{90} 处理纯收益最高，达到 7 885.51 元/hm^2，较 CF 处理增收 206.84 元/hm^2；其次为 N_{80} 处理，较 CF 处理增收 80.69 元/hm^2；N_{70} 处理较 CF 处理经济收益减少 2 472.96 元/hm^2。

表 2-3　不同处理玉米的经济收益　　　　　　　单位：元/hm^2

地点	处理	收入	肥料成本	其他成本	纯收益	较常规增收
赵光	CK	9 876.45	986.96	7 300.00	1 589.49±163.13d	—
	CF	13 378.75	1 601.30	7 300.00	4 477.45±203.38a	—
	N_{90}	13 339.50	1 539.87	7 300.00	4 499.63±250.62a	22.18
	N_{80}	12 423.85	1 478.43	7 300.00	3 645.42±223.91b	-832.03
	N_{70}	11 637.45	1 417.00	7 300.00	2 920.45±150.28c	-1 557.00
青冈	CK	11 310.50	986.96	7 500.00	2 823.54±344.64c	—
	CF	13 741.25	1 698.26	7 500.00	4 542.99±357.53a	—
	N_{90}	13 763.40	1 627.13	7 500.00	4 636.27±255.71a	93.28
	N_{80}	13 804.25	1 556.00	7 500.00	4 748.25±298.52a	205.26
	N_{70}	12 855.30	1 484.87	7 500.00	3 870.43±393.60b	-672.56
双城	CK	11 421.50	1 089.86	7 650.00	2 681.64±345.28c	—
	CF	17 432.00	2 103.33	7 650.00	7 678.67±306.03a	—
	N_{90}	17 537.50	2 001.99	7 650.00	7 885.51±403.88a	206.84
	N_{80}	17 310.00	1 900.64	7 650.00	7 759.36±720.77a	80.69
	N_{70}	14 655.00	1 799.29	7 650.00	5 205.71±644.05b	-2 472.96

注：玉米 1.5 元/kg、尿素 2 000 元/t、重过磷酸钙 3 200 元/t、氯化钾 4 000 元/t；同一地区同列不同字母表示各处理之间差异显著（$P<0.05$）。

（四）不同区域玉米氮肥减施效果综合分析

陈治嘉等（2018）的研究表明，吉林省黑土玉米种植区氮肥减施20%~30%（施氮量为180~206 kg/hm²）不会显著影响玉米产量，同时会提高氮肥利用效率，减少玉米收获后耕层无机氮的积累。在吉林省中部地区，在秸秆连续多年还田条件下，氮肥减施2/9（施氮量为210 kg/hm²）不影响玉米产量和生物量，可显著提高玉米收获指数（崔正果等，2021）。陈妮娜等（2021）指出，适量减氮（施氮量为240 kg/hm²）可增加辽宁省春玉米果穗长、果穗粗、百粒重、理论产量、籽粒含水量和淀粉含量。Chen等（2021）在黑龙江省宝清县春玉米田的研究结果表明，氮肥减施20%（施氮量为160 kg/hm²）不影响玉米产量，并可提高氮肥利用率、减少N_2O排放。郝小雨等（2016）在黑土区的研究也得出类似结论，相比于农民习惯施肥，减氮20%不影响玉米籽粒产量和氮素吸收量，而且可提高氮肥表观利用率和偏生产力。本研究中，赵光减施氮肥10%（施氮量为127.2 kg/hm²）、青冈和双城减施氮肥20%（施氮量分别为130.9 kg/hm²和186.5 kg/hm²）不影响玉米产量及氮素吸收，并可提高氮肥利用效率，进一步减施氮肥会导致玉米减产。说明本研究区域内，农民习惯施肥尚存在过量问题，在农民习惯施氮的基础上减少氮肥用量是可行的，同时也可提高氮肥利用率，但不同区域氮肥减量范围不同，要根据区域作物、土壤和气候特点解决施用量、施用时期及不同时期的分配比例等问题，核心在于施肥量的控制（高肖贤等，2014）。综合上述研究结果可以看出，由于土壤肥力状况和土壤供氮能力不同，东北地区减施氮肥的比例也不一致，但总的目标是要稳产提质、节本增效、维持或提高土壤肥力及环境友好，即将施氮量控制在一个目标产量、作物品质和效益、环境效应与土壤肥力均可接受的范围内，实现多目标共赢（巨晓棠和张翀，2021）。

二、纳米增效肥料在玉米上的施用效果

纳米科学技术（Nano-ST）诞生于20世纪80年代末，其基本含义是指在纳米尺寸（$10^{-9}~10^{-7}$ m）范围内认识和改造结晶形态和结构，通过特异技术直接操作和安排原子、分子创制新的物质。纳米材料具有小尺寸效应、表面界面效应、量子尺寸效应和量子隧道效应等基本特性，因此在吸收催化、敏感特性和磁效应方面都表现出明显不同于传统材料的特性，在高技术应用上显示出巨大的潜力。纳米肥料属于纳米生物技术的一个分支，是用纳米材料技术构建形成的一种新型含纳米碳的全新肥料，包括纳米结构肥料、纳米材料胶结包膜缓/控释肥料、纳米碳增效肥料、纳米生物复合肥料四大

类（刘秀伟等，2017；刘少泉等，2020）。2002 年，中国农业科学院土壤肥料研究所张夫道研究员提出了纳米肥料概念，并首创了纳米肥料制备工艺。同其他纳米材料一样，纳米肥料同样具有小尺寸效应，其比表面积相对较大，因而具有了特殊性能，使其肥效明显提高，同时可以不受土壤类型等复杂因素的影响，可大大减少对土壤和地下水的污染，在减少对农作物污染的同时，极大地提高产量，因此，被称为环境友好型肥料（刘秀伟等，2017）。近年来，随着纳米技术的发展，在肥料科学领域提出了以纳米材料为肥料载体或控释介质构建"植物营养智能化递释系统"的概念，针对养分释放与靶向传输的智能化调控机理、智能化肥料设计与精确施肥等理论问题展开了深入研究，有利于突破智能化肥料发展的关键技术瓶颈。

研究指出，与普通肥料相比，纳米增效肥料使水稻增产 10.29%；使春玉米增产 10.93%～16.74%，且有明显促进玉米早熟的功能；使大豆增产 28.81%、含油量增加 13.19%（刘键等，2008）。王署娟等（2011）研究了添加纳米氢醌和纳米茶多酚以及利用纳米膨润土包膜尿素对小白菜产量、养分吸收量、氮肥利用率、叶片叶绿素含量及部分品质指标的影响，研究结果表明，小白菜产量及肥料利用率均有明显提高。王小明等（2011）在相同施氮水平下研究了 3 种新型肥料（金阳牌有机复合肥、金正大控释肥和红四方纳米控失肥）对玉米籽粒产量、蛋白质含量和不同土壤层次硝态氮运移的影响，指出纳米控失肥对提高玉米产量和玉米籽粒蛋白质含量效果最明显，分别较常规施肥提高 16.2% 和 18.9%，且 3 种肥料处理中 0～80 cm 土壤硝态氮累积也以纳米控失肥增加相对较多，有助于促进当季玉米利用，提高肥料利用率。

综上，纳米增效肥料是一种新型的含纳米碳肥料。该肥料首次将纳米碳加入化肥中。利用纳米材料具有的小尺寸效应、表面界面效应、量子尺寸效应和量子隧道效应等基本特性，增加作物对肥料养分的吸收，从而减少肥料用量，对发展低碳农业、提高肥料利用率、增加粮食产量、提高农作物品质、保持耕地可持续生产力具有重要的现实意义。为探明纳米增效肥料在黑龙江省玉米上的施用效果，在玉米主产区双城设立添加纳米增效肥料的肥料减量试验，具体试验设计为每亩施 N 10.0 kg、P_2O_5 5.0 kg、K_2O 3.0 kg，纳米碳粉按肥料重量 3‰的比例添加，氮肥基施 60%、追施 40%。试验设 7 个处理：常规施肥、全量纳米施肥、70%总量常规施肥、70%总量纳米施肥、70%N 量常规施肥、70%N 量纳米施肥、不施氮肥（CK）。

（一）纳米增效肥料对玉米生长发育的影响

玉米拔节期 70%N 量纳米施肥处理株高最高，比常规施肥处理提高了

9.2%；在玉米成熟期，全量纳米施肥处理株高最高，平均 311.5 cm；其次为 70%N 量纳米施肥处理，平均 309.9 cm。拔节期和灌浆期 70%N 量纳米施肥处理的 SPAD 值最高，其他施用纳米增效肥料处理的 SPAD 值普遍高于常规肥料处理（表 2-4）。

表 2-4　不同施肥对玉米生长发育的影响

处理	拔节期		灌浆期		成熟期
	株高/cm	SPAD 值	株高/cm	SPAD 值	株高/cm
常规施肥	147.73	39.85	296	42.77	308.9
全量纳米施肥	151.67	41.47	301	44.57	311.5
70%总量常规施肥	156.00	42.53	294	41.96	305.9
70%总量纳米施肥	162.60	41.18	297	43.38	309.9
70%N 量常规施肥	161.27	40.95	295	43.95	308.6
70%N 量纳米施肥	155.60	42.71	295	47.71	307.7
不施氮肥	129.33	37.12	291	39.13	300.4

（二）不同施肥措施对玉米产量构成要素的影响

全量纳米施肥处理穗长最高（表 2-5），平均 22.1 cm，其次是 70% N 量常规施肥处理，平均 21.6 cm；在百粒重上，70%总量纳米施肥最高，平均为 38.20 g，其次是全量纳米施肥处理和 70% N 量常规施肥处理，百粒重均为 38.00 g，各施氮肥处理百粒重均高于不施氮肥处理。

表 2-5　不同施肥对玉米产量构成要素的影响

处理	株高/cm	穗长/cm	轴粗/cm	秃尖长/cm	百粒重/g
常规施肥	308.9	21.2	4.58	0.73	37.67
全量纳米施肥	311.5	22.1	4.67	0.88	38.00
70%总量常规施肥	305.9	20.5	4.66	1.13	36.47
70%总量纳米施肥	309.9	20.7	4.70	0.92	38.20
70%N 量常规施肥	308.6	21.6	4.68	1.04	38.00
70%N 量纳米施肥	307.7	21.1	4.72	1.03	36.63
不施氮肥	300.4	20.7	4.50	1.66	34.30

（三）纳米增效肥料对玉米产量的影响

2010 年和 2011 年试验结果（表 2-6）表明，施用纳米增效肥料能够提高玉米产量，各施用纳米增效肥料处理的产量均高于等养分常规施肥，全量纳米施肥处理的产量最高，年均比常规施肥增产 5.88%；70%N 量纳米施肥处理平均产量比常规施肥增产 0.48%，比等养分常规施肥（70%N 量常规施肥）增产 5.69%；70%总量纳米施肥比等养分常规施肥（70%总量常规施肥）增产 9.89%。

表 2-6 纳米增效肥料对玉米产量的影响

处理	年份	产量/（kg/亩）	平均/（kg/亩）	比常规施肥增产/（kg/亩）	增产率/%	比等养分常规施肥增产/（kg/亩）	增产率/%
常规施肥	2010	637	629	—	—	—	—
	2011	621					
全量纳米施肥	2010	675	666	37	5.88	—	—
	2011	657					
70%总量常规施肥	2010	579	566	−63	−9.94	—	—
	2011	554					
70%总量纳米施肥	2010	647	622	−7	−1.03	56	9.89
	2011	598					
70%N 量常规施肥	2010	603	598	−31	−4.93	—	—
	2011	593					
70%N 量纳米施肥	2010	620	632	3	0.48	34	5.69
	2011	644					
不施氮肥	2010	542	536.5	−92.5	−14.71	—	—
	2011	531					

（四）纳米增效肥料对玉米氮肥利用率的影响

施用纳米增效肥料能够提高玉米氮肥利用率（表 2-7），其中 70%N 量纳米施肥产量处理氮肥利用率最高，达 44.38%，比常规施肥提高了 12.25 个百分点；全量纳米施肥处理氮肥表观利用率 40.04%，比常规施肥提高了 7.91 个百分点。

表 2-7　不同施肥对玉米氮肥利用率的影响

处理	籽粒吸收 N量/ （kg/亩）	秸秆吸收 N量/ （kg/亩）	总吸收 N量/ （kg/亩）	氮肥施 用量/ （kg/亩）	氮肥利 用率/%
不施氮肥	7.21	3.01	10.22	0	—
常规施肥	8.22	5.21	13.43	10	32.13
全量纳米施肥	8.97	5.25	14.22	10	40.04
70%N量常规施肥	8.11	5.01	13.12	7	41.36
70%N量纳米施肥	8.31	5.02	13.33	7	44.38

（五）纳米增效肥料对玉米品质的影响

粗蛋白质和粗脂肪是表征玉米品质的重要指标。《玉米质量》国家标准规定，普通玉米品种籽粒容重≥720 g/L，粗淀粉含量（干基）≥69.0%，粗蛋白质含量（干基）≥8.0%，粗脂肪含量（干基）≥3.0%。其中，一等质量粗蛋白质含量≥10.0%，二等质量粗蛋白质含量≥9.0%，试验中各施肥处理玉米粗蛋白质含量标准达到了一等质量，而不施氮肥处理玉米粗蛋白质含量则仅达到了二等质量，可见肥料的施用对于玉米品质具有一定的影响。各施肥处理之间粗蛋白质和粗脂肪含量差异不大，即在本试验肥料用量及纳米肥添加条件对玉米品质的影响差异不显著（表2-8）。

表 2-8　不同施肥对玉米品质的影响　　　　　　　　单位：%

处理	粗蛋白质（干基）	粗脂肪（干基）
常规施肥	10.69	3.33
全量纳米施肥	10.81	3.14
70%总量常规施肥	10.36	3.23
70%总量纳米施肥	10.21	3.51
70%N量常规施肥	10.12	3.23
70%N量纳米施肥	10.21	3.17
不施氮肥	9.21	3.33

（六）纳米增效肥料对玉米经济效益的影响

施用纳米增效肥料能够提高玉米经济效益（表2-9）。各施用纳米增效肥料处理的经济效益均高于施用等养分的常规肥料。全量纳米施肥处理总效益最高，比常规施肥年均增收37.17元/亩；70%N量纳米施肥比常规施肥年均增收 32.43 元/亩。

表 2-9　纳米增效肥料对玉米经济效益的影响　　　　单位：元/亩

处理	平均收入	平均肥料支出	经济效益	比常规施肥增收	比同养分常规肥料增收
常规施肥	1 076.62	90.39	986.23	—	—
全量纳米施肥	1 139.81	116.41	1 023.40	37.17	—
70%总量常规施肥	968.24	63.27	904.97	−81.26	—
70%总量纳米施肥	1 061.10	81.49	979.61	−6.62	74.64
70%N 量常规施肥	1 036.57	78.65	957.92	−28.31	—
70%N 量纳米施肥	1 118.24	99.58	1 018.66	32.43	60.74
不施氮肥	918.64	46.09	872.55	−113.68	—

注：2010 年玉米按 1.45 元/kg 计，尿素按 1.90 元/kg 计；2011 年玉米按 1.98 元/kg 计，尿素按 2.00 元/kg 计，磷酸二铵按 3.60 元/kg 计，重过磷酸钙按 2.40 元/kg 计，氯化钾按 4.00 元/kg 计，纳米碳按 260 元/kg 计。

（七）小结

2 年的田间试验结果表明，施用纳米增效肥料能够提高玉米产量，各施用纳米增效肥料处理的产量均高于等养分常规肥料，全量纳米施肥处理的产量最高，年均比常规施肥增产 5.88%；施用纳米增效肥料能够提高玉米氮肥利用率，其中 70%N 量纳米施肥产量处理氮肥利用率比常规施肥提高了 12.25 个百分点；全量纳米施肥处理氮肥表观利用率比常规施肥提高了 7.91 个百分点；肥料的施用对于玉米品质具有一定的影响。各施肥处理之间粗蛋白质和粗脂肪含量差异不大，即在本试验肥料用量及纳米肥添加条件下对玉米品质影响差异不显著；全量纳米施肥处理总效益最高，比常规施肥年均增收 37.17 元/亩；70%N 量纳米施肥比常规施肥年均增收 32.43 元/亩。

三、氮肥抑制剂在玉米上的施用效果

从氮素在土壤中的生物化学转化过程入手，通过抑制剂的施用调控氮素转化，已被认为是提高氮肥利用率、缓解氮肥污染、实现氮肥高效管理与利用的有效措施（孙志梅等，2008）。硝化抑制剂可以抑制土壤中铵态氮向硝态氮的转化，以延长或者调整无机氮在土壤中的形式抑制土壤微生物硝化和继而发生的耦合的反硝化过程产生的 N_2O 以及雨季的硝态氮淋溶（Zaman 和 Blennerhassett，2010）。DCD 和 CP 是农业生产中常用的硝化抑制剂。研究表明，DCD 和 CP 可以调控氮肥在土壤中的转化，使土壤较长时间保持较高的铵态氮含量，从而可以有效减少氮氧化物等温室气体的排放，减少土壤硝态氮的累积及淋失（Sun 等，2015；Di 和 Cameron，2005）。控释肥可以减缓、控制肥料的溶解和释放速度，即可根据作物生长需要提供养分。通常控释肥可比速效氮肥利用率提高 10%~30%，在目标产量相同的情况下，施用控释肥比传统速效肥料可减少用量 10%~40%（黄丽娜等，2009）。有研究指出，树脂膜控释尿素在减少夏玉米农田土壤剖面硝态氮残留、维持土壤氮素平衡和提高氮素利用率等方面的效果明显优于普通尿素（刘敏等，2015）。可见，硝化抑制剂和控释肥对土壤氮素转化和作物吸收利用等方面有积极的作用。

　　黑土春玉米种植区是我国重要的商品粮基地，属中北温带半干旱大陆性季风气候，冬季寒冷干燥，夏季高温多雨，自然条件对土壤氮素转化和吸收利用的影响不同于其他地区，黑龙江省玉米生长和氮素利用的效应如何，哪种措施更具优势，都还存在不确定性。因此，探讨不同施肥措施对作物生长及氮素利用的影响是非常必要的。从合理施肥的角度，连续 2 年在黑龙江省哈尔滨市研究了不同施肥措施下春玉米产量、氮素吸收和利用、矿质氮分布及土壤—作物系统氮素平衡特征，以筛选合理的施肥方法，以期为肥料减量增效施用提供理论依据和技术支撑。试验共包括 6 个处理：CK，不施肥处理；N100%，农民习惯施氮量；N80%，在农民习惯施氮的基础上减氮20%；N80% DCD，减量施氮 20% 并施加 DCD；N80% CP，减量施氮 20% 并施加 CP；N80% CRF，减量施氮 20%，施用的氮全部用控释肥（CRF）替代。各处理氮肥施用量如表 2-10 所示。

表 2-10　各处理氮肥施用量　　　　　　　单位：kg/hm²

处理	施氮量	基肥	追肥	肥料添加剂
CK	0	0	0	0
N100%	185	92.5	92.5	0
N80%	148	74	74	0
N80% DCD	148	74	74	1.48
N80% CP	148	74	74	0.148
N80% CRF	148	148	0	0

（一）施用氮肥抑制剂对黑土玉米产量及其构成要素的影响

　　氮素是影响黑土作物生产力的首要肥力因子（郝小雨等，2015）。研究结果（表 2-11）表明，施用氮肥显著增加了玉米产量（$P<0.05$）。施用氮

肥的 5 个处理 2013 年和 2014 年玉米产量较 CK 分别增加 29.4%~40.8%和 23.8%~33.8%，平均分别增产 35.6 和 28.3%。相比于 N100%，减量施氮 20%的 4 个处理的产量变化不明显，处理间无显著差异，表明适当减少氮肥不影响玉米籽粒产量。当施氮量相同时，添加硝化抑制剂 DCD 或 CP 以及 CRF 替代普通氮肥均未显著增加玉米产量。

从玉米产量构成要素的结果亦可以看出，氮素对于玉米穗长、穗茎粗和千粒重有显著影响。相比于 CK 处理，施用氮肥的 5 个处理玉米穗长、穗茎粗和千粒重增加幅度分别为 7.8%~10.6%、9.9%~11.3 和 16.5%~18.7%（2013 年和 2014 年平均）。减施氮肥、添加硝化抑制剂以及 CRF 替代普通氮肥均不影响玉米产量构成要素。

表 2-11　不同施肥措施对玉米产量以及产量构成要素的影响

年份	处理	产量/(kg/hm²)	增产率/%	穗长/cm	穗茎粗/cm	千粒重/g
2013	CK	7 797.6b	—	19.5b	4.7b	373.5b
	N100%	10 982.1a	40.8	21.1a	5.2a	436.1a
	N80%	10 565.5a	35.5	21.3a	5.2a	448.3a
	N80% DCD	10 327.4a	32.4	21.1a	5.2a	434.9a
	N80% CP	10 089.3a	29.4	21.7a	5.2a	449.1a
	N80% CRF	10 892.9a	39.7	21.7a	5.2a	434.5a
2014	CK	8 807.6b	—	18.8b	4.6b	379.0b
	N100%	11 454.8a	30.1	20.9a	5.2a	441.5a
	N80%	11 400.0a	29.4	20.8a	5.1a	438.7a
	N80% DCD	10 934.1a	24.1	21.0a	5.2a	439.9a
	N80% CP	11 783.7a	33.8	21.2a	5.2a	421.3a
	N80% CRF	10 906.7a	23.8	21.5a	5.2a	436.0a

注：每个年份同列不同字母表示各处理之间差异显著（$P<0.05$）。

（二）施用氮肥抑制剂对黑土玉米氮素利用的影响

不同施肥措施对玉米氮素利用的影响见表 2-12。与 CK 处理相比，施氮显著促进了玉米籽粒和秸秆对氮素的吸收，施用氮肥的 5 个处理玉米籽粒和秸秆氮素吸收量提高幅度分别为 97.9%~101.6%和 42.4%~50.7%（2013年和 2014 年平均）。从氮素总吸收量来看，N80% CP 处理高于其他施氮处理，增幅为 0.5%~2.3%（2013 年和 2014 年平均），但处理间无显著差异，说明在农民习惯施肥的基础上减施 20%氮肥不影响玉米氮素吸收。当施氮量相同时，添加硝化抑制剂以及 CRF 替代普通氮肥均未影响玉米氮素吸收。比较 2013 年和 2014 年的玉米氮素吸收量，2014 年略高于 2013 年，这可能与 2014 年的玉米产量较高有关。

表 2-12　不同施肥措施对玉米氮素吸收以及肥料利用率的影响

年份	处理	氮素吸收量/（kg/hm²)			氮肥表观利用率/%	氮肥偏生产力/（kg/kg)
		籽粒	秸秆	总吸收量		
2013	CK	46.9b	38.0b	84.9b	—	—
	N100%	92.1a	57.0a	149.1a	34.7b	59.4b
	N80%	90.9a	52.2a	143.1a	39.3a	71.4a
	N80% DCD	92.1a	54.8a	146.9a	41.9a	69.8a
	N80% CP	92.9a	53.5a	146.4a	41.6a	68.2a
	N80% CRF	91.5a	53.6a	145.1a	40.7a	73.6a
2014	CK	51.8b	46.3b	98.0b	—	—
	N100%	95.1a	57.5a	152.7a	36.6b	61.9b
	N80%	97.2a	56.0a	153.2a	46.1a	77.0a
	N80% DCD	93.6a	58.4a	152.0a	45.3a	73.9a
	N80% CP	96.3a	60.6a	156.8a	48.6a	79.6a
	N80% CRF	94.6a	59.3a	153.9a	46.6a	73.7a

注：每个年份同列数值后不同字母表示各处理之间差异显著（$P<0.05$）。

氮肥表观利用率是评价作物对氮素肥料吸收效果的重要指标，可以看出，2013 年和 2014 年减氮处理的氮肥表观利用率均显著高于习惯施肥处理（$P<0.05$），增幅分别为 4.6~6.9 个和 10.6~13.9 个百分点，平均为 8.0~10.4 个百分点（增加比例为 22.4%~29.2%）。4 个减氮处理间氮肥表观利用率无显著差异。2 年的结果可以看出，N80% CP 处理氮肥表观利用率相对最高，与此同时氮素损失也会降低（表 2-12）。

氮肥偏生产力表示每施用 1 kg 氮肥能生产的粮食产量，可以用来表征提高氮肥利用率的潜力。2013 年和 2014 年减氮处理氮肥偏生产力均显著高于习惯施肥处理（N100%）（$P<0.05$），增幅分别为 14.8%~23.9% 和 19.1%~28.6%，平均为 18.4%~22.3%（表 2-12）。可见，合理施氮对于提高氮肥的生产效率有显著的促进作用。4 个减氮处理间氮肥偏生产力无显著差异。

（三）施用氮肥抑制剂玉米田土壤矿质态氮分布的影响

试验开始前，土壤硝态氮含量从耕层到深层（0~80 cm）总体上呈明显降低趋势。2013 年和 2014 年玉米收获后，CK 处理 0~80 cm 土层硝态氮含量呈现逐渐降低的趋势（图 2-2）。施用氮肥的 5 个处理 0~60 cm 土层硝态氮含量总体呈现逐步降低的趋势，而 60~80 cm 土层硝态氮含量较 40~60 cm 土层略有增加，这可能与上层土壤硝态氮向下淋溶有关。2013 年和 2014 年的降水量主要集中在 5—9 月，当肥料施入土壤后，适宜的土壤水分条件会导致土壤硝态氮向下淋溶。2013 年和 2014 年各处理土壤铵态氮总体呈逐步下降的趋势。

比较各处理相同土层的硝态氮含量可以看出，CK 处理各个土层的硝态

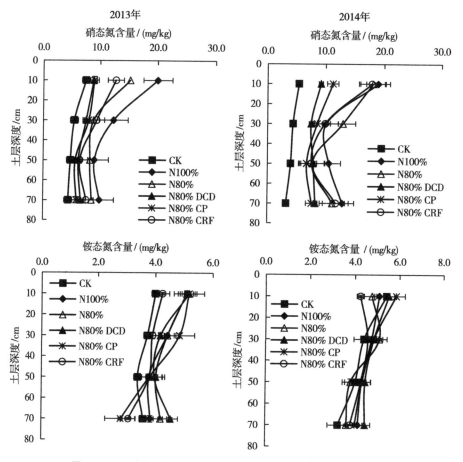

图 2-2 不同施肥措施对黑土玉米田土壤矿质态氮分布的影响

氮含量均低于施氮处理相应土层的硝态氮含量。与 N100% 处理相比，减施氮肥总体上可以降低各个土层的硝态氮含量，0~20 cm、20~40 cm、40~60 cm 和 60~80 cm 土层降幅分别为 14.3%~53.8%、13.0%~32.6%、17.9%~36.8% 和 13.7%~41.2%（2013 年和 2014 年平均）。同一施氮量的情况下，添加硝化抑制剂有助于抑制的土壤硝化作用，从而有效降低土壤硝态氮含量。与 N80% 处理相比，添加硝化抑制剂的 2 个处理在 0~20 cm 和 20~40 cm 土层硝态氮含量显著降低（$P<0.05$），其中 N80% DCD 处理降幅分别为 45.7% 和 28.5%，N80% CP 处理分别为 39.7% 和 21.8%（2013 年和 2014 年平均）；在 40~60 cm 和 60~80 cm 土层，添加硝化抑制剂对土壤硝态氮含量的影响不大。

添加硝化抑制剂后土壤铵态氮含量有所增加（图 2-2），其中 N80% DCD 和 N80% CP 处理 0~20 cm 土层铵态氮含量略高于其他处理（$P<0.05$），主要原因是硝化抑制剂可抑制硝态氮的产生，使得土壤中氮主要以铵态氮形式存在，故土壤中可提取的铵态氮库较长时间保持在较高水平（孙志梅等，2008）。施用普通氮肥及控释氮肥时，处理间各土层铵态氮含量无显著差异。

（四）施用氮肥抑制剂对玉米田氮素平衡的影响

根据玉米生育期间的氮素输入和输出项，计算玉米农田生态系统氮素表观平衡。在 2013 年氮素的输入项中，施氮量、播前土壤矿质氮（N_{min}）和生育期内的氮素矿化量都起着很重要的作用，其中施氮量起主导作用；而在 2014 年，由于上一年残留 N_{min} 的影响，N100% 和 N80% 处理播前 N_{min} 有所上升（表 2-13）。

表 2-13 不同施肥措施对玉米田氮素平衡的影响 单位：kg/hm²

年份	处理	氮输入			氮输出			氮盈余
		施氮量	播前	矿化氮	作物吸收	残留	表观损失	
2013	CK	0	106.1	75.1	84.9	96.3	0.0	96.3
	N100%	185	106.1	75.1	149.1	167.1	50.0	217.1
	N80%	148	106.1	75.1	143.1	143.4	42.7	186.1
	N80% DCD	148	106.1	75.1	146.9	115.8	66.5	182.3
	N80% CP	148	106.1	75.1	146.4	110.4	72.4	182.8
	N80% CRF	148	106.1	75.1	145.1	125.4	58.7	184.1

（续表）

年份	处理	氮输入			氮输出			氮盈余
		施氮量	播前	矿化氮	作物吸收	残留	表观损失	
2014	CK	0	90.6	74.5	98.0	67.1	0	67.1
	N100%	185	170.3	74.5	152.7	174.2	103.0	277.1
	N80%	148	162.8	74.5	153.2	164.9	67.2	232.1
	N80% DCD	148	108.3	74.5	152.0	129.0	49.7	178.8
	N80% CP	148	99.4	74.5	156.8	130.7	34.4	165.1
	N80% CRF	148	125.8	74.5	153.9	157.3	37.1	194.4
2 年	CK	0	196.7	149.6	182.9	163.4	0.0	163.4
	N100%	370	276.4	149.6	301.8	341.3	153.0	494.2
	N80%	296	268.9	149.6	296.3	308.3	109.9	418.2
	N80% DCD	296	214.4	149.6	298.9	244.8	116.2	361.1
	N80% CP	296	205.5	149.6	303.2	241.1	106.8	347.9
	N80% CRF	296	231.9	149.6	299.0	282.7	95.8	378.5

注：氮盈余 = 收获后土壤残留矿质氮（N_{min}）+ 土壤氮素表观损失。

在氮素的输出项中，2 季土壤残留 N_{min} 和表观损失量均以 N100% 处理最高。减量施氮可以降低土壤氮素残留、表观损失量，降幅分别为 9.7% ~ 29.4% 和 24.1% ~ 37.4%。比较 2013 年和 2014 年的氮素表观损失量可以看出，2013 年施用硝化抑制剂的处理氮素表观损失要高于其他处理，可能是施用硝化抑制剂后土壤中铵态氮浓度升高，在适宜的温度和水分条件下以氨挥发形式损失；而 2014 年施用硝化抑制剂处理的氮素表观损失量较低，主要是播前 N_{min} 较低。

比较不同施氮处理的氮素盈余量，从大到小顺序为 N100% > N80% > N80% CRF > N80% DCD > N80% CP。可以看出，与 N100% 处理相比，减施氮肥降低了黑土玉米田氮素盈余量，降幅达到 15.4% ~ 29.6%。施氮量相同时，添加硝化抑制剂对降低土壤氮素盈余量效果明显，尤以添加抑制剂 CP 效果最佳。

从 2 季玉米田的氮素表观平衡可以看出，农民习惯施肥处理氮素在土壤中大量残留于土壤剖面中，极易导致相应的环境问题，增加土壤—作物系统的氮素表观损失。相比较而言，减施氮肥处理土壤残留量较低，降低了对环境的威胁。在东北春玉米种植体系中，控制氮素的输入是减少土壤氮素盈余的有效措施。蔡红光等（2010）在松嫩平原黑土带中部连作玉米体系的研究结果表明，减施氮肥可降低氮素残留量，对环境威胁较小。叶东靖等（2010）利用田间试验研究了黑土不同土壤氮素供应水平下玉米氮素吸收利用、土壤氮素供应以及农田氮素平衡特征，指出适量施氮促进玉米对氮素的吸收和利用，进而提高玉米生物量和产量；过量施氮导致硝态氮在土壤中大量累积，提高了硝态氮淋溶风险。焉莉等（2014）通过土槽模拟径流试验，研究在自然降雨条件下不同施肥措施对东北地区黑土玉米地表径流氮素流失的影响，指出减施氮肥能有效减少地表径流氮流失负荷，减肥对黑土玉米地养分流失具有减缓作用。

（五）小结

有关硝化抑制剂的施用对作物产量及氮素吸收利用的研究结果差异较大。有研究指出，硝化抑制剂配施氮肥较单施氮肥处理小白菜产量和植株氮累积量分别提高 6.06% ~ 28.55% 和 2.38% ~ 38.42%（黄东风等，2009）。Rodgers 等（1985）结果表明，应用硝基吡啶后冬小麦对氮素的吸收增加 9% 左右。应用硝化抑制剂不一定都能提高作物产量和促进氮素吸收。Weiske 等（2001）试验发现，双氰胺的施用对燕麦、玉米和冬小麦产量没有显著影响。Cookson 等（2002）的研究则表明，双氰胺的施用不会影响牧草体内的氮浓度和氮累积量。本研究结果也显示，施用双氰胺和 2-氯-6-氯甲基吡啶均不影响黑土区玉米产量和氮素吸收量。研究指出，硝化抑制剂的施用效果受微生物活性、土壤质地、有机质含量、温度、水分、pH、氮肥种类和耕作制度等诸多因素的影响（孙志梅等，2008），导致不同试验之间结果出现差异。

硝化抑制剂通过选择性抑制土壤硝化微生物的活动，可有效减缓土壤中铵态氮向硝态氮的转化，是农业生产中常用的提高氮肥利用率和减少硝化作用负面效应的一种有效管理方式（张苗苗等，2014）。本研究中，同一施氮量的情况下，添加硝化抑制剂有助于抑制土壤硝化作用，有效降低土壤硝态氮含量，并能明显提升土壤铵态氮含量。研究表明，硝化抑制剂的施用使土壤中可提取的铵态氮库较长时间保持在较高水平，必然会促进铵态氮的生物固持（孙志梅等，2007）。此外，在黏土矿物或有机质含量较高的土壤中，铵态氮含量的增加还会促进黏土矿物和有机质的吸附固定，即能够极大程度地增加土壤氮素与土壤颗粒表面负电荷的作用强度，从而增加氮素在土壤中的持留能力（Yu 等，2007）。因而，硝化抑制剂的施用对保存土壤氮素、延长氮肥肥效、大幅降低土壤氮素向水环境的迁移的概率，以及减少硝化和反硝化损失方面有积极的作用，并且有望较大程度地提高氮肥利用率、减少农田氮肥用量及农业生产成本和增加农民收入（李兆君等，2012）。同时，土壤中硝态氮含量的适度降低，也将能够降低作物体内硝酸盐含量，提高作物品质。

包膜控释氮肥根据作物生长需肥曲线缓慢释放氮素，可从源头上控制土壤硝态氮和铵态氮的含量，达到养分供应与作物需求同步（Grant等，2012）。卢艳丽等（2011）报道了华北潮土小麦—玉米轮作体系施用树脂包膜控释尿素的效果，研究结果显示，与常规用量分次施肥处理相比，减少20%用量的缓控释肥处理在小麦季产量上差异不显著，但在玉米季增产幅度达18.3%。刘敏等（2015）在黄淮海地区研究了硫包膜控释尿素对土壤硝态氮含量、夏玉米产量和氮素利用率的影响，指出与普通尿素处理相比，控释尿素处理 0~100 cm 各层土壤硝态氮含量减少 11.7%~56.7%，产量增加 14.6%~28.7%，氮素利用率增加 12.3~12.4 个百分点。本研究中，尽管控释氮肥处理未显著增加玉米产量，但较农民习惯施肥处理可明显提高氮肥利用率和降低土壤表层硝态氮残留。然而，考虑到包膜控释尿素价格较高，生产中替代常规氮肥农民难以接受，在普通尿素的增产效果不理想的情况下，如何找到中间平衡点既可获得高产又能降低成本才是关键。

综合考虑保证玉米产量和氮素供应、减少氮素损失及提高氮肥利用率等方面，减施氮肥配合硝化抑制剂处理在黑土玉米田的应用效果较好。考虑到双氰胺成本较高（8 000~12 000元/t）推广困难，而2-氯-6-三氯甲基吡啶成本仅为氮肥本身的5%，因此，在制订黑土区玉米施肥方案时，应该适当减少氮肥施用量，并配合施用硝化抑制剂2-氯-6-三氯甲基吡啶，以促进农田生态系统中氮素高效利用和维持氮库基本平衡。

第二节　水稻肥料减施增效技术

水稻是主要粮食作物之一，2021 年黑龙江省稻谷播种面积 386.74 万 hm²，占全省粮食作物播种面积的 26.6%，占全国粮食作物播种面积的 12.9%；总产量 2 913.7 万 t，占全省粮食作物总产量的 37.0%，占到了全国稻谷总产量的 13.7%（国家统计局，2022）。可见，水稻的高产稳产在保障黑龙江省乃至全国粮食安全方面具有极其重要的作用。然而，黑龙江省许多地区农民施肥也存在盲目性，长期投入高量化学肥料，不但限制了水稻产量的提高，还造成土壤养分不平衡，资源浪费和环境风险。因此，探索水稻肥料减施增效技术是实现水稻高产高效、农业可持续发展的有效保障。

　　在东北水稻生产中化肥减量仍然存在一定的减量空间。尹映华等（2022）以东北平原黑土水稻种植区为研究对象，在黑龙江、吉林、辽宁三省水稻施肥和产量进行了大规模调研分析基础上，结合土壤本底供氮能力培养试验，阐明了黑土区水稻施肥空间格局、差异特征及减施潜力，通过与理论适宜施氮量对比发现，辽宁省稻区理论减氮潜力达 16.7%～24.7%，吉林省中、西部稻区理论减氮潜力达 8.7%～17.8%，黑龙江省稻区还有 2.0%～11.4%理论减氮空间。目前，实现水稻生产肥料减施增效的措施很多，如水稻侧深施肥、化肥有机替代、新型肥料施用等。

一、水稻侧深施肥肥料减施效果

　　水稻侧深施肥技术是应用水稻侧深施肥插秧机在插秧的同时将肥料定位、定量、均匀地施在秧苗的一侧 3 cm、深 5 cm 的土壤中，实现插秧和施肥同步进行。20 世纪 80 年代初，水稻侧条状施肥法在日本开始应用，这种施肥方法与传统施肥方法相比，可以减少 10%～30%的氮肥投入，有效降低生产成本，提高农户收益（肥料协会新闻部，1989）；1994 年黑龙江省水田机械化研究所将侧深施肥器引入试验成功后，水稻侧深施肥技术开始在黑龙江省大面积推广应用（解保胜，2000）。侧深施肥由于将肥料呈条状集中施于耕层中秧苗的一侧，比表层施肥和全层施肥更接近于水稻根系，有利于根系对养分的吸收，且肥料集中施于还原层，可减少肥料气态损失，提高肥料利用率；此外，由于稻田表层的氮、磷等元素较常规施肥减少，藻类、水绵等明显减少。控释肥侧条施用可有效提高水稻的产量和氮肥利用率，减少面源流失。侧条施肥处理有效降低了稻田氮素流失量，年氮流失量为 0.466～0.673 kg/hm^2，比常规施肥处理降低地表径流氮流失量 3.54%～29.36%（段然，2017）。因此采用该施肥方法可实现水稻定量、精准深施肥，起到节肥增效的作用。

　　侧深施肥实现了插秧同时同步施肥，减少了人工作业次数，相比传统施肥减少了用工量。同时，侧深施肥可显著增加水稻产量，从而实现增产增效的目的。使用侧深施肥技术时应注意以下 2 点。一是侧深施肥机械选择：水稻侧深施肥技术的第一个关键是侧深施肥插秧机，机械的实用性和使用效率，插秧时的定位、定量和化肥的均匀投放非常关键，因此，应选择大品牌或农机部门推荐的侧深施肥机，精准定量控制施肥量。二是肥料选择：按照侧深施肥技术要求，所施肥料应当同时包含比例恰当的氮、磷、钾等养分，且具有缓释作用，因此，应选用颗粒状比重一致且吸湿性小的专用肥料或复合缓控释肥，确保排肥更加顺畅、均匀，同时使专用肥能够分期持续释放肥力，做到既能保证返青期分蘖需求，促进分蘖早生快发，又能延长供肥期，防止水稻后期脱肥。

（一）侧深减量施肥对水稻产量及品质的影响

试验 2019 年设在方正，2020 年设在方正和通河。供试氮肥用尿素（N 46%），磷肥用重过磷酸钙（P_2O_5 46%），钾肥用氯化钾（K_2O 60%）。试验共设 3 个处理，每个处理 3 次重复，随机区组排列。处理 1：常规施肥（对照，CK）。处理 2：侧深施肥（常规减肥 20%）。处理 3：常规肥减氮磷钾（20%）。常规施肥 50% 的氮肥、100% 磷肥和 50% 钾肥作基肥施入，30% 氮肥作分蘖肥追施，20% 氮肥和 50% 钾肥作穗肥追施。侧深施肥是全部基蘖肥一次性作基肥施入。小区面积 300 m^2，单排单灌溉。5 月中旬插秧，9 月下旬收获。

1. 产量变化

通过侧深施肥技术减少常规用肥量的 20%，将基、蘖肥于机械插秧时同期施入田中，减少了施肥次数和肥量，通过肥料集中施用于根际附近，有利于根系对养分吸收利用，促进了穗大、粒多，提高了结实率。方正和通河试验结果显示（表 2-14），在常规施肥（一次基肥，分蘖期和孕穗期各追肥 1 次）的基础上减少肥料用量 20%（处理 3），显著降低了水稻穗数和结实率，降低水稻产量，与处理 1 相比，2019 年方正和 2020 年通河试验水稻产量分别降低 16.0% 和 7.1%，2020 年方正试验水稻产量降低 9.1%。在侧深施肥的基础上减肥 20%（处理 2），不但没有减产，反而表现出略有增产的趋势，2019 年方正和 2020 年通河试验水稻产量分别增加 4.9% 和 2.9%，2020 年方正试验水稻产量增加 3.9%。虽然处理间产量差异不显著，但侧深施肥处理较常规施肥肥料用量减少了 20%，不仅节省了肥料，还对产量有一定的促进作用。

表 2-14　侧深施肥条件下减肥试验水稻产量及产量构成要素

年份和地点	处理	穗数/（个/m^2）	穗粒数/（粒/穗）	结实率/%	千粒重/g	产量/（kg/hm^2）	增产/%
2019 年方正	处理 1：常规施肥（对照，CK）	506.8a	75.8b	82.5ab	24.0a	8 339a	—
	处理 2：侧深施肥（常规减肥 20%）	505.6a	78.9ab	89.9a	24.4a	8 747a	4.9
	处理 3：常规肥减氮磷钾（20%）	422.4c	89.3a	77.2b	24.1a	7 008b	-16.0

（续表）

年份和 地点	处理	穗数/ （个/m²）	穗粒数/ （粒/穗）	结实率/%	千粒重/g	产量/ （kg/hm²）	增产/%
2020年 通河	处理1：常规施肥 （对照，CK）	373.2a	107.0b	77.3a	24.9a	7 565.8a	—
	处理2：侧深施肥 （常规减肥20%）	374.1a	131.9a	78.1a	23.7a	7 782.9a	2.9
	处理3：常规肥减磷 肥（20%）	343.8b	126.1a	66.4a	25.3a	7 028.7a	−7.1
2020年 方正	处理1：常规施肥 （对照，CK）	453.2a	83.1ab	60.0b	25.7b	7 095.5ab	—
	处理2：侧深施肥 （常规减肥20%）	431.3ab	88.1ab	72.3a	26.9ab	7 374.4a	3.9
	处理3：常规肥减磷 肥（20%）	423.1ab	92.3a	64.5ab	25.6b	6 447.2bc	−9.1

注：处理2侧深施肥处理基、蘖肥伴随机械插秧施用，处理1和处理3施肥包括基肥、蘖肥和穗肥；同列不同小写字母代表各处理间差异显著（$P<0.05$）。

目前，许多学者对寒地水稻侧深施肥对水稻产量的影响方面进行了研究。白雪等（2014）研究表明，侧深施肥技术之所以能提高水稻产量，关键在于提高了水稻生长前期的分蘖数及分蘖成穗率，有效增加了水稻单位面积收获穗数，但对于穗粒数、结实率和千粒重不会造成负面的影响，从而增加了水稻的产量。杨成林等（2018）研究表明，不同侧深施肥方式均有利于水稻分蘖早生快发，单株分蘖数较对照增多，分蘖成穗率高，水稻产量均高于对照。其中，基蘖肥侧深同施处理的分蘖数及成穗率最高，产量高达9.97 t/hm²，基蘖肥侧深同施方式有利于水稻氮素的吸收与积累，进而促进水稻产量的形成。本研究结果表明，在化肥减量20%的情况下，采用侧深施肥促进了穗大、粒多，提高了结实率。

2. 品质变化

2020年采集方正试验点不同处理稻谷1 kg，进行稻米碾磨、外观、营养等品质分析（表2-15）。结果表明，与常规施肥处理相比，侧深减肥及常规减肥处理对水稻品质影响不显著。侧深施肥处理（处理2）、减磷肥处理（处理3）稻米食味略低于对照（处理1），稻米外观品质有增加的趋势（垩白粒率和垩白度均低于对照），蛋白质含量及直链淀粉含量各处理之间相差不多。

表 2-15 侧深施肥条件下减肥试验稻米品质（2020 年，方正）

处理	垩白粒率/%	垩白度/%	糙米率/%	精米率/%	整精米率/%	蛋白质/%	直链淀粉/%	食味
处理1：常规施肥（对照，CK）	4.8	2.6	73.5	75.9	60.1	8.6	16.1	79.2
处理2：侧深施肥（常规减肥20%）	4.2	2.2	74.9	60.6	59.3	8.7	16.2	76.1
处理3：常规肥减磷肥（20%）	6.3	3.0	74.3	55.9	58.7	8.4	16.2	78.4

关于侧深施肥对水稻品质的影响，不同研究者的结论不尽相同。卞景阳等（2019）以寒地粳稻品种龙粳 21 为试验材料，以侧深施肥作为施肥技术，设常规施肥、有机肥+减化肥 N 15%（侧深施基肥）、侧深施基肥 3 种施肥方式，研究在施氮量不变（130 kg/hm²）的前提下，施肥方式对水稻产量和稻米品质的影响，结果表明，侧深施肥方式可显著提高水稻单位面积有效穗数，从而显著增加产量，并改善稻米的外观品质和降低蛋白质含量；有机肥 N 替代部分化肥 N，可显著改善稻米碾磨品质和外观品质，增加直链淀粉含量和降低蛋白质含量。赵海成等（2019）研究发现，与全层施肥相比，点状施肥和侧深施肥有利于干物质积累，高效叶面积的增加；改善营养品质，但同时使外观品质变劣。基蘖同施优于基蘖分施，其中以侧深施肥、基蘖同施处理可获得相对优质的最高产量。本研究结果表明，侧深减肥及常规减肥处理对水稻品质影响差异不显著。

（二）侧深施肥方式对水稻农艺性状及产量的影响

1. 速效氮肥侧深施

侧深施肥选用的肥料种类及施用方式对水稻产量影响效果不同。朱从桦等（2019）研究了不同类型氮肥机械侧深施对机插水稻产量形成及氮素利用的影响，结果表明，与人工撒施相比，机械侧深施可以显著提高氮肥利用率，机械侧深施肥增产的主要原因是其具有更多有效穗数和颖花总量，与普通尿素机械侧深施相比，控释尿素机械侧深施是一种能提高机插水稻产量和氮素利用的有效施肥方法。

于 2020 年在方正设立水稻侧深施氮肥试验，试验设 5 个处理。处理 1，N 用量 165 kg/hm²，50%作基肥，于耙地时施入；20%作追肥，于返青时施入，30%作追肥，于分蘖期施入；P₂O₅ 75 kg/hm²；K₂O 75 kg/hm²。处理 2、处理 3、处理 4 和处理 5 的 N 用量均为 135 kg/hm²（减氮 18%）；均侧深施大粒尿素，其余比例的控释尿素与全部磷、钾肥作基肥耙地时施入。大区面积 500 m²，小区单排单灌溉，5 月中旬插秧，9 月末收获。各试验处理见表 2-16。

本研究选用控释尿素和普通大粒尿素，在方正设置水稻侧深施肥比例和侧深施用比例试验（表 2-16）。与农民常规施肥（处理 1）相比，采用控释尿素和磷钾肥耙地时一次施用结合侧深施用一定比例的大粒尿素可以实现减少氮肥用量 18% 的情况下，水稻产量不降反而略有增加，不但降低了肥料用量，也减少了施肥次数，节约了肥料和劳动力成本。同一氮肥用量（处理 2、处理 3、处理 4、处理 5）条件下，随着控释尿素施用比例的增加，水稻千粒重呈现增加的趋势。与处理 5（80%N 控释尿素基施+20%N 大粒尿素侧深施）相比，处理 3 和处理 2 显著增加了水稻穗数、实粒数，进而显著增加了水稻产量，增产率分别为 12.0% 和 10.3%，说明在减施氮肥 18% 的基础上，40%N 控释尿素基施+40%N 大粒尿素侧深施的施肥组合最优。控释肥基施比例过高、尿素侧深施比例过低（处理 4、处理 5）不利于水稻的高产高效。

表 2-16 不同侧深施氮量水稻农艺及产量性状

编号	处理	株高/cm	穗长/cm	穗数/（个/m²）	千粒重/g	实粒数/（粒/穗）	结实率/%	产量/（kg/hm²）
1	农民常规施肥	98.1a	17.2a	406.3ab	24.4b	105.2a	91.8a	8 327a
2	100%N 大粒尿素侧深施	102.4a	17.2a	419.5a	24.9ab	100.5a	90.6a	8 388a
3	40%N 控释尿素基施+60%N 大粒尿素侧深施	102.8a	18.1a	430.7a	24.5b	101.0a	91.0a	8 518a
4	60%N 控释尿素基施+40%N 大粒尿素侧深施	99.1a	17.4a	409.7ab	25.0a	99.6ab	90.5a	7 938ab
5	80%N 控释尿素基施+20%N 大粒尿素侧深施	95.1a	17.1a	393.1b	26.3a	90.8b	92.4a	7 603b

注：同列不同小写字母代表各处理间差异显著（$P<0.05$）。

2. 控释氮与速效氮混合侧深施

于 2020 年在方正设置了控释氮肥与速效氮肥以一定比例混合侧深施试验，在此基础上各处理分别进行返青期、分蘖期、孕穗期追施氮肥。试验设 5 个处理。处理 1，农民常规施肥：氮用量 165 kg/hm²，50% 作基肥，于耙地时施入；20% 作追肥，于返青时施入，30% 作追肥，于分蘖期施入；P_2O_5 75 kg/hm²；K_2O 75 kg/hm²。处理 2、处理 3、处理 4 和处理 5 的氮用量均为

135 kg/hm² （减氮18％）。处理2，50％N大粒尿素与50％N控释尿素混合进行基蘖肥一次性侧深施，简称100％侧深施；处理3、处理4、处理5，80％N（30％N大粒尿素与50％N控释尿素混合）进行基蘖肥侧深施，各处理20％N尿素分别在返青期、分蘖期、孕穗期追施，分别简称80％侧深施+20％返青追肥、80％侧深施+20％分蘖追肥、80％侧深施+20％孕穗追肥。大区面积500 m²，小区单排单灌溉，5月中旬插秧，9月末收获。

试验结果（表2-17）表明，在减施氮肥用量18％的情况下，侧深施肥结合一次追肥虽然水稻穗粒数略有降低，但增加了千粒重和单位面积穗数，进而提高了水稻产量。与农民常规施肥（处理1）相比，100％侧深施（处理2）及80％侧深施+20％返青追肥（处理3），水稻产量略有提高，但差异不显著；80％侧深施+20％分蘖追肥（处理4）或80％侧深施+20％孕穗追肥（处理5），水稻产量显著增加，增产率分别为7.5％和7.3％。说明采用本侧深施肥技术能够在减施氮肥基础上，减少追肥次数，达到水稻高产高效的作用。

表2-17　不同侧深施氮量水稻农艺及产量性状

编号	处理	株高/cm	穗长/cm	穗数/（个/m²）	千粒重/g	穗粒数/（粒/穗）	结实率/%	产量/（kg/hm²）
1	农民常规施肥	96.5a	18.2a	450.3b	26.5b	101.1a	87.0a	8 054b
2	100％侧深施	90.0a	16.9a	488.4ab	27.4ab	90.7b	90.9a	8 104ab
3	80％侧深施+20％返青追肥	91.4a	17.0a	495.7a	27.4ab	91.0b	91.2a	8 225ab
4	80％侧深施+20％分蘖追肥	88.6a	18.0a	497.2a	27.8a	94.1ab	91.0a	8 662a
5	80％侧深施+20％孕穗追肥	91.4a	17.4a	501.6a	28.5a	90.8b	91.4a	8 641a

注：同列不同小写字母代表各处理间差异显著（$P<0.05$）。

（三）小结

与农民常规施肥相比，在化肥减量20％的情况下，采用侧深施肥水稻产量不但没有降低，反而略有增加；侧深减肥及常规减肥处理对水稻品质影响差异不显著。

若采用一次性侧深施肥，优化的施肥技术为：在农民常规施肥基础上减施氮肥18％，小于等于40％N控释尿素耙地施入结合大于等于60％N大粒尿素基蘖肥一次性侧深施用能够达到较高的水稻产量。

若采用侧深施肥，适当补充追肥，优化的施肥技术：在农民常规施肥基础上减施氮肥 18%，30%N 大粒尿素+50%N 控释尿素混合侧深施结合分蘖期或孕穗期追施 20%N 尿素，水稻产量显著增加。

总之，采用适宜的侧深施肥技术能够在肥料减施 18%~20% 的基础上，减少追肥次数 1 次或 2 次，进而达到水稻高产高效的目的。

二、稻田有机替代及中微量元素替代化肥技术

（一）化肥有机替代

我国秸秆资源量丰富，稻草中含有很多元素，包括有机碳、氮、磷、钾和微量元素。据测定，100 kg 干稻秆中含有 22 kg 有机质、2.4 kg K_2O，等同于 1 kg 尿素、4 kg 氯化钾。将这些养分还田利用，不但可以减少化肥的投入，还可以避免资源浪费，保护生态环境。李一等（2020）通过资料收集和数据统计，估算 2017 年，全国秸秆实际可还田养分约为 430.54 万 t N、185.69 万 t P_2O_5、1 033.80 万 t K_2O，还田的养分可替代约 19.38% 的氮肥、23.28% 的磷肥、166.81% 的钾肥。

2021 年黑龙江省水稻播种面积近 400 万 hm^2，秸秆资源量高，还田后通过养分调控可以达到化肥减施的目的。由于施入的秸秆量大，土壤碳含量增加，微生物活动所需的适宜碳氮比（C/N）为（20~25）：1，而水稻秸秆 C/N 一般为（60~80）：1，微生物为维持自身生命活动与水稻植株争夺氮素，秸秆还田抑制了水稻前期的生长发育，因此秸秆第一年还田时，氮肥不宜减施或在秋季秸秆还田后适当施用氮肥，调节 C/N。秸秆还田经过一定时间，逐渐释放营养物质，有利于水稻的生长发育（徐国伟，2007），此时可以减施氮肥。

为探索连年秸秆还田条件下化肥减量效果，在通河县农业技术推广中心试验田，以稻花香 2 号为供试品种，分别在秸秆还田 2 年和 3 年的地块进行有机肥替代化肥减施试验。在还田 2 年的地块，与常规施肥相比，减施穗肥，肥料减施量占肥料总用量的 20%，虽然降低了穗粒数，但增加了结实率，实现了减肥不减产（表 2-18）；在秸秆还田常规施肥的基础上添加秸秆腐解剂，降低了水稻单位面积穗数，但增加了结实率，水稻产量略有增加。在还田 3 年地块中用部分有机肥替代化肥的试验中，有机肥与化肥比例为2：8 时对水稻各农艺性状及产量均没有显著影响，但有机肥比例为 50% 时，显著降低单位面积穗数，进而显著降低水稻产量，减产率达 9.6%，说明，有机肥替代化肥时，替代比例不宜过大，替代率为 20% 时效果较好。

表 2-18 秸秆还田条件下有机肥替代化肥效果

处理	穗数/(个/m²)	穗粒数/(粒/穗)	结实率/%	千粒重/g	产量/(kg/hm²)	增产/%
还田 2 年						
1. 常规施肥	461.8b	103.8a	67.7b	24.8ab	8 034a	—
2. 基肥+分蘖肥+穗肥减量（占总量的 20%）	460.2b	93.3b	75.8ab	24.7ab	8 052a	0.2
3. 常规施肥+秸秆腐解剂	404.5c	101.3ab	84.3a	24.3a	8 411a	4.6
还田 3 年						
1. 常规化肥	557.9a	88.7a	67.8a	24.7a	8 292ab	—
2. 有机替代 20% 化肥（有机肥：化肥=2:8）	524.0ab	92.5a	71.3a	24.4a	8 421a	1.6
3. 有机替代 50% 化肥（有机肥：化肥=5:5）	471.0b	93.4a	70.7a	24.1a	7 494b	-9.6

注：有机肥为腐熟的猪粪；常规施肥为基肥+分蘖肥+穗肥；同列不同小写字母代表各处理间差异显著（$P<0.05$）。

（二）微量元素替代化肥

作物施肥依据的原理主要有养分归还学说、最小养分率，限制因子率、报酬递减率。其中最小养分率，也就是所谓的木桶原理（短板理论），其基本含义是作物的产量受土壤中相对含量最低的养分制约，在一定范围内，产量随着这种元素的增减而升降，增施不含最小养分的肥料，不但难以增产，还会降低施肥的效益。以松粳 22 为供试品种，采用大区对比试验，田间上年秋季收获后秸秆还田，秋翻地、春整地。常规插秧，以常规施肥量处理为对照，设两个处理：一个是常规肥量减少 15%；另一个是常规肥量的 15% 用中微量元素肥料替代，每小区 2 亩，机械插秧。试验结果（表 2-19）表明，在本试验田中，在常规施肥量的基础上减少 15% 的化肥，对水稻显著减产，减产率达到 23.5%，可见，在水稻生产中不能盲目在农民习惯施肥基础上进行肥料的减施，要根据地块的基础地力、作物养分需求、目标产量等综合考虑，要根据测土配方进行合理施肥。试验结果还表明，在常规施肥量的基础上用中微量元素肥料替代 15% 的化肥用量，通过提高穗粒数和结实率，有提高水稻产量的趋势。这主要是由于该试验地土壤有效锌含量仅为 0.4 mg/kg。因此，在土壤中微量元素缺乏的情况下，可以增施中微量元素肥料替代部分化肥，达到肥料减施增效的目的。

表2-19　化肥替代试验各处理产量及产量构成要素比较

处理	穗数/ (穗/m²)	穗粒数/ (粒/穗)	结实率/%	千粒重/g	产量/ (kg/hm²)	增产/%
常规施肥（对照，CK）	448.5a	118.1b	91.8b	22.9a	11 115ab	—
中微量元素替代部分化肥 （15%）	387.7b	143.7a	93.9ab	21.9a	11 471a	3.2
常规肥量减少15%	393.4ab	101.7ab	95.4a	22.2ab	8 502b	-23.5

注：同列不同小写字母代表各处理间差异显著（$P<0.05$）。

三、微生物菌肥在水稻化肥减施增效上的效果

目前，我国氮肥利用率为20%~45%，磷肥利用率为10%~25%，水稻生产上氮肥损失率达30%~70%（吕亚敏等，2018；孙锡发等，2009；闫德智，2011），水稻的减肥增效对于节约农业生产成本、提高肥料利用率及可持续发展具有重要的作用。我国水稻生产上氮、磷、钾的平均肥效分别为9.8 kg/kg、9.4 kg/kg、7.2 kg/kg，当季利用率分别为30.0%、12.4%、30.0%，氮肥肥效和当季利用率均低于世界平均水平（吴家强等，2014）。有研究表明，连年施肥导致土壤中富余的养分增加，在氮素养分较高的肥沃土壤上采取农户习惯施肥减氮20%处理，在降低生产成本的同时能够防止土壤质量下降、作物产量及品质降低（娄庭等，2010）。稻田大量氮肥的投入，不仅引发水稻徒长，后期贪青晚熟，还导致水稻产量和氮肥利用效率下降（张洪程等，2003），建议农户在平时施肥量的基础上至少减少20%氮肥较为合理（吴家强等，2014）。彭术（2019）在改变常规施氮表面撒施为深施的基础上，减少30%的氮肥用量仍然可以延长肥料氮在土壤中的存留时间，促进水稻分蘖和提高实粒数，维持双季稻产量的稳定；在应用微生物菌剂为化肥增效的研究上，有许多研究表明菌肥有促进养分吸收、提高肥料利用率和增产的作用（张永等，2018；仇春华，2016；王旭辉，2012）。张永等（2018）研究表明，施用微生物菌剂在一定程度上能改善土壤的理化性质，疏松土壤并增加土壤有机质，增加肥效，抑制土传病害并实现了明显增产的效果。有研究表明，北京世纪阿姆斯"沃柯"微生物菌剂对水稻增产效果显著，常规施肥区比减肥区平均增产33.4 kg/亩，增产幅度5.75%，增收134.96元/亩（仇春华，2016）。综合以上研究，减肥结合微生物菌剂在肥料农学效率和产量效应上起到了很显著的效果。针对化肥利用率低而施肥导致土壤中养分高度聚集的现状，通过采用养分专家系统推荐施肥技术减量

化肥20%，在哈尔滨阿城和方正设立养分专家系统推荐施肥技术的基础上添加不同微生物肥料等措施设置了田间小区试验，以明确减肥施用结合不同微生物菌剂对寒地粳稻产量及肥料利用率的影响，为水稻节肥高效生产提供技术支撑。

氮肥为市售普通尿素（N 46%）；磷肥为重过磷酸钙（P_2O_5 46%），钾肥为氯化钾（K_2O 60%）；微生物菌剂1（V1），枯草芽孢杆菌有效活菌数≥1.0亿/g；微生物菌剂2（V2），地衣芽孢杆菌、胶冻样芽孢杆菌、细黄链霉菌有效活菌数≥2.0亿/g；微生物菌剂3（V3），枯草芽孢杆菌≥10.0亿/g、胶冻样类芽孢杆菌≥1.0亿/g、巨大芽孢杆菌≥5.0亿/g。土壤为草甸土型水稻土。试验设6个处理，分别为处理1不施肥（CK）、处理2农民常规氮磷钾化肥（NPK）、处理3氮磷钾肥减量20%（-20%NPK）、处理4氮磷钾肥减量20%+微生物菌剂1（-20%NPK+菌剂1）、处理5氮磷钾肥减量20%+微生物菌剂2（-20%NPK+菌剂2）、处理6氮磷钾肥减量20%+微生物菌剂3（-20%NPK+菌剂3），小区面积30 m^2，随机区组设计，3次重复，单排单灌溉，以免影响肥料效果，根据养分含量计算肥料实物量。农户常规（NPK）施肥方式：100%磷肥+50%氮肥+100%钾肥作基肥，30%氮肥返青期施用，20%氮肥分蘖期施用。养分专家系统推荐施肥方式：100%磷肥+40%氮肥+50%钾肥作基肥，40%氮肥分蘖期施用，20%氮肥+50%钾肥穗分化期施用。2018年5月20日插秧，9月28日收获。

（一）化肥结合菌肥对水稻农艺性状及产量的影响

由表2-20可知，方正和阿城两地的小区试验结果均表明，不施肥会通过降低水稻的株高、穗长、每穴分蘖数和实粒数而降低水稻产量。由图2-3可知方正和阿城两地相同处理的水稻产量平均值的变化。NPK、-20%NPK、-20%NPK+菌剂1、-20%NPK+菌剂2、-20%NPK+菌剂3处理分别比CK处理增加3 602 kg/hm²、3 696 kg/hm²、2 996 kg/hm²、3 224 kg/hm²、3 717 kg/hm²，增产率分别为65.1%、66.8%、54.2%、58.3%、67.2%。采用养分专家系统推荐施肥技术，减少肥料用量20%，与NPK处理水稻农艺性状及产量差异不大，处理间差异不显著，一方面说明农户现有施肥量偏高；另一方面也说明采用合理的施肥技术措施能够减少肥料用量，同时保证水稻产量，达到节肥增效的目的。

表 2-20　不同施肥处理对水稻农艺性状的影响

地点	序号	处理	株高/cm	穗长/cm	每穴分蘖数	千粒重/g	单株实粒数	单株瘪粒数
阿城	1	CK	87.9	16.3	15.1	26.6	74.0	10.7
	2	NPK	95.9	18.6	20.6	26.6	98.3	19.1
	3	-20%NPK	99.0	17.8	20.2	25.3	102.7	16.5
	4	-20%NPK+菌剂 1	100.0	17.2	19.3	25.5	100.2	13.9
	5	-20%NPK+菌剂 2	100.8	17.9	19.4	26.4	96.9	13.0
	6	-20%NPK+菌剂 3	100.8	19.9	18.8	25.1	118.1	14.9
方正	1	CK	82.0	16.3	17.8	30.9	69.3	4.7
	2	NPK	105.8	16.7	25.4	24.6	76.2	13.0
	3	-20%NPK	99.3	17.2	26.6	25.6	78.9	10.0
	4	-20%NPK+菌剂 1	99.3	16.4	24.4	25.8	69.6	9.0
	5	-20%NPK+菌剂 2	98.6	16.3	25.6	26.0	72.7	7.6
	6	-20%NPK+菌剂 3	105.4	17.6	26.3	27.7	75.6	9.8

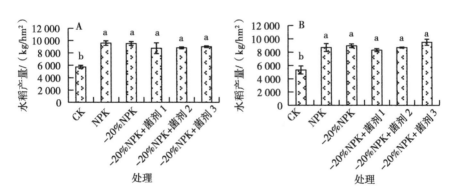

图 2-3　不同施肥处理对阿城（A）和方正（B）水稻产量的影响

注：柱上不同字母表示各处理之间差异显著（$P<0.05$）。

（二）化肥结合菌肥对水稻氮磷钾肥料利用率的影响

对方正试验区的试验处理进行了籽粒、秸秆的氮磷钾养分含量测定，计算出氮磷钾养分吸收量和肥料利用率。由表 2-21 可以看出，施肥能够显著增加水稻对氮磷钾养分的吸收量；肥料减施 20% 对氮磷养分吸收量影响不大，但会降低钾的吸收量；氮磷钾利用率均显著增加。与 NPK 相比，-20% NPK、-20%NPK+菌剂 1、-20%NPK+菌剂 2、-20%NPK+菌剂 3，水稻氮肥利用率平均分别提高 5.93 个、5.82 个、6.83 个和 9.73 个百分点，磷肥利用率分别提高 3.46 个、3.79 个、4.33 个和 4.96 个百分点，钾肥利用率分别提高 12.92 个、9.11 个、14.05 个和 17.69 个百分点。在基础肥力较高（方正）的土壤上第一年进行肥料减量施用可以提高肥料利用效率，节约施肥成本，达到节肥增效的效果；但肥料连续减施的效果及影响还需进行长期定位试验研究。与处理 3 相比，添加不同微生物菌剂对氮磷钾肥料（处理 4、处理 5、处理 6）利用率的影响不显著。

表 2-21 不同施肥处理对水稻养分吸收及肥料利用率的影响

序号	处理	养分吸收量/(kg/hm^2)			肥料利用率/%		
		N	P	K_2O	N	P	K_2O
1	CK	120.28b	25.07b	93.4d	—	—	—
2	NPK	169.49a	33.83a	139.3a	29.82b	13.48b	45.79c
3	-20%NPK	168.54a	35.24a	131.7bc	35.75a	16.94a	58.71ab
4	-20%NPK+菌剂 1	168.39a	35.43a	129.2c	35.64a	17.27a	54.90b
5	-20%NPK+菌剂 2	169.76a	35.76a	132.4bc	36.65a	17.81a	59.84ab
6	-20%NPK+菌剂 3	173.68a	36.14a	134.8b	39.55a	18.44a	63.48a

注：同列不同小写字母代表各处理间差异显著（$P<0.05$）。

（三）小结

我国化肥施用量逐年攀升，化肥施用量从 1980 年的 86.7 kg/hm^2 上升到 2007 年的 332.8 kg/hm^2，施肥水平是世界平均水平的 3 倍左右，远远超过国际上为防止水体污染而设置的化肥使用安全上限（225.0 kg/hm^2，吴家强等，2014）。研究化肥减施在节约肥料并降低土壤水体环境承载方面具有重要的意义。本研究在方正和阿城的化肥减施效果试验中养分专家系统推荐施肥技术与农民常规施肥量相差 20%，水稻农艺性状及产量在处理间差异不显著，减少化肥氮磷钾用量并没有减产，说明连年农民常规施肥量使土壤中养分富集，随着施肥量减少产量并不减少，可见，在本试验地条件下，当土壤里富集的养分达到一定量时氮磷钾减量 20% 当年不会减产，肥料利用率也会增高，达到节肥的目的。研究表明，氮肥或磷肥在常规用量基础上减施 25% 是可行的，但是其产量持续性仍有待验证，随着施肥量的增加，氮、磷农学效率降低，不能实现肥增则产量增（吕亚敏等，2018）。本试验的研究也得出水稻第一年减肥不减产的结论，但若连年减肥是否减产，还需做进一步的验证试验。

有研究表明，水稻在孕穗期喷施农用微生物菌剂与灭活基质比常规施肥可使单位面积成穗数增加，结实率提高，千粒重增加，有明显的增产效果，产量为 566 kg/亩，比常规区增产 10.1%（张永等，2018），也有建议在水稻孕穗期至抽穗期冲施微生物菌剂，提高农田益生菌数，改良土壤，提高水稻根系肥料吸收率，以利于进一步提高水稻产量（李春蕴，2015）。从本试验结果也可以看出，在养分专家系统推荐施肥技术化肥减量 20% 的基础上添加 3 种微生物菌剂（肥）并没有对水稻产量有显著提高作用，相对其他两种菌剂效果，施用含枯草芽孢杆菌 ≥10.0 亿/g、胶冻样类芽孢杆菌 ≥1.0 亿/g、巨大芽孢杆菌 ≥5.0 亿/g 的微生物菌剂 3 有一定增产效果，微生物活动受水、热等多种因素影响，可能与 2018 年春季水稻播种插秧期长期持续低温，基肥时配合施用的菌肥可能受低温影响没有很好发挥效果，且秋季多雨的气候条件，也影响其功能发挥，因此，其肥料效果还需进行多年多点试验。

本试验结果表明，与农民常规施肥处理相比，在基础肥力较高、农民施肥量大的土壤上采用养分专家系统推荐施肥技术化肥减量 20%，水稻农艺性状及产量变化不大。与农民常规施肥相比，肥料减施 20% 对氮磷养分吸收量影响不大，但会降低钾的吸收量；氮磷钾肥料利用率均显著增加。本试验条件下，与化肥减量处理相比，在肥料减量的基础上添加 3 种微生物菌剂（肥）并没有对水稻产量有显著的提高作用，对氮磷钾肥料利用率的影响亦不显著；水稻氮肥利用率平均分别提高 5.93 个、5.82 个、6.83 个和 9.73 个百分点，磷肥利用率分别提高 3.46 个、3.79 个、4.33 个和 4.96 个百分点，钾肥利用率分别提高 12.92 个、9.11 个、14.05 个和 17.69 个百分点，达到减少肥料施用但是产量不减少，实现了农田的减本增效。

四、纳米增效肥料在水稻上的施用效果

肥料中添加纳米碳能促进水稻分蘖的形成，增加孕穗期叶绿素含量，增加干物质累积量、有效穗、每穗实粒数，从而增加稻谷产量，提高氮肥利用率（钱银飞等，2010，2011）。与普通尿素相比，其田面水全氮浓度下降速度较快，氮素随排水流失风险期短，对环境污染小，是优于普通尿素的新型高效肥料。刘凤艳等（2011）利用扫描电子显微镜观察比较了施用纳米级肥料对小麦籽粒的外部形貌和截面特征的影响，结果表明，与普通肥料相比，纳米级肥料对表皮细胞、糊粉层及胚乳的生长都有促进作用，同时小麦蛋白质质量分数提高了 8% 以上，粗脂肪质量分数提高了 5% 以上。为探明纳米增效肥料在黑龙江省水稻上的施用效果，在哈尔滨市（盆栽）和呼兰

区腰堡乡（小区）进行添加纳米增效肥料的肥料减量试验。盆栽试验：每盆装土 13 kg，施尿素 3.5 g、过磷酸钙 1.5 g、氯化钾 1 g，纳米碳粉按肥料重量的 3‰ 添加，氮肥基施 60%、追施 40%。试验设 11 个处理：①常规施肥；②全量纳米施肥；③全量纳米一次性施肥；④70%N 量常规施肥；⑤70%N 量纳米施肥；⑥70% 总量常规施肥；⑦70% 总量纳米施肥；⑧不施氮肥；⑨不施氮肥+纳米碳粉；⑩单施纳米碳粉；⑪对照 CK，不施肥。小区试验：每亩施 N 10 kg、P_2O_5 5 kg、K_2O 3 kg，纳米碳粉按肥料重量的 3‰ 添加，氮肥基施 60%、追施 40%。试验设 7 个处理：①常规施肥；②全量纳米施肥；③70% 总量常规施肥；④70% 总量纳米施肥；⑤70%N 量常规施肥；⑥70%N 量纳米施肥；⑦不施氮肥。

（一）纳米增效肥料对水稻生长发育的影响

盆栽试验结果（表 2-22）表明，在株高上，常规施肥处理最高，平均株高 82.1 cm；其次为全量纳米一次性施肥处理，平均株高 81.8 cm；再次是全量纳米施肥处理，平均株高 80.2 cm。全量纳米一次性施肥处理穗长最长，平均穗长 20.1 cm；其次是常规施肥处理和全量纳米施肥处理，穗长分别为 19.9 cm 和 19.6 cm。施氮量越高分蘖数越多，全量纳米施肥处理分蘖数最多，平均分蘖 32.8 个/盆；其次是常规施肥处理，平均分蘖 32.0 个/盆。全量纳米施肥处理的穗粒数最多，达 175.2 粒/穗；70%N 量纳米施肥和全量纳米一次性施肥处理平均穗粒数均为 173.4 粒/穗；常规施肥平均穗粒数 171.9 粒/穗。在全量磷钾肥条件下，各施用纳米增效肥料的处理千粒重均比等养分的常规肥料处理重，穗粒数均比等养分的常规肥料处理多。其中，70%N 量纳米施肥处理平均千粒重最大，为 25.30 g；全量纳米施肥处理穗粒数最多，为 175.2 粒/穗。

表 2-22　不同施肥处理对水稻产量构成要素的影响

处理	株高/cm	穗长/cm	分蘖数/（个/盆）	穗粒数/（粒/穗）	空秕率/%	千粒重/g
常规施肥	82.1	19.9	32.0	171.9	7.95	23.45
全量纳米施肥	80.2	19.6	32.8	175.2	9.20	24.41
全量纳米一次性施肥	81.8	20.1	30.9	173.4	9.79	24.00
70%N 量常规施肥	72.7	18.8	28.3	163.7	6.66	23.67
70%N 量纳米施肥	77.2	19.4	28.8	173.4	6.60	25.30
70% 总量常规施肥	75.5	18.7	26.7	164.6	6.96	24.58

（续表）

处理	株高/ cm	穗长/ cm	分蘖数/ （个/盆）	穗粒数/ （粒/穗）	空秕率/%	千粒重/ g
70%总量纳米施肥	72.3	18.3	27.7	163.0	9.40	23.63
不施氮肥	63.4	17.6	17.0	142.6	8.03	22.02
不施氮肥+纳米碳粉	65.6	18.0	15.3	149.6	6.96	22.66
单施纳米碳粉	64.7	17.9	14.7	133.3	7.71	23.60
不施氮肥	57.1	16.3	9.67	105.6	6.69	23.69

田间小区试验结果表明，在水稻孕穗期，常规施肥处理的平均株高最高，达 47.7 cm；其他各施氮肥处理株高差异不大；全量纳米施肥处理的地上鲜重最大、分蘖数最多，SPAD 值也最高。在水稻灌浆期，全量纳米施肥处理的平均株高最高，达 97.2 cm；其次为常规施肥处理，平均株高96.3 cm；全量纳米施肥处理的地上鲜重最大，分蘖数最多；SPAD 值常规施肥处理最高。孕穗期和灌浆期全量施肥处理各生育指标均优于减量施肥处理（表 2-23、表 2-24）。

表 2-23　不同施肥处理对水稻孕穗期生长发育的影响

处理	株高/ cm	地上鲜重/ （g/穴）	分蘖数/ （个/穴）	SPAD 值
常规施肥	47.7	51.7	21.5	47.3
全量纳米施肥	46.8	55.6	23.6	47.9
70%总量常规施肥	46.3	47.9	17.9	46.8
70%总量纳米施肥	45.6	44.9	17.7	45.6
70%N 量常规施肥	46.3	42.6	18.2	43.1
70%N 量纳米施肥	45.9	43.2	19.6	44.2
不施氮肥	33.6	19.9	6.9	41.8

表 2-24　不同施肥处理对水稻灌浆期生长发育的影响

处理	株高/ cm	地上鲜重/ （g/穴）	分蘖数/ （个/穴）	SPAD 值
常规施肥	96.3	137.6	22.2	47.8
全量纳米施肥	97.2	143.9	23.6	46.3

（续表）

处理	株高/ cm	地上鲜重/ （g/穴）	分蘖数/ （个/穴）	SPAD 值
70%总量常规施肥	93.8	114.7	20.7	46.2
70%总量纳米施肥	93.6	124.3	19.9	47.3
70%N 量常规施肥	92.6	117.8	20.3	45.4
70%N 量纳米施肥	94.2	122.6	21.3	46.2
不施氮肥	77.3	71.6	9.1	41.6

收获期，在株高上，常规施肥处理的最高，平均株高达 98.7 cm（表 2-25）；其次为全量纳米施肥处理，平均株高 97.4 cm；再次是 70%N 量纳米施肥处理。在穗长上，常规施肥处理和 70%N 量纳米施肥穗长最长，平均穗长 21.6 cm；其次是全量纳米施肥处理，平均穗长 21.3 cm。在分蘖数上，全量纳米施肥最多，平均分蘖 24.6 个/穴；其次是常规施肥，平均分蘖 23.2 个/穴，70%N 量纳米施肥处理平均分蘖数分别为 22.3 个/穴。

全量纳米施肥处理的穗粒数最多，达 137.7 粒/穗；70%N 量纳米施肥处理平均穗粒数 129.8 粒/穗；常规施肥处理平均穗粒数 127.9 粒/穗。在千粒重上，各处理差异不大，70%总量纳米施肥处理最大，平均千粒重 26.67 g；70%总量常规施肥最小，平均千粒重 25.80 g。在空秕率上不施氮肥处理最低，空秕率为 3.01%；常规施肥处理空秕率最高，空秕率为 7.88%。

表 2-25　不同施肥处理对收获期水稻产量构成要素的影响

处理	株高/ cm	穗长/ cm	分蘖/ （个/穴）	穗粒数/ （粒/穗）	千粒重/ g	空秕率/ %
常规施肥	98.7	21.6	23.2	127.9	25.99	7.88
全量纳米施肥	97.4	21.3	24.6	137.7	26.22	7.36
70%总量常规施肥	94.6	21.0	21.4	124.7	25.80	6.41
70%总量纳米施肥	95.1	20.5	21.1	115.5	26.67	5.43
70%N 量常规施肥	93.3	20.1	21.3	102.8	26.42	5.11
70%N 量纳米施肥	96.6	21.6	22.3	129.8	25.84	4.96
不施氮肥	76.4	18.8	9.9	97.3	26.58	3.01

（二）纳米增效肥料对水稻产量的影响

2009—2011 年的盆栽试验结果（表 2-26）表明，施用纳米增效肥料能够提高水稻产量，各施用纳米增效肥料处理的产量均高于等养分常规肥料，且增产效果稳定。3 年平均，全量纳米施肥处理的产量最高，比常规施肥增产 8.81%；全量纳米一次性施肥年均比常规施肥增产 2.50%；在 70%N 量情况下，施用纳米增效肥料比等养分常规肥料增产 9.05%；在 70%总量施肥情况下，施用纳米增效肥料比等养分常规肥料增产 6.84%；在不施氮肥情况下，施用纳米增效肥料比常规肥料增产 25.34%。

表 2-26　纳米增效肥料对盆栽水稻产量的影响

处理	年份	产量/（kg/亩）	平均/（kg/亩）	比常规施肥增产/（kg/亩）	增产率/%	比等养分常规肥料增产/（kg/亩）	增产率/%
常规施肥	2009	652	601	—	—	—	—
	2010	524					
	2011	628					
全量纳米施肥	2009	697	654	53	8.81	53	8.81
	2010	578					
	2011	686					
全量纳米一次性施肥	2009	—	616	15	2.50	15	2.50
	2010	562					
	2011	670					
70%N 量常规施肥	2009	557	552	−49	−8.15	—	—
	2010	490					
	2011	610					
70%N 量纳米施肥	2009	623	602	1	0.16	50	9.05
	2010	508					
	2011	676					
70%总量常规施肥	2009	545	536	−65	−10.87	—	—
	2010	444					
	2011	619					
70%总量纳米施肥	2009	602	573	−28	−4.77	36.7	6.84
	2010	468					
	2011	648					

（续表）

处理	年份	产量/ (kg/亩)	平均/ (kg/亩)	比常规 施肥 增产/ (kg/亩)	增产率/%	比等养分常 规肥料 增产/ (kg/亩)	增产率/%
	2009	387					
不施氮肥	2010	235	270	−331	−55.16	—	—
	2011	187					
	2009	451					
不施氮肥+纳米碳粉	2010	240	338	−263	−43.79	68.3	25.34
	2011	323					
	2009	401					
单施纳米碳粉	2010	241	312	−289	−48.06	113	56.42
	2011	295					
	2009	303					
不施氮肥	2010	109	200	−401	−66.80	—	—
	2011	187					

小区试验结果（表2-27）表明，施用纳米增效肥料能够提高水稻产量，各施用纳米增效肥料处理的产量均高于等养分常规肥料，全量纳米施肥处理的产量最高，比常规施肥增产9.31%；70%N量纳米施肥处理平均产量比常规施肥增产2.58%，比等养分常规肥料增产8.59%；在70%总量施肥情况下，施用纳米增效肥料比等养分常规肥料增产6.84%。

表2-27　纳米增效肥料对小区水稻产量的影响

处理	年份	产量/ (kg/亩)	平均/ (kg/亩)	比常规施 肥增产/ (kg/亩)	增产率/ %	比等养分 常规肥料 增产/ (kg/亩)	增产率/ %
常规施肥	2010	620	601	—	—	—	—
	2011	582					
全量纳米施肥	2010	666	657	56	9.31	—	—
	2011	648					

（续表）

处理	年份	产量/ （kg/亩）	平均/ （kg/亩）	比常规施 肥增产/ （kg/亩）	增产率/ %	比等养分 常规肥料 增产/ （kg/亩）	增产率/ %
70%总量常规施肥	2010	531	518	−83	−13.81	—	—
	2011	505					
70%总量纳米施肥	2010	569	562	−39	−6.41	45	8.59
	2011	556					
70%N量常规施肥	2010	587	566	−35	−5.82	—	—
	2011	545					
70%N量纳米施肥	2010	624	616	15	2.58	51	8.92
	2011	609					
不施氮肥	2010	419	378	−222	−37.02	—	—
	2011	338					

（三）纳米增效肥料对水稻氮肥利用率的影响

对盆栽试验氮肥利用率分析结果（表2-28）表明，纳米增效肥料能够提高盆栽水稻的氮肥利用率，70%N量纳米施肥处理氮肥利用率最高，年均氮肥利用率为45.20%，比常规施肥提高了10.47个百分点；其次是全量纳米施肥处理，年均氮肥利用率为43.68%，比常规施肥提高了8.95个百分点。

表2-28 纳米增效肥料对盆栽水稻氮肥利用率的影响 单位：%

处理	年份	氮肥利用率	平均	与常规施肥的差值
常规施肥	2009	33.00	34.73	—
	2010	35.07		
	2011	36.13		
全量纳米施肥	2009	43.50	43.68	8.95
	2010	43.33		
	2011	44.21		

（续表）

处理	年份	氮肥利用率	平均	与常规施肥的差值
70%N量常规施肥	2009	35.86	37.33	2.60
	2010	37.77		
	2011	38.36		
70%N量纳米施肥	2009	44.57	45.20	10.47
	2010	44.77		
	2011	46.26		

纳米增效肥料能够提高水稻的氮肥利用率（表2-29），70%N量纳米施肥处理氮肥利用率最高，年均氮肥利用率为49.01%，比常规施肥提高了11.93个百分点；其次是全量纳米施肥处理，年均氮肥利用率46.29%，比常规施肥提高了9.21个百分点；70%N量常规施肥的氮肥利用率比常规施肥提高了6.29个百分点。

表2-29　纳米增效肥料对小区水稻氮肥利用率的影响　　　单位：%

处理	年份	氮肥利用率	平均	与常规施肥的差值
常规施肥	2010	41.03	37.08	—
	2011	33.12		
全量纳米施肥	2010	48.35	46.29	9.21
	2011	44.23		
70%N量常规施肥	2010	49.37	43.37	6.29
	2011	37.37		
70%N量纳米施肥	2010	51.22	49.01	11.93
	2011	46.79		

（四）纳米增效肥料对土壤养分的影响

施肥量、施肥品种不同以及水稻生育性状不同均能导致土壤养分发生变化，但与施用常规肥料相比，纳米增效肥料对土壤速效养分、pH以及有机质含量无明显影响（表2-30）。从分析结果看，各施用氮肥处理的碱解氮含量均高于不施用氮肥的处理，但施用氮肥的各处理间差异不明显；不施用氮肥的各处理有效磷、速效钾含量均高于施用氮肥处理，但施用氮肥的各处理间有效磷、速效钾含量差异均不明显。各处理的 pH 和有机质均低于基础值。

表 2-30　纳米增效肥料对土壤养分的影响

处理	速效养分/（mg/kg）			pH	有机质/（g/kg）	全量养分/（g/kg）		
	碱解氮（N）	有效磷（P₂O₅）	速效钾（K₂O）			全氮（N）	全磷（P₂O₅）	全钾（K₂O）
基础肥力	168.3	157.6	206.7	7.56	29.97	1.332	1.263	27.163
常规施肥	103.3	191.0	170.5	7.33	28.61	1.479	1.367	24.864
全量纳米施肥	101.5	176.0	185.4	7.47	29.39	1.372	1.479	23.916
全量纳米一次性施肥	106.1	181.1	185.3	7.40	29.23	1.638	1.503	22.410
70%N 量常规施肥	103.3	226.4	176.8	7.19	28.77	1.498	1.309	24.131
70%N 量纳米施肥	100.8	186.9	189.0	7.37	27.89	1.344	1.382	25.591
70%总量常规施肥	101.2	163.4	180.5	7.20	26.37	1.170	1.250	25.583
70%总量纳米施肥	104.3	194.6	180.5	7.25	27.59	1.290	1.304	25.611
不施氮肥	87.9	228.6	214.3	7.43	26.10	1.305	1.340	24.653
不施氮肥+纳米碳粉	98.0	250.0	218.5	7.34	29.34	1.296	1.443	24.520
纳米碳粉	91.4	265.6	199.9	7.33	28.59	1.170	1.113	25.188
CK	73.5	277.8	245.2	7.44	27.97	0.944	1.187	26.159

（五）纳米增效肥料对水稻品质的影响

小区试验水稻品质分析结果（表 2-31）表明，各施用氮肥处理水稻的精米率、整精米率、糙米率都高于不施氮肥处理，不同施肥处理对水稻的直链淀粉含量有影响，但没有达到改变食味性的程度，该影响属于在正常范围内。

表 2-31　纳米增效肥料对水稻品质的影响　　　　　单位：%

样品名称	精米率	整精米率	糙米率	直链淀粉
常规施肥	71.1	66.7	79.1	16.40
全量纳米施肥	71.6	66.5	79.5	15.51
70%总量常规施肥	72.4	66.7	80.5	16.68
70%总量纳米施肥	72.0	64.0	80.0	16.18
70%N 量常规施肥	71.8	65.0	79.7	16.46
70%N 量纳米施肥	74.3	68.3	82.6	16.75
不施氮肥	69.8	62.4	77.6	15.96

（六）纳米增效肥料对水稻经济效益的影响

施用纳米增效肥料能够提高水稻经济效益（表2-32）。各施用纳米增效肥料处理的经济效益均高于施用等养分的常规肥料。全量纳米施肥处理总效益最高，比常规施肥年均亩增收97.98元；70%N量纳米施肥比常规施肥年均亩增收33.81元，做到了节肥增收。

表2-32　纳米增效肥料对水稻经济效益的影响　　　　单位：元/亩

处理	平均收入	平均肥料支出	比常规施肥增收	比同养分常规肥料增收
常规施肥	1 621	90.39	—	—
全量纳米施肥	1 745	116.41	97.98	—
70%总量常规施肥	1 397	63.27	−196.88	—
70%总量纳米施肥	1 518	81.49	−94.10	102.78
70%N量常规施肥	1 526	78.65	−83.26	—
70%N量纳米施肥	1 664	99.58	33.81	117.07
不施氮肥	1 018	46.09	−558.70	—

注：2010年水稻按2.6元/kg计，尿素按1 900元/t计；2011年水稻按2.8元/kg计，尿素按2 000元/t计，磷酸二铵按3 600元/t计，重过磷酸钙按2 400元/t计，氯化钾按4 000元/t计，纳米碳按260元/kg计。

（七）小结

水稻盆栽试验结果表明：施用纳米增效肥料能够增加穗粒数、提高千粒重。各施用纳米增效肥料处理的千粒重均比等养分的常规肥料处理重、穗粒数均比等养分的常规肥料处理多；施用纳米增效肥料能够提高水稻产量，各施用纳米增效肥料处理的产量均高于等养分常规肥料，且增产效果稳定。3年平均，全量纳米施肥处理的产量最高，比常规施肥增产8.81%；施用纳米增效肥料能够提高水稻氮肥利用率。全量纳米施肥处理，年均氮肥利用率43.68%，比常规施肥提高了8.95个百分点。

水稻小区试验结果表明：从株高、叶绿素含量、分蘖数、植株鲜重等生育指标看，全量施肥处理优于减量施肥处理；在千粒重上，70%总量纳米施肥处理最大；在空秕率上，不施氮肥处理最低，常规施肥处理最高。施用纳米增效肥料处理均比等养分常规施肥处理空秕率低；施用纳米增效肥料能够提高水稻产量，各施用纳米增效肥料处理的产量均高于等养分常规肥料，全量纳米施肥处理的产量最高，年均比常规施肥增产9.31个百分点；纳米增效肥料能够提高水稻的氮肥利用率，70%N量纳米施肥处理氮肥利用率最高，年均比常规施肥提高了 11.93 个百分点；全量纳米施肥处理，年均比常规施肥提高了 9.21 个百分点；各施用氮肥处理水稻的精米率、整精米率、糙米率都高于不施氮肥处理，不同施肥对水稻的品质有影响，但没有达到改变食味性的程度，该影响属于在正常范围内；施用纳米增效肥料能够提高水稻经济效益。等养分情况下各施用纳米增效肥料处理的经济效益均高于施用常规肥料。全量纳米施肥处理总效益最高，比常规施肥年均增收 97.98 元/亩；70%N 量纳米施肥比常规施肥年均增收 33.81 元/亩，做到了节肥增收。

第三节　大豆肥料减施增效技术

近年来化肥在保证作物高产方面贡献突出，但不合理施用导致土壤生态质量下降、生物多样性锐减及"3R"（Residue，Resistance 和 Resurgence）等问题出现。如何走出一条可持续发展的生态农业之路，已成为全球关注的重点。部分国家的化肥施用量都呈现先快速增长、达到峰值后保持稳中有降或持续下降的趋势，逐步走上了减量增效的可持续发展之路。我国适时提出了化肥减施方案，对绿色发展和生态文明建设具有重要意义。通过筛选大豆养分高效品种及高产栽培技术，利用根瘤固氮、生物菌群激发肥料效应，提高新型高效肥料应用推广技术，配合精准机械应用，建立基于轮作条件下的大豆养分管理系统。因地施肥，减少化肥用量，提高使用效率，改变传统施肥习惯，减轻对生态环境的影响。通过肥料品种高效、养分配比合理、自身固氮协同、有机物料替代、农机农艺结合等提高肥料利用效率，增加作物产量，减少化学肥料投入等技术措施，创新集成适用于大豆化肥减施、增产增效同步的技术集成，稳步实现大豆经济效益、生态效益可持续发展。

一、有机肥替代化肥对大豆产量及肥料效应的影响

试验共设 6 个处理：不施肥（CK）、优化施肥（OPT）、有机肥等氮替代 25%（NPKM1）、有机肥等氮替代 50%（NPKM2）、有机肥等氮替代 75%（NPKM3）、有机肥等氮替代 100%（NPKM4）。有机肥作基肥一次性施入，有机肥 N、P_2O_5 和 K_2O 施用量不足部分用化肥补施，以保证各处理养分一致。其他田间管理措施同常规管理方法。

（一）有机肥替代化肥对大豆产量及构成要素的影响

有机肥替代化肥比例对作物产量有显著影响，随着有机肥的增加，作物产量呈现先上升后下降的趋势（图 2-4）。大豆产量从高到低依次为 NPKM1>NPKM2>NPKM3> OPT>NPKM4>CK。本试验中，NPKM1 产量最高，继续提高有

机肥施用量，产量开始下降，当有机肥替代 100%化肥时，作物产量低于 OPT。大豆种植年 CK 产量为 152.79 kg/亩，OPT、NPKM1、NPKM2、NPKM3、NPKM4 产量分别比 CK 高 15.04%、28.44%、22.39%、19.41%、10.99%。

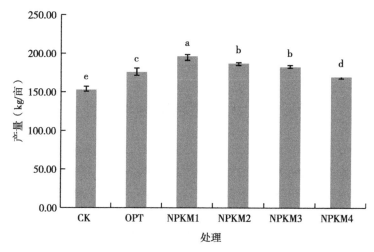

图 2-4 有机肥替代化肥对大豆产量的影响

注：柱上不同字母表示各处理间差异显著（$P<0.05$）。

王珑等（2019）、高飞等（2020）研究表明，适量施用有机肥时，施有机肥处理比不施肥处理作物产量有明显提高，且作物产量与土壤腐殖质及其他养分含量呈显著或极显著正相关关系，过量施用有机肥会抑制作物对土壤养分的吸收，对产量产生负效应。本试验中，当有机肥替代 25%化肥时，大豆产量最高，为 196.25 kg/亩。当有机肥替代化肥量超过 50%时，与 CK 相比作物产量仍然呈上升趋势，但产量增长幅度减少，此时继续提高有机肥替代化肥比例，将造成作物减产，这与李占等（2013）、王晓雪等（2020）的研究结果一致。

（二）有机肥替代化肥对大豆百粒重的影响

由图 2-5 可见，有机肥替代化肥后，大豆百粒重有不同程度的提高。大豆百粒重从高到低依次为 NPKM2>NPKM3>NPKM4>NPKM1>OPT>CK。

刘秀娟等（2012）、田艳洪等（2020）研究表明，化肥配施有机肥后，二者养分释放特性差异使作物生育后期的养分供给量增加，提高作物百粒重，对作物的产量构成有着显著的改良效果。本试验中，NPKM1、NPKM2、NPKM3、NPKM4 的大豆百粒重均高于 OPT 和 CK。OPT、NPKM1、NPKM2、NPKM3、NPKM4 的大豆百粒重分别比 CK 高 7.05%、10.80%、13.48%、

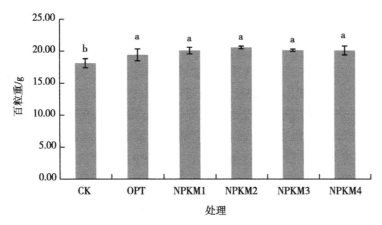

图 2-5 有机肥替代化肥对大豆百粒重的影响

注：柱上不同字母表示各处理间差异显著（$P<0.05$）。

11.09%、10.84%。

（三）有机肥替代化肥对大豆养分积累量的影响

由表 2-33 可见，施用有机肥的 4 个处理 NPKM1、NPKM2、NPKM3、NPKM4 的大豆氮素和钾素养分含量均得到显著提升，与 CK 和 OPT 差异显著（$P<0.05$）；各处理大豆磷素含量与 CK 间差异不显著（$P>0.05$）。与 CK 相比，大豆秸秆全氮含量提高了 6.85%~43.58%，全钾含量提高 7.90%~39.65%；大豆籽粒全氮含量提高 21.76%~53.79%，全钾含量提高 12.27%~25.96%。大豆秸秆和籽粒中的全氮含量提升幅度均高于玉米，这

表 2-33 有机肥配施化肥后大豆养分含量 单位：%

处理	全氮		全磷		全钾	
	秸秆	籽粒	秸秆	籽粒	秸秆	籽粒
CK	0.18±0.01d	1.91±0.26c	0.01±0.00a	0.01±0.01a	1.49±0.06d	2.08±0.11c
OPT	0.20±0.01c	2.33±0.00b	0.01±0.00a	0.01±0.00a	1.61±0.03cd	2.34±0.03b
NPKM1	0.21±0.01c	2.44±0.01b	0.01±0.00a	0.02±0.01a	1.65±0.03c	2.54±0.01a
NPKM2	0.26±0.01a	2.94±0.19a	0.02±0.01a	0.02±0.00a	2.08±0.10a	2.62±0.01a
NPKM3	0.23±0.01b	2.65±0.05a	0.01±0.00a	0.02±0.01a	1.82±0.01b	2.56±0.01a
NPKM4	0.20±0.01c	2.40±0.01b	0.01±0.00a	0.01±0.00a	1.68±0.12bc	2.50±0.01a

注：同列不同小写字母代表各处理间差异显著（$P<0.05$）。

是由于豆科植物的根瘤可以大量固定土壤中的氮素，促进植物体对氮素的吸收和积累，提高氮素积累量。

适量增施有机肥能显著提高作物对养分的吸收，有利于增强养分积累，提高作物产量。作物不同器官的养分积累规律不同，土壤中施入大量有机肥后，肥料中的养分在土壤中缓慢释放，满足了作物生育后期对养分的迫切需求，可以改善作物各器官间的养分分布情况，促进植物对养分的吸收、利用和积累。

裴雪霞等（2020）研究表明，适量施用有机肥有利于花前期营养器官积累的养分向籽粒运转及籽粒对氮养分的吸收利用，都可以维持小麦产量。过量增施有机肥会抑制作物生长发育，降低作物养分积累量，对作物产量和品质造成负效应。本试验中，当有机肥替代化肥量超过50%时，大豆养分积累速率逐渐下降，养分积累量降低，且有机肥替代50%化肥时，整体表现优于其他处理。当有机肥完全替代化肥时，大豆养分积累量达到最低值，这表明过量施用有机肥会抑制大豆生长发育，对大豆产量和品质构成负效应，有机肥替代化肥比例达到50%时，更有利于大豆的生长发育和产量品质的提升。

（四）有机肥替代化肥对肥料效应的影响

由表2-34可见，本试验中，随着有机肥替代化肥量的提高，肥料农学效率先上升后下降，NPKM1、NPKM2、NPKM3、NPKM4与OPT之间差异显著（$P<0.05$）。大豆种植年，NPKM1、NPKM2、NPKM3、NPKM4的氮、磷、钾农学效率分别比OPT提高5.61%~16.84%、5.35%~16.62%、5.36%~16.58%，其中NPKM4的氮、磷、钾肥农学效率分别比OPT降低4.85%、5.07%、5.11%。上述结果表明，有机肥替代化肥提高了肥料的农学效率。

表2-34　有机肥替代化肥后肥料的农学效率　　　　　单位：kg/kg

处理	AE_N	AE_P	AE_K
CK	—	—	—
OPT	3.92±0.14c	3.55±0.12c	8.02±0.28c
NPKM1	4.58±0.17a	4.14±0.15a	9.35±0.34a
NPKM2	4.28±0.08b	3.87±0.07b	8.75±0.16b
NPKM3	4.14±0.04b	3.74±0.03b	8.45±0.08b
NPKM4	3.73±0.07d	3.37±0.06d	7.61±0.14c

注：同列不同小写字母代表各处理间差异显著（$P<0.05$）。

长期单施化肥，肥料效应会出现逐年降低的现象；进行适量的有机肥替代化肥，作物的肥料效应有显著提高（韩晓增等，2010，2018）。说明有机肥可以合理分配土壤养分，协调作物与土壤和肥料之间的养分供需平衡，从而提高作物对养分资源的利用效率。大豆种植年，有机肥替代 25% 化肥时，肥料农学效率最高，继续提高有机肥替代化肥量，肥料农学效率开始降低，有机肥替代 100% 化肥时，其农学效率低于 OPT。观察并比较不同有机肥替代化肥处理下，作物养分积累规律和产量表现可得，有机肥替代 50% 化肥时，作物的养分积累情况和产量品质均优于其他处理，当有机肥替代化肥量过高时，作物对土壤和肥料中的养分吸收受阻，阻碍了作物对养分的积聚，造成肥料效应降低，产量品质下降。因此，当有机肥替代 50% 化肥时更有利于作物高产和肥料效应的提升。

二、钾肥减施对大豆生长的影响

黑龙江省大豆产量占全国大豆总产量的 1/3 以上，在我国大豆发展计划中被列为高油、高蛋白大豆的重点发展区域。从 2002 年开始实施《高油大豆优势区域发展规划》，在东北三省一区实施的大豆振兴计划，取得了明显的成效。针对以上现状，在大豆平衡施肥的基础上，调节底肥中钾肥的添加量，设 4 个水平，即 0 kg/hm² （K_0）、25 kg/hm²（K_{25}）、50 kg/hm²（K_{50}）和 100 kg/hm²（K_{100}），以寻求钾肥施肥平衡参数，对钾肥合理减施提供理论依据。

（一）钾肥减施对大豆各生育时期干物质积累量的影响

干物质积累量是大豆经济产量形成的物质基础。随着生育期的进行，大豆单株干物质积累量呈先增加后趋于平稳的趋势（图 2-6）。大豆生长前期干物质积累量较少，从开花期开始干物质积累量逐渐增多，其中在结荚期至

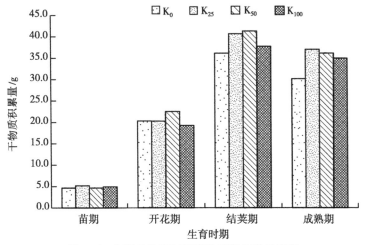

图 2-6 大豆各生育时期干物质积累量的变化

鼓粒期是大豆干物质积累最快的时期，成熟期大豆干物质累积量有所降低，但降幅较小，主要与成熟期大豆叶片脱落有关。

施钾肥对不同生育时期大豆干物质积累量的影响存在一定差异（图2-7）。苗期不同钾肥添加量处理对大豆干物质积累量的影响没有明显

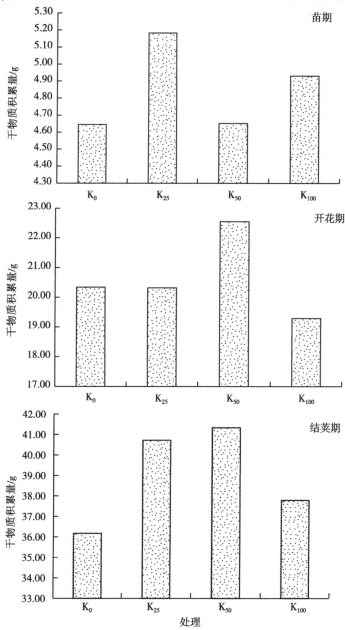

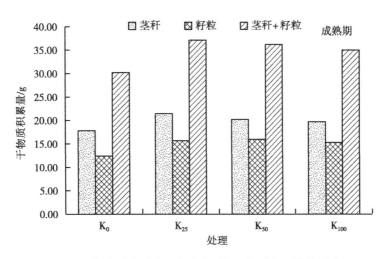

图 2-7　钾肥减施对大豆各生育时期干物质积累量的影响

的变化规律，K_{25} 处理大豆单株干物质积累量最大，为 5.18 g/株，其次为 K_{100} 和 K_{50} 处理，K_0 处理大豆单株干物质积累量最小，为 4.65 g/株。开花期、结荚期与成熟期，不同钾肥添加量处理对大豆干物质积累的影响存在明显的变化规律，呈先升高后降低的变化趋势。开花期，K_{50} 处理大豆单株干物质积累量最大，为 22.50 g/株，其次为 K_0 和 K_{25} 处理，K_{100} 处理大豆单株干物质积累量最小，为 19.29 g/株；结荚期，K_{50} 处理大豆单株干物质积累量最大，为 41.34 g/株，其次为 K_{25} 和 K_{100} 处理，K_0 处理大豆单株干物质积累量最小，为 36.17 g/株；成熟期不同钾肥添加量处理大豆干物质积累量的最大值有所不同，K_{25} 处理大豆单株干物质积累量最大，为 37.08 g/株，K_{50} 处理为 36.15 g/株，K_0 处理大豆单株干物质积累量仍然最小，为 30.19 g/株，降低幅度较大。综上所述，K_{25} 与 K_{50} 处理可以明显促进大豆干物质积累量的增加，其中 K_{50} 处理增加效果更为明显，在 K_{50} 处理钾肥用量的基础上继续加大钾肥的用量，可能会对大豆干物质的积累产生抑制作用，不利于产量的形成，而且增加农资投入成本。

（二）钾肥减施对大豆植株养分累积的影响

如图 2-8 所示，随着生育期的进行，各个处理大豆单株养分积累量基本呈逐渐升高的趋势，其中苗期氮素积累量最低，成熟期氮素累积量最高。苗期，K_{25} 处理单株氮素积累量最大，为 0.44 g，K_0 处理单株氮素积累量最低，为 0.38 g；开花期，K_{50} 处理单株氮素积累量最大，为 0.72 g，K_{100} 处理单株氮素积累量最低，为 0.65 g；结荚期，K_{25} 处理单株氮素积累量最大，为 1.08 g，K_0 处理单株氮素积累量最低，为 0.92 g；成熟期，K_{50} 处理单株氮素积累量最大，为 1.20 g，K_0 处理单株氮素积累量最低，为 0.91 g，K_0 处理成熟期氮素累积量较结荚期有所降低，分析原因可能是不施用钾肥会抑制大豆对氮素的吸收。

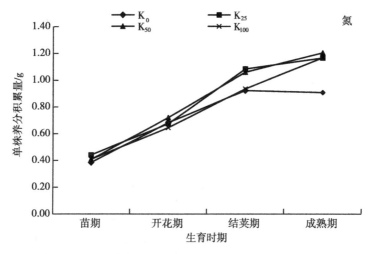

图 2-8　钾肥减施对大豆生育时期单株氮素积累量的影响

各处理磷素积累量的变化趋势基本与氮素积累量的变化趋势一致，如图 2-9 所示。各处理磷素含量在苗期至开花期变化比较缓慢，开花期至成熟期磷素积累量急剧上升，在成熟期达到最大值。苗期各处理间单株磷素积累量

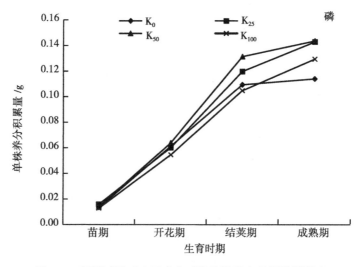

图 2-9　钾肥减施对大豆生育时期单株磷素积累量的影响

表现为 $K_{25}>K_{50}>K_{100}>K_0$；开花期各处理间单株磷素积累量逐渐增大，表现为 $K_{50}>K_0>K_{25}>K_{100}$；结荚期各处理间单株磷素积累量表现为 $K_{50}>K_{25}>K_0>K_{100}$；成熟期各处理间单株磷素积累量表现为 $K_{50}>K_{25}>K_{100}>K_0$。由此可见，$K_{25}$ 和 K_{50} 处理可以促进植株磷素的吸收，其中 K_{50} 处理促进效果更好，过多施用钾肥（K_{100} 处理），反而会抑制大豆对磷素的吸收。

　　同一大豆生育时期，不同钾肥添加量处理大豆钾素积累量存在差异（图 2-10）。大豆开花期之前，各处理间大豆磷素积累量差异不大，结荚期至成熟期各处理之间大豆磷素积累量差异明显。苗期各处理间单株钾素积累量表现为 $K_{100}>K_{25}>K_{50}>K_0$；开花期各处理间单株钾素积累量逐渐增大，表现为 $K_{100}>K_{50}>K_{25}>K_0$，说明开花期之前大量施用钾肥可以促进大豆对钾素的吸收，增大钾素的积累量；结荚期和成熟期各处理间单株钾素积累量表现为 $K_{50}>K_{25}>K_{100}>K_0$，说明结荚期至成熟期过量施用钾肥会抑制大豆对钾素的吸收，降低植株钾素的积累量；不施用钾肥处理（K_0）对大豆植株钾素的吸收影响最大。在生产中应合理施用钾肥，促进大豆优质高产。

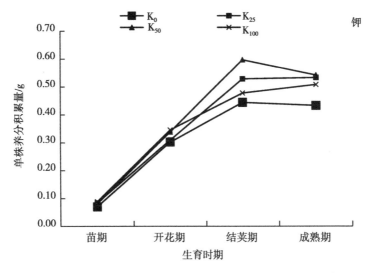

图 2-10　钾肥减施对大豆生育时期单株钾素积累量的影响

（三）钾肥减施对大豆农艺性状的影响

　　不同钾肥添加量对大豆农艺性状的影响有所不同（表 2-35）。与 K_0 处理相比，K_{50} 和 K_{100} 处理增加了大豆株高，增幅分别为 1.97% 和 2.76%，K_{25} 处理降低了大豆株高，降幅为 0.35%，降幅不明显；与 K_0 处理相比，施钾肥处理可以增加大豆的株荚数，K_{25}、K_{50} 和 K_{100} 处理大豆株荚数分别增加了 1.61%、11.97% 和 2.95%，其中 K_{50} 处理增加幅度较大，K_{25} 处理和 K_{100} 处理增加幅度较小；施钾肥处理同样增加了大豆的株粒数，与 K_0 处理相比，K_{25}、K_{50} 和 K_{100} 处理大豆株荚数分别增加了 7.23%、5.58% 和 3.75%，增加幅度较为明显；各处理对大豆百粒干重的影响有所不同，与 K_0 处理相比，K_{50} 处理增加了大豆的百粒干重，增幅为 5.49%；K_{25} 和 K_{100} 处理对大豆百粒干重几乎没有影响；各处理对大豆籽粒含水量几乎没有影响。

表 2-35　钾肥减施对大豆农艺性状的影响

处理	株高/cm	株荚数/个	株粒数/粒	百粒干重/g	含水量/%
K_0	85.12	37.27	62.10	16.57	7.12
K_{25}	84.82	37.87	66.59	16.51	7.38
K_{50}	86.80	41.73	65.57	17.48	7.00
K_{100}	87.47	38.37	64.43	16.09	6.63

（四）钾肥减施对大豆产量的影响

不同钾肥添加量处理大豆产量差异较大（图 2-11），波动区间为 2 560.34~2 859.88 kg/hm²，各个处理产量表现为 $K_{50} > K_{25} > K_{100} > K_0$。与 K_0 处理相比，K_{25}、K_{50} 和 K_{100} 处理分别增加了 6.97%、11.79% 和 0.54%，其中 K_{25} 和 K_{50} 处理增加幅度较为明显，K_{100} 处理增加幅度较小。

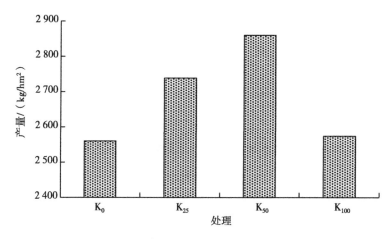

图 2-11　钾肥减施对大豆产量的影响

（五）钾肥减施对大豆籽粒蛋白质含量的影响

蛋白质作为评价大豆品质的主要指标之一，提高大豆蛋白质含量，对提高大豆品质和农民经济收入至关重要。钾肥减施对大豆蛋白质含量的影响如图 2-12 所示，不同钾肥添加量处理均增加了大豆籽粒中蛋白质的含量，与 K_0 处理相比，K_{25}、K_{50} 和 K_{100} 处理增加分别增加了 0.1 个、1.1 个和 1.2 个百分点，其中 K_{25} 处理增加幅度较小，K_{50} 和 K_{100} 处理增加幅度较大，效果较为明显。

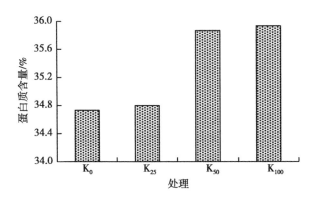

图 2-12　钾肥减施对大豆蛋白质含量的影响

三、增效材料对大豆减施增效的影响

在提高大豆产量的同时，进一步提质增效更加重要。单施化肥可提高作物的产量，但对品质的不利影响较大，特别是过量施用化肥，还造成土壤环境污染。本试验共设置 4 个处理：优化施肥（OPT）、优化施肥-不施氮（OPT-N）、优化施肥减氮 25%+沸石 10%增效剂（T1）、优化施肥减氮 25%+沸石 20%增效剂（T2），随机区组排列，全部肥料作基肥施入。通过沸石包衣尿素的施用旨在对大豆合理施肥养分管理提供依据。试验结果总结如下。

（一）沸石包膜尿素对大豆株高的影响

如图 2-13 所示，各处理大豆株高由高到低依次为 T1>OPT-N、T2>OPT，其中 T1 处理的大豆株高为 82 cm，OPT 处理大豆株高为 79 cm。与 OPT 处理相比，T1 和 T2 处理大豆株高分别升高 4.02%（$P < 0.05$）和 2.70%。

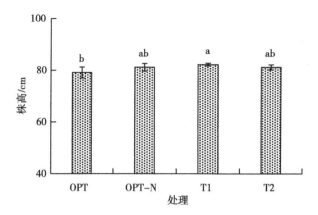

图 2-13　沸石包膜尿素对大豆株高的影响

注：柱上不同字母表示各处理间差异显著（*P*<0.05）。

（二）沸石包膜尿素对大豆秸秆干重的影响

如图 2-14 所示，各处理大豆秸秆干重由高到低依次为 T1>T2>OPT>OPT-N，其中 T1 处理的大豆秸秆干重最高，为 4 243 kg/hm²。与 OPT 处理相比，T1 和 T2 处理大豆秸秆干重分别增加 8.48% 和 3.06%。

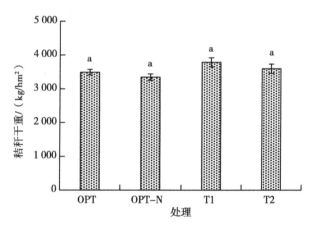

图 2-14　沸石包膜尿素对大豆秸秆干重的影响

注：柱上不同字母表示各处理间差异显著（*P*<0.05）。

（三）沸石包膜尿素对大豆产量及产量构成要素的影响

由表 2-36 所示，各处理大豆百粒重由高到低依次为 T2>OPT、T1>OPT-N。与 OPT 处理相比，T2 处理大豆百粒重增加 0.47%，T1 处理大豆百粒重与之持平，施用 20% 沸石包膜尿素肥料能增加大豆百粒重。各处理大豆荚粒数由多到少依次为 OPT>T2>T1>OPT-N。与 OPT 处理相比，T1 和 T2 处理大豆荚粒数分别减少 12.79%（*P*<0.05）和 10.47%（*P*<0.05）。施用沸石包膜尿素肥料，大豆荚粒数显著减少。各处理大豆产量由高到低依次为 T2>OPT>T1>OPT-N。与 OPT 处理相比，T1 处理大豆产量下降 5.13%，T2 处理大豆产量提高 1.13%。

表 2-36 沸石包膜尿素对大豆产量及产量构成要素的影响

处理	施肥措施	百粒重/g	荚粒数/粒	产量/（kg/hm²）
OPT	优化施肥	21.33±0.29a	86±0.98a	3 278±89.85ab
OPT-N	优化施肥-不施氮	20.87±0.42a	64±1.02c	3 098±55.11b
T1	优化施肥减氮 25%+沸石 10%增效剂	21.33±0.29a	75±4.11b	3 110±47.08ab
T2	优化施肥减氮 25%+沸石 20%增效剂	21.43±0.66a	77±5.14b	3 315±130.64a

注：不同小写字母表示各处理间差异显著（*P*<0.05）。

（四）沸石包膜尿素对氮肥农学效率的影响

如图 2-15 所示，各处理的氮肥农学效率由大到小为 T2>OPT>T1，其中 T2 处理的氮肥农学效率最高，为 11.07 kg/kg。与 OPT 处理相比，T1 处理的氮肥农学效率下降 0.51 kg/kg，T2 处理的氮肥农学效率显著提高 4.67 kg/kg（*P*<0.05）。

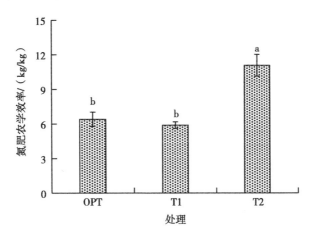

图 2-15 沸石包膜尿素对氮肥农学效率的影响
注：柱上不同字母表示各处理之间差异显著（*P*<0.05）。

四、纳米增效肥料在大豆上的施用效果

试验地点为哈尔滨香坊农场、建三江分局大兴农场。试验设 6 个处理：常规施肥、全量纳米施肥、70%总量纳米施肥、70%P_2O_5量纳米施肥、50%

P_2O_5 量纳米施肥、不施磷肥。小区试验每处理 3 次重复,施肥量 N 3 kg/亩、P_2O_5 4 kg/亩、K_2O 3 kg/亩,纳米碳粉按肥料重量的 3‰ 添加。

(一) 纳米增效肥料对大豆产量构成要素的影响

施用纳米增效肥料的处理,各种产量指标均优于常规施肥 (表 2-37),50%P_2O_5 量纳米施肥株粒数最高,平均 102.9 粒,比常规施肥多 19.7 粒,各处理百粒重均高于常规施肥。

表 2-37 纳米增效肥料对大豆产量构成要素的影响

处理	株高/ cm	株荚数/ 个	株粒数/ 粒	节数/ (个/株)	株数/ (株/m²)	百粒重/ g
常规施肥	69.2	37.8	83.2	14.7	28.5	16.1
全量纳米施肥	74.0	36.9	83.8	16.1	26.5	16.6
70%纳米施肥	67.0	39.1	96.7	15.0	26.0	16.7
70%P_2O_5 量纳米施肥	72.6	41.7	99.8	16.7	26.5	16.7
50%P_2O_5 量纳米施肥	61.0	37.6	102.9	15.3	27.0	16.6
不施磷肥	66.5	35.7	82.4	14.9	26.0	16.2

(二) 纳米增效肥料对大豆产量的影响

试验结果 (表 2-38) 表明,施用纳米增效肥料能够提高大豆产量,各施用纳米增效肥料处理的产量均高于常规施肥,50%P_2O_5 量纳米施肥和全量纳米施肥处理分别比常规施肥增产 10.91% 和 10.13%;70%P_2O_5 量纳米施肥产量年均比常规施肥增产 8.05%。70%总量纳米施肥处理比常规施肥增产了 1.82%。

表 2-38 纳米增效肥料对大豆产量的影响

处理	地点	产量/ (kg/亩)	平均/ (kg/亩)	比常规施肥 增产/ (kg/亩)	增产率/ %
常规施肥	香坊农场	185	192.5	—	—
	大兴农场	200			
全量纳米施肥	香坊农场	203	212.0	19.5	10.13
	大兴农场	221			
70%总量纳米施肥	香坊农场	177	196.0	3.5	1.82
	大兴农场	215			

（续表）

处理	地点	产量/ （kg/亩）	平均/ （kg/亩）	比常规施肥 增产/ （kg/亩）	增产率/ %
70%P$_2$O$_5$量纳米施肥	香坊农场	190	208.0	15.5	8.05
	大兴农场	226			
50%P$_2$O$_5$量纳米施肥	香坊农场	191	213.5	21.0	10.91
	大兴农场	236			
不施磷肥	香坊农场	200	192.5	——	——
	大兴农场	185			

（三）纳米增效肥料对大豆经济效益的影响

经济效益分析结果（表2-39）表明，施用纳米增效肥料能够提高大豆经济效益。各施用纳米增效肥料处理的经济效益均高于常规施肥。50%P$_2$O$_5$量纳米施肥处理总效益最高，比常规施肥增收40.05元/亩，70%P$_2$O$_5$量纳米施肥处理和全量纳米施肥处理分别比常规施肥增收23.52元/亩和23.23元/亩。

表2-39　纳米增效肥料对大豆经济效益的影响　　　单位：元/亩

处理	平均收入	平均肥料支出	比常规施肥增收
常规施肥	385	53.91	——
全量纳米施肥	424	69.68	23.23
70%总量纳米施肥	392	48.78	12.13
70%P$_2$O$_5$量纳米施肥	416	61.39	23.52
50%P$_2$O$_5$量纳米施肥	427	55.86	40.05
不施磷肥	385	42.03	11.88

注：大豆按2.0元/kg计；尿素按2 000元/t计；磷酸二铵按3 600元/t计；重过磷酸钙按2 400元/t计；氯化钾按4 000元/t计；纳米碳按260元/kg计。

（四）小结

施用纳米增效肥料能够提高大豆产量，50%P$_2$O$_5$量纳米施肥和70%P$_2$O$_5$量纳米施肥处理效果最好。施用纳米增效肥料能够提高大豆的经济效益。50%P$_2$O$_5$量纳米施肥处理总效益最高，比常规施肥增收40.05元/亩，70%P$_2$O$_5$量纳米施肥处理和全量纳米施肥处理分别比常规施肥增收23.52元/亩和23.23元/亩。

第四节　马铃薯肥料减施增效技术

一、马铃薯氮肥适宜用量分析

黑龙江省是我国马铃薯五大主产省区之一，马铃薯常年种植面积 26.7 万 hm²，2016 年，种植面积为 20 万 hm²（王立谦等，2017）。马铃薯是喜肥作物，氮在马铃薯生长发育过程中起到极其重要的作用。氮肥施用不足，马铃薯生长发育受限，不利于产量的提高；氮肥施用过量，不但不能提高马铃薯产量，还会造成肥料的浪费及环境风险（宫占元等，2012）。由于施肥量、作物养分吸收以及施肥后的产量效应存在着密切关系（徐新朋等，2019），适宜氮肥用量的确定对于马铃薯的高产高效具有重要的意义，因此关于氮肥施用对马铃薯产量、品质及养分吸收方面的研究相对较多（谷浏涟等，2013；蒋勇，2018）。

养分专家系统是在大量田间试验的基础上，以养分管理的 4R［合理的用量（Right rate）、正确的施肥时间（Right time）、合适的肥料（Right fertilizer）和合理的施肥位置（Right placement）］理论为依据，不仅考虑了目标产量、土壤养分基础供应、上季作物残留养分，同时也考虑了氮素的平衡，利用计算机模型建立的一种新型推荐施肥方法，是测土配方推荐施肥方法的有效补充（徐亚新等，2019）。为研究马铃薯种植施氮的限量标准及应用效果，在黑土区进行了 2 年试验研究，主要进行了不同氮肥施用量对马铃薯产量、肥料回收率、农学效率以及经济效益等影响的研究，目的是为黑龙江省马铃薯产业化肥减量增效提供科学依据。

试验在黑龙江省马铃薯主产区克山县和赵光进行。2017 年和 2018 年克山县试验点供试品种为延薯 4 号，2017 年赵光试验点供试品种为荷兰 15 号。供试氮肥用尿素（N 46%），磷肥用重过磷酸钙（P_2O_5 46%），钾肥用氯化钾（K_2O 60%）。试验共设 6 个处理，3 次重复，随机排列，小区面积 40 m²。6 个试验处理分别为 NE−N（在 NE 基础上不施氮肥）、NE−50%N（在 NE 基础上减施 50% 氮肥）、NE−25%N（在 NE 基础上减施 25% 氮肥）、NE（养分专家系统优化施肥量）、NE+25%N（在 NE 基础上增施 25% 氮肥），NE+50%N（在 NE 基础上增施 50% 氮肥），具体施肥量见表 2-40。氮肥的一半、全部的磷肥和钾肥的一半在播种时作基肥施入，余下的一半氮肥和一半钾肥在马铃薯开花期追施。试验采用垄作管理，垄距 90 cm、株距 25 cm。5 月上旬播种，9 月中旬收获。

表 2-40　不同施肥处理养分用量

处理	N/ （kg/hm²）	P₂O₅/ （kg/hm²）	K₂O/ （kg/hm²）	肥料成本/ （元/hm²）
NE-N	0	75	150	1 388
NE-50%N	90	75	150	1 856
NE-25%N	135	75	150	2 090
NE	180	75	150	2 324
NE+25%N	225	75	150	2 558
NE+50%N	270	75	150	2 792

注：尿素含 N 46%，2 400 元/t；重过磷酸钙含 P₂O₅ 46%，3 000 元/t；氯化钾含 K₂O 60%，3 600元/t。

（一）不同施氮处理对马铃薯产量和经济效益的影响

由表 2-41 可以看出，2 年 3 点试验均表明，NE 处理马铃薯产量最高，显著高于 NE-N 处理，2017 年克山县 NE 处理增产率显著高于其他各施氮处理，赵光 NE+25%N 和 NE+50%N 处理显著高于 NE-25%N 和 NE-50%N 处理；2018 年克山县 NE 处理增产率仅显著高于 NE-50%N 和 NE+50%N 处理。与 NE-N 处理（对照）相比较，不同施氮量处理增产幅度为 25.3%～53.9%，随着施氮量的增加，马铃薯产量先增加后减少，产量（Y）与施氮量（X）的关系方程是 $Y=-0.000\ 3X^2+0.120\ 4X+22.775$，根据一元二次方程式，可知当施氮量 $X=-b/(2a)$ 时，产量 Y 有最大值 $(4ac-b^2)/(4a)$，据此可求得，当施氮量为 201 kg/hm² 时，马铃薯的产量最大，为 34.9 t/hm²。由于方程拟合是表征各个梯度氮肥用量与马铃薯产量的关系，而不是以某一组数据确定的，因此当氮肥用量为 180 kg/hm²，3 试验点 NE 处理实际最高平均产量为 36.1 t/hm²，高于方程拟合的最大产量 34.9 t/hm²，但在指导氮肥用量时仍应以方程拟合数据更合理。

表 2-41　不同施氮处理的产量和经济效益比较

年份和地点	处理	产量/ （t/hm²）	增产率/ %	收益/ （元/hm²）	增效/ （元/hm²）
	NE-N	27.4±1.2b	—	39 737±1 816c	—
	NE-50%N	33.2±1.6ab	21.7±1.5b	47 894±1 414b	8 157±2 544b
2017 年 克山县	NE-25%N	34.3±1.1ab	25.5±1.6b	49 410±1 639ab	9 673±1 442b
	NE	41.3±2.0a	51.9±2.3a	59 551±2 806a	19 814±5 614a
	NE+25%N	33.8±1.7ab	23.3±1.9b	48 192±3 514ab	8 455±1 047b
	NE+50%N	31.8±1.3ab	16.4±1.2b	44 833±573b	5 096±975b

（续表）

年份和地点	处理	产量/ （t/hm²）	增产率/ %	收益/ （元/hm²）	增效/ （元/hm²）
2017 年 赵光	NE-N	11.8±1.3c	—	16 323±2 004c	—
	NE-50%N	14.7±1.8bc	30.0±2.5c	20 211±1 700bc	3 888±578c
	NE-25%N	18.5±0.8abc	61.3±3.1b	25 654±1 169abc	9 331±987b
	NE	20.8±2.6ab	76.1±3.5ab	28 854±1 857ab	12 531±2 331a
	NE+25%N	22.9±0.3a	98.2±4.1a	31 786±423a	15 463±1 767a
	NE+50%N	20.7±2.0ab	82.7±4.7a	28 197±1 032ab	11 874±1 964ab
2018 年 克山县	NE-N	31.1±2.5b	—	45 212±3 771c	—
	NE-50%N	40.2±1.6a	30.3±2.5b	58 444±2 392c	13 232±1 442bc
	NE-25%N	43.1±2.5a	41.8±3.1ab	62 510±3 035a	17 298±3 435ab
	NE	46.1±1.4a	51.2±3.9a	66 876±2 079a	21 664±2 807a
	NE+25%N	43.3±2.3a	40.9±4.5ab	62 392±3 008a	17 180±2 590abc
	NE+50%N	37.7±1.0a	23.5±2.8b	53 758±1 502b	8 546±814c
平均	NE-N	23.4	—	33 758	—
	NE-50%N	29.4	25.3	42 183	8 426
	NE-25%N	32.0	36.4	45 859	12 101
	NE	36.1	53.9	51 761	18 003
	NE+25%N	33.3	42.3	47 457	13 699
	NE+50%N	30.0	28.2	42 263	8 505

注：尿素含 N 46%，2 400 元/t；重过磷酸钙含 P_2O_5 46%，3 000 元/t；氯化钾含 K_2O 60%，3 600元/t；马铃薯 1.5 元/kg；同列不同小写字母表示各处理间差异显著（$P<0.05$）。

从不同施氮处理对马铃薯经济效益的影响来看，2 年 3 点试验均表明，NE 处理马铃薯收益均最高，显著高于 NE-N 处理。与 NE-N 处理（对照）相比较，不同施氮量处理收益增加幅度为 8 426～18 003 元/hm²，随着施氮量的增加，马铃薯收益先增加后减少，收益（Y）与施氮量（X）方程是 $Y=-0.500\,7X^2+175.41X+32\,776$，根据一元二次方程式，可知当施氮量 $X=-b/(2a)$ 时，收益 Y 有最大值 $(4ac-b^2)/(4a)$，据此可求得，当施氮量为 175 kg/hm² 时，马铃薯的收益最大，为 48 139 元/hm²。

综合施氮处理对马铃薯的产量和经济效益的影响来看，在黑龙江马铃薯主产区氮肥的适宜用量为 175～201 kg/hm²。

（二）不同施氮处理对马铃薯氮肥回收率和农学效率的影响

肥料回收率是评价施肥效果的重要指标。肥料的农学效率能够反映施肥的增产效果，是施肥增产效应的重要指标。由表 2-42 可以看出，2017—2018 年克山县和赵光试验中不同施氮量处理的氮肥回收率为 20.5% ~ 33.6%，氮肥农学效率为 24.5~70.1 kg/kg，随着氮肥用量的增加氮肥利用率降低。除 2017 年赵光 NE 处理氮肥回收率较低外，氮肥回收率和氮肥农学效率均以 NE、NE-25%N 和 NE-50%N 处理较高，显著高于 NE+25%N 和 NE+50%N 处理。优化处理的施肥量和养分投入比例增加了马铃薯对氮素的吸收，从而提高了肥料的回收率。

表 2-42 不同施氮处理的氮肥回收率和农学效率比较

年份和地点	处理	回收率/%	农学效率/（kg/kg）
2017 年克山县	NE-N	—	—
	NE-50%N	36.8±3.7a	63.9±2.5ab
	NE-25%N	32.1±3.5ab	51.2±2.8ab
	NE	31.2±2.6ab	76.9±3.4a
	NE+25%N	20.4±3.1b	42.4±2.1b
	NE+50%N	19.9±1.6c	16.0±1.8c
2017 年赵光	NE-N	—	—
	NE-50%N	33.8±5.2a	32.3±2.5b
	NE-25%N	25.8±2.6ab	49.5±4.1a
	NE	19.9±2.1b	49.9±3.7a
	NE+25%N	25.0±3.1ab	49.3±2.8a
	NE+50%N	23.1±2.4b	32.8±1.7b
2018 年克山县	NE-N	—	—
	NE-50%N	30.2±2.3a	86.7±4.6a
	NE-25%N	26.7±3.2ab	88.9±3.9a
	NE	27.8±2.8ab	83.7±4.3a
	NE+25%N	24.5±2.2ab	54.4±3.2b
	NE+50%N	18.5±1.5b	24.6±1.7c
平均	NE-N	—	—
	NE-50%N	33.6	65.9
	NE-25%N	28.2	63.2
	NE	26.3	70.1
	NE+25%N	23.3	44.1
	NE+50%N	20.5	24.5

注：同列不同小写字母表示各处理间差异显著（$P<0.05$）。

（三）小结

通过 2 年 3 点试验研究不同施氮处理对马铃薯产量、肥料回收率以及经济效益的影响，结果表明，NE 处理马铃薯产量最高，随着施氮量的增加，马铃薯产量先增加后减少。通过肥料效应函数拟合，综合施氮处理对马铃薯的产量和经济效益的影响来看，在黑龙江省马铃薯主产区氮肥的适宜用量为 175~201 kg/hm^2。不同施氮处理的氮肥回收率为 20.5%~33.6%，氮肥农学效率为 24.5~70.1 kg/kg，随着氮肥用量的增加氮肥利用率降低。NE 优化施肥处理在保证了马铃薯产量稳定的同时，也实现其经济效益的最大化，提高了氮肥回收率和农学效率，说明马铃薯养分专家系统适于在黑龙江省马铃薯主产区应用，其具体长期应用效果还有待于进一步的研究。

二、马铃薯磷肥适宜用量分析

马铃薯是我国的第四大主粮作物（马丽亚等，2018；陈孝赏等，2020）。马铃薯适应性极强，能够广泛种植，因而成为促进粮食生产和脱贫致富的优势农作物（王天等，2020）。黑龙江省是全国马铃薯五大主产省区之一，有着悠久的种植历史和生产传统，黑龙江省种植马铃薯具有得天独厚的自然优势，在中国马铃薯生产中占有重要的地位（孙磊等，2020），"克山马铃薯"全国闻名。2016 年，黑龙江省马铃薯种植面积约 20 万 hm^2，马铃薯种植户约 400 万户，对黑龙江省粮食稳产和农民增收具有极其重要的作用（王立谦等，2017；梁俊梅等，2020）。黑龙江省绥化市、齐齐哈尔市（讷河市、克山县）是马铃薯主产地，主要品种是荷兰系列。目前我国主要粮食作物的氮磷钾肥料利用率均呈逐渐下降趋势，产生这一现象的主要原因是肥料用量的增加。我国主要粮食作物氮肥利用率变幅为 10.8%~40.5%，平均为 27.5%；磷肥利用率变幅为 7.3%~20.1%，平均为 11.6%；钾肥利用率变幅为 21.2%~35.9%，平均为 31.3%（张福锁等，2008；董文等，2017）。如何进行精准施肥，优化作物养分管理措施，提高肥料利用率，是我国发展绿色生态农业面临的严峻挑战之一（徐新朋等，2019；李瑞等，2020）。优化施肥能够增加马铃薯的产量和经济效益，目前黑龙江省马铃薯生产中普遍存在氮磷钾肥用量和比例不合理的现象，从而造成化肥回收率低。因此，优化施肥对黑龙江省马铃薯高产高效生产尤为重要。养分专家系统推荐施肥是以 4R 原则为基础的优化施肥措施，4R 是指应用合适的肥料品种、给予合适施用量、在合适的时间、施在合适的位置。磷肥的合理施用不仅能保障粮食产量，还能提高磷肥的利用效率。我国土壤普遍缺磷，缺磷土壤约占我国耕地面积的 67%（韩瑛祥等，2013）。磷肥的施用是作物增产的重要保证，但施入土壤的磷肥不能完全被植株吸收，大部分磷肥被土壤固定而无效化（孔硕等，2019）。施肥量、作物养分吸收以及施肥后的产量效应存在着密切关系（徐新朋等，2019）。适宜的磷肥管理是改善马铃薯淀粉理化性质和提高淀粉产量的重要措施（程瑶等，2021）。优化处理 NE 的设定考虑了目标产量、土壤养分基础供应、上季作物残留养分，同时也考虑了磷素的平衡。

当前，已在玉米、水稻等多个作物上开展了磷肥施用限量标准的相关研究。为研究马铃薯种植施磷的限量标准及应用效果，在黑土区进行了 2 年试验，主要进行了不同磷肥施用量对马铃薯产量、肥料回收率、农学效率以及经济效益等影响的研究，旨在为黑龙江省马铃薯产业化肥减量增效提供科学依据。试验共设 6 个处理，3 次重复，随机排列，小区面积 40 m²。6 个试验处理分别为 NE-P（在 NE 基础上不施磷肥）、NE-50%P（在 NE 基础上减施 50%磷肥）、NE-25%P（在 NE 基础上减施 25%磷肥）、NE（养分专家系统优化施肥量）、NE+25%P（在 NE 基础上增施 25%磷肥），NE+50%P（在 NE 基础上增施 50%磷肥），具体施肥量见表 2-43。

表 2-43 不同施肥处理养分用量

处理	N/ （kg/hm²）	P₂O₅/ （kg/hm²）	K₂O/ （kg/hm²）	肥料成本/ （元/hm²）
NE-P	150	0	150	1 680
NE-50%P	150	50	150	2 005
NE-25%P	150	75	150	2 168
NE	150	100	150	2 330
NE+25%P	150	125	150	2 493
NE+50%P	150	150	150	2 655

注：尿素含 N 46%，2 400元/t；重过磷酸钙含 P_2O_5 46%，3 000元/t；氯化钾含 K_2O 60%，3 600元/t。

氮肥用尿素（N 46%），磷肥用重过磷酸钙（P_2O_5 46%），钾肥用氯化钾（K_2O 60%）。氮肥的一半与全部的磷和钾肥的一半在播种时作基肥施入，余下的一半氮肥和一半钾肥在马铃薯开花期追施。供试品种，2017 年克山县试验点为延薯 4 号，赵光试验点为荷兰 15 号；2018 年均为延薯 4 号。试验采用垄作管理，垄距 90 cm、株距 25 cm。5 月上旬播种，9 月中旬收获。

（一）不同施磷处理对马铃薯产量和经济效益的影响

从表2-44可以看出，与NE-P处理（对照）相比较，不同施磷量处理增产幅度为3.6%～11.3%，随着施磷量的增加，马铃薯产量先增加后减少，产量（Y）与施磷量（X）方程是为$Y=-0.175\,2X^2+34.114X+22\,117$。根据一元二次方程式，可知当施磷量$X=-b/(2a)$时，产量$Y$有最大值$(4ac-b^2)/(4a)$，据此可求得，当施磷量为85.27 kg/hm² 时，马铃薯的产量最大，为23.57 t/hm²。

表2-44 不同施磷肥处理的产量和经济效益比较

处理	产量/ （t/hm²）	增产率/ %	收益/ （元/hm²）	增收/ （元/hm²）
NE-P	22.1	—	31 470	
NE-50%P	23.0	4.1	32 495	1 025
NE-25%P	24.6	11.3	34 732	3 262
NE	23.6	6.8	33 070	1 600
NE+25%P	22.9	3.6	31 857	387
NE+50%P	23.7	7.2	32 895	1 425

注：尿素含N 46%，2 400元/t；重过磷酸钙含P$_2$O$_5$ 46%，3 000元/t；氯化钾含K$_2$O 60%，3 600元/t；马铃薯1.5元/kg。

从不同施磷处理对马铃薯经济效益的影响来看，与NE-P处理（对照）相比较，不同施磷量处理收益增加幅度为387～3 262元/hm²，随着施磷量的增加，马铃薯收益先增加后减少，收益（Y）与施磷量（X）的方程是$Y=-0.262\,8X^2+44.665X+31\,495$。根据一元二次方程式，可知当施磷量$X=-b/(2a)$时，收益$Y$有最大值$(4ac-b^2)/(4a)$，据此可求得，当施磷量为84.98 kg/hm² 时，马铃薯的收益最大，为33 393元/hm²。

综合施磷处理对马铃薯的产量和经济效益的影响来看，在黑龙江省马铃薯主产区磷肥的适宜用量为84.98～85.27 kg/hm²。

（二）不同施磷处理对马铃薯磷肥回收率和农学效率的影响

肥料回收率是评价施肥效果的重要指标。磷肥回收率是施磷小区与不施磷小区磷素吸收量之差除以投入磷肥的百分数。从表2-45可以看出，2019—2020年克山县和赵光试验中的不同施磷量处理的磷肥回收率为5.5%～7.8%，NE处理的磷肥回收率最高，为7.8%。由此可见，优化处理的施肥量和养分投入比例增加了马铃薯对磷素的吸收，从而提高了肥料的回收率。

肥料的农学效率能够反映施肥的增产效果，是施肥增产效应的重要指标。2019—2020年克山县和赵光试验中，不同施磷量处理的磷肥农学效率为13.4～48.9 kg/kg，NE处理的磷肥农学效率较高，为33.9 kg/kg。

表2-45 不同施磷处理的磷肥回收率和农学效率比较

处理	回收率/%	农学效率/(kg/kg)
NE-P	—	—
NE-50%P	6.2	31.2
NE-25%P	5.5	13.4
NE	7.8	33.9
NE+25%P	7.1	32.3
NE+50%P	7.3	48.9

(三) 小结

通过2年2个典型试验区研究不同施磷肥处理对马铃薯产量、肥料回收率以及经济效益的影响，结果表明，NE优化处理通过调整磷投入比例，实现了养分供应与马铃薯养分需求的平衡，在保证了马铃薯产量稳产的同时，也实现马铃薯经济效益的最大化。

马铃薯养分专家系统通过采用4R养分管理措施优化了磷肥的用量，从而有效提高了磷肥回收率，也获得了马铃薯磷肥的最佳农学效率。马铃薯养分专家系统推荐的优化施肥配方能够增产增收，2年试验的平均结果表明，优化施肥处理的磷肥回收率和农学效率均高于其他的磷肥处理，这说明马铃薯养分专家系统能够在黑龙江省本地化，对马铃薯肥料养分管理具有指导意义，是测土施肥技术的新助力。

三、纳米增效肥料在马铃薯上的施用效果

为探明纳米增效肥料在黑龙江省马铃薯上的施用效果，在双城区进行添加纳米增效肥料的肥料减量试验，具体试验设计：施N 5 kg/亩、P_2O_5 6 kg/亩、K_2O 8 kg/亩，纳米碳粉按肥料重量3‰的比例添加。试验设7个处理：①常规施肥；②全量纳米施肥；③70%总量常规施肥；④70%总量纳米施肥；⑤70%K_2O量常规施肥；⑥70%K_2O量纳米施肥；⑦不施钾肥。

(一) 纳米增效肥料对马铃薯生长发育的影响

田间调查结果（表2-46）表明，在马铃薯块茎形成期，全量纳米施肥处理株高最高，为88.1 cm，比常规施肥处理增高了3.8 cm，除不施钾肥处理外，其他各处理在主茎粗及叶绿素含量方面差别不大；在马铃薯块茎增长期和淀粉积累期调查结果表明，全量纳米施肥处理株高，70%K_2O量常规施肥处理的主茎最粗。

表 2-46 不同施肥对马铃薯块茎形成期生长发育的影响

处理	块茎形成期			块茎增长期		淀粉积累期	
	株高/cm	主茎粗/cm	SPAD 值	株高/cm	主茎粗/cm	株高/cm	主茎粗/cm
常规施肥	84.3	1.53	42.81	99.7	1.62	100.3	1.65
全量纳米施肥	88.1	1.59	41.94	100.6	1.60	102.3	1.66
70%总量常规施肥	87.0	1.55	41.87	97.6	1.61	98.9	1.63
70%总量纳米施肥	85.0	1.58	41.15	98.5	1.61	100.7	1.65
70%K_2O量常规施肥	82.7	1.60	41.13	95.5	1.66	96.2	1.69
70%K_2O量纳米施肥	82.9	1.55	39.17	94.9	1.65	97.5	1.67
不施钾肥	79.8	1.46	44.33	88.9	1.46	91.7	1.50

（二）纳米增效肥料对马铃薯产量的影响

施用纳米增效肥料能够显著提高马铃薯产量（表 2-47），各施用纳米增效肥料处理的产量均高于常规施肥，70%总量纳米施肥处理和全量纳米施肥处理的产量最高，年均分别比常规施肥增产 10.32%和 8.67%；70%K_2O量纳米施肥产量年均比常规施肥增产 8.39%。施用纳米增效肥料能够显著提高马铃薯商品率，各施用纳米增效肥料处理的商品率均高于常规施肥。

表 2-47 纳米增效肥料对马铃薯产量的影响

处理	年份	产量/(kg/亩)	平均/(kg/亩)	比常规施肥增产/(kg/亩)	增产率/%	商品率/%	与常规施肥商品率的差值/%
常规施肥	2010	2 074	2 204	—	—	90.10	—
	2011	2 334					
全量纳米施肥	2010	2 123	2 395	191	8.67	92.44	2.34
	2011	2 667					
70%总量常规施肥	2010	2 000	2 025	−179	−8.10	92.16	2.06
	2011	2 051					
70%总量纳米施肥	2010	2 262	2 431	227	10.32	92.47	2.37
	2011	2 601					
70%K_2O量常规施肥	2010	1 710	2 014	−190	−8.62	88.66	−1.44
	2011	2 318					

（续表）

处理	年份	产量/ （kg/亩）	平均/ （kg/亩）	比常规施肥 增产/ （kg/亩）	增产率/ %	商品率/ %	与常规施肥 商品率的 差值/%
70%K$_2$O 量纳米施肥	2010	2 127	2 389	185	8.39	92.43	2.33
	2011	2 651					
不施钾肥	2010	1 436	1 610	−594	−26.95	84.47	−5.63
	2011	1 784					

（三）纳米增效肥料对马铃薯钾肥利用率的影响

施用纳米增效肥料能够提高马铃薯钾肥利用率（表2-48），其中70% K$_2$O 量纳米施肥产量处理年均钾肥利用率最高，达38.80%，比常规施肥提高了9.32个百分点；全量纳米施肥处理钾肥利用率32.74%，比常规施肥提高了3.27个百分点；70%K$_2$O 量常规施肥钾肥利用率年均比常规施肥提高了5.56个百分点。

表2-48 不同施肥对马铃薯钾肥利用率的影响 单位：%

处理	年份	钾肥利用率	平均	与常规施肥的差值
常规施肥	2010	26.78	29.48	—
	2011	32.17		
全量纳米施肥	2010	32.17	32.74	3.27
	2011	33.31		
70%K$_2$O 量常规施肥	2010	32.51	35.03	5.56
	2011	37.55		
70%K$_2$O 量纳米施肥	2010	37.23	38.80	9.32
	2011	40.37		

（四）纳米增效肥料对马铃薯品质的影响

各施用钾肥处理的淀粉含量均高于不施钾肥处理（表2-49）。各施用钾肥处理间马铃薯品质差异不显著。

表 2-49　不同施肥对马铃薯品质的影响　　　　　单位：%

指标	常规施肥	全量纳米施肥	70%总量常规施肥	70%总量纳米施肥	70%K₂O量常规施肥	70%K₂O量纳米施肥	不施钾肥
干物质	18.87	20.63	23.29	17.59	20.95	18.51	21.84
淀粉	14.51	13.91	14.94	14.33	15.31	15.15	12.90

（五）纳米增效肥料对马铃薯经济效益的影响

经济效益分析结果（表 2-50）表明，由于 2010 年和 2011 年马铃薯价格急剧波动，年际差异较大，但施用纳米增效肥料能够提高马铃薯经济效益的效果得到了验证。各施用纳米增效肥料处理的经济效益均高于施用等养分的常规肥料。70%总量纳米施肥处理总效益最高，年均比常规施肥增收 164.26 元/亩，经济效益显著。全量纳米施肥处理比常规施肥增收 76.00 元/亩，70%K₂O 量纳米施肥处理比常规施肥增收 69.95 元/亩。

表 2-50　纳米增效肥料对马铃薯经济效益的影响　　　　　单位：元/亩

处理	平均收入	平均肥料支出	比常规施肥增收	比同养分常规肥料增收
常规施肥	2 058	117.30	—	—
全量纳米施肥	2 159	142.40	76.00	—
70%总量常规施肥	1 979	82.13	−43.61	—
70%总量纳米施肥	2 205	99.68	164.26	207.87
70%K₂O 量常规施肥	1 765	101.33	−276.91	—
70%K₂O 量纳米施肥	2 137	126.40	69.95	346.86
不施钾肥	1 437	64.00	−568.01	—

注：2010 年按商品薯 1.5 元/kg、小薯 0.4 元/kg、尿素 1 900 元/t 计；2011 年按商品薯 0.4 元/kg、小薯 0.1 元/kg、尿素 2 000 元/t 计；2 年均按磷酸二铵 3 600 元/t、重过磷酸钙 2 400 元/t、氯化钾 4 000 元/t、纳米碳粉 260 元/kg 计。

（六）小结

施用纳米增效肥料能够显著提高马铃薯产量，各施用纳米增效肥料处理的产量均高于常规施肥，70%总量纳米施肥处理和全量纳米施肥处理的产量较高，年均分别比常规施肥增产 10.32% 和 8.67%；70%K₂O 量纳米施肥产量年均比常规施肥增产 8.39%。

施用纳米增效肥料能够显著提高马铃薯商品率。施用纳米增效肥料能够提高马铃薯钾肥利用率，其中 70%K₂O 量纳米施肥处理年均钾肥利用率比常规施肥提高了 9.32 个百分点；全量纳米施肥处理比常规施肥提高了 3.27 个百分点；70%K$_2$O 量常规施肥年均钾肥利用率比常规施肥提高了 5.56 个百分点。

各施用钾肥处理的淀粉含量均高于不施钾肥处理。各施用钾肥处理间马铃薯品质差异不显著。

各施用纳米增效肥料处理的经济效益均显著高于施用等养分的常规肥料。70%总量纳米施肥处理总效益最高，年均比常规施肥增收 164.26 元/亩。全量纳米施肥处理比常规施肥增收 76.00 元/亩，70%K$_2$O 量纳米施肥处理比常规施肥增收 69.95 元/亩。

参考文献

白雪，郑桂萍，王宏宇，等，2014. 寒地水稻侧深施肥效果的研究[J]. 黑龙江农业科学(6)：40-43.

鲍士旦，2007. 土壤农化分析[M]. 北京：中国农业出版社.

卞景阳，刘琳帅，孙兴荣，等，2019. 施肥方式对寒地粳稻产量及品质的影响[J]. 中国稻米，25(3)：105-107.

蔡红光，米国华，陈范骏，等，2010. 东北春玉米连作体系中土壤氮矿化、残留特征及氮素平衡[J]. 植物营养与肥料学报，16(5)：1144-1152.

陈妮娜，纪瑞鹏，米娜，等，2021. 春玉米生长发育、产量和籽粒品质对减量施氮的响应[J]. 气象与环境学报，37(4)：86-92.

陈孝赏，陈伟强，张中熙，等，2020. 马铃薯新品种兴佳 2 号优化施肥研究[J]. 安徽农业科学，48(7)：176-178.

陈治嘉，隋标，赵兴敏，等，2018. 吉林省黑土区玉米氮肥减施效果研究[J]. 玉米科学，26(6)：139-145.

程瑶，孙磊，原琳，等，2021. 磷肥用量对马铃薯淀粉理化性质及产量的影响[J]. 植物营养与肥料学报，27(9)：1603-1613.

仇春华，2016. 水稻应用北京世纪阿姆斯"沃柯"微生物菌剂效果示范报告[J]. 农业开发与装备(4)：75.

崔正果，张恩萍，王洪预，等，2021. 氮量减施对多年玉米秸秆还田地块玉米产量与 N 素利用的影响[J]. 东北农业科学，46(6)：22-25.

董文，范祺祺，胡新喜，等，2017. 马铃薯养分需求及养分管理技术研究进展[J]. 中国蔬菜(8)：21-25.

段然，汤月丰，王亚男，等，2017. 不同施肥方法对双季稻区水稻产量及氮素流失的影响[J]. 中国生态农业学报, 25(12)：1815-1822.

高飞, 汪志鹏, 赵贺, 等, 2020. 低地力条件下有机肥部分替代化肥对作物产量和土壤性状的影响[J]. 江苏农业学报, 36(1)：83-91.

高肖贤, 张华芳, 马文奇, 等, 2014. 不同施氮量对夏玉米产量和氮素利用的影响[J]. 玉米科学, 22(1)：121-126, 131.

宫占元, 焦峰, 翟瑞常, 等, 2012. 马铃薯的氮营养及氮肥应用效果研究进展[J]. 现代农业(6)：22-25.

谷浏涟, 孙磊, 石瑛, 等, 2013. 氮肥施用时期对马铃薯干物质积累转运及产量的影响[J]. 土壤, 31(6)：45-50.

韩晓增, 王凤仙, 王凤菊, 等, 2010. 长期施用有机肥对黑土肥力及作物产量的影响[J]. 干旱地区农业研究, 28(1)：66-71.

韩晓增, 邹文秀, 2018. 我国东北黑土地保护与肥力提升的成效与建议[J]. 中国科学院院刊, 33(2)：206-212.

韩瑛祚, 娄春荣, 王秀娟, 等, 2013. 不同磷肥利用方式对马铃薯产量及磷肥效率的影响[J]. 江苏农业科学, 41(3)：76-78.

郝小雨, 马星竹, 高中超, 等, 2016. 氮肥管理措施对黑土春玉米产量及氮素利用的影响[J]. 玉米科学, 24(4)：151-159.

郝小雨, 周宝库, 马星竹, 等, 2015. 长期施肥下黑土肥力特征及综合评价[J]. 黑龙江农业科学(11)：23-30.

黄东风, 李卫华, 邱孝煊, 2009. 硝化抑制剂对小白菜产量、硝酸盐含量及营养累积的影响[J]. 江苏农业学报, 25(4)：871-875.

黄丽娜, 刘俊松, 2009. 我国缓/控释肥发展现状及产业化存在的问题[J]. 资源开发与市场, 25(6)：527-530.

蒋勇, 李振鑫, 唐晓勇, 等, 2018. 氮素对马铃薯生理性状及产量形成的影响[J]. 蔬菜(5)：65-69.

解保胜, 2000. 水稻侧深施肥技术[J]. 垦殖与稻作(1)：18-20.

巨晓棠, 张翀, 2021. 论合理施氮的原则和指标[J]. 土壤学报, 58(1)：1-13.

孔硕, 樊明寿, 秦永林, 等, 2019. 磷素营养诊断技术的发展及其在马铃薯生产中的应用前景[J]. 中国马铃薯, 33(5)：309-313.

李春蕴, 2015. 水稻应用微生物菌剂效果试验[J]. 农业科技与装备(6)：71-72.

李瑞, 樊明寿, 郑海春, 等, 2020. 基于产量水平的内蒙古阴山地区马铃薯施肥评价[J]. 中国土壤与肥料(6)：181-188.

李一，王秋兵，2020. 我国秸秆资源养分还田利用潜力及技术分析[J]. 中国土壤与肥料(1)：119-126.

李占，丁娜，郭立月，等，2013. 有机肥和化肥不同比例配施对冬小麦-夏玉米生长、产量和品质的影响[J]. 山东农业科学，45(7)：71-77，82.

李兆君，宋阿琳，范分良，等，2012. 几种吡啶类化合物对土壤硝化的抑制作用比较[J]. 中国生态农业学报，20(5)：561-565.

梁俊梅，张君，安昊，等，2020. 基于养分专家系统的马铃薯推荐施肥效应[J]. 中国土壤与肥料(1)：107-112.

刘凤艳，侯碧辉，丁晓红，2011. 施用纳米肥料对小麦微结构和营养品质的影响[J]. 北京工业大学学报，37(2)：314-320.

刘键，张阳德，张志明，2008. 纳米生物技术在水稻、玉米、大豆增产效益上的应用研究[J]. 安徽农业科学，36(36)：15814-15816.

刘敏，宋付朋，卢艳艳，2015. 硫膜和树脂膜控释尿素对土壤硝态氮含量及氮素平衡和氮素利用率的影响[J]. 植物营养与肥料学报，21(2)：541-548.

刘少泉，刘智，迟永伟，等，2020. 纳米肥料助剂与氮肥配施对白菜生长、产量、品质及土壤酶活性的影响[J]. 河南农业大学学报，54(4)：589-596，603.

刘秀娟，郭玉芳，2012. 浅谈有机肥和化肥配施对大豆生长和产量的影响[J]. 中国新技术新产品（20）：252.

刘秀伟，袁琳，罗迎娣，等，2017. 纳米肥料制备研究进展[J]. 河南化工，34(10)：7-11.

娄庭，龙怀玉，杨丽娟，等，2010. 在过量施氮农田中减氮和有机无机配施对土壤质量及作物产量的影响[J]. 中国土壤与肥料(2)：11-15，36.

卢艳丽，白由路，王磊，等，2011. 华北小麦-玉米轮作区缓控释肥应用效果分析[J]. 植物营养与肥料学报，17(1)：209-215.

吕亚敏，吴玉红，李洪达，等，2018. 减肥措施对稻田田面水氮、磷动态变化特征的影响[J]. 生态与农村环境学报，34(4)：349-355.

马丽亚，刘浩莉，2018. 黑龙江省马铃薯生产优势与差距探析[J]. 黑龙江八一农垦大学学报，30(3)：86-92.

裴雪霞，党建友，张定一，等，2020. 化肥减施下有机替代对小麦产量和养分吸收利用的影响[J]. 植物营养与肥料学报，26(10)：1768-1781.

彭术, 张文钊, 侯海军, 等, 2019. 氮肥减量深施对双季稻产量和氧化亚氮排放的影响[J]. 生态学杂志, 38(1): 153-160.

钱银飞, 彭春瑞, 刘光荣, 等, 2011. 纳米增效尿素不同用量对杂交中稻'中浙优1号'生长发育及氮素吸收利用的影响[J]. 中国农学通报, 27(3): 69-75.

钱银飞, 邵彩虹, 邱才飞, 等, 2010. 纳米碳肥料增效剂在晚稻上的应用效果初报[J]. 华北农学报, 25(S2): 249-253.

孙磊, 汝甲荣, 李庆全, 等, 2020. 黑龙江省及内蒙古自治区东部马铃薯化肥施用现状调查与分析[J]. 中国马铃薯, 34(2): 94-102.

孙锡发, 涂仕华, 秦鱼生, 等, 2009. 控释尿素对水稻产量和肥料利用率的影响研究[J]. 西南农业学报, 22(4): 984-989.

孙志梅, 武志杰, 陈利军, 等, 2007. 3, 5-二甲基吡唑对尿素氮转化及 NO_3^--N 淋溶的影响[J]. 环境科学, 28(1): 176-181.

孙志梅, 武志杰, 陈利军, 等, 2008. 硝化抑制剂的施用效果、影响因素及其评价[J]. 应用生态学报, 19(7): 1611-1618.

田艳洪, 闫凤超, 李鹏, 等, 2020. 不同有机肥用量对玉米植株生长及产量的影响[J]. 中国农学通报, 36(19): 13-17.

王立谦, 曾祥俊, 2017. 关于黑龙江省马铃薯产业增长潜力的研究[J]. 黑龙江科学, 21(8): 152-155.

王珑, 曹丽华, 杨国华, 2019. 有机肥替代化肥对作物产量和土壤肥力的影响[J]. 南方农机, 50(20): 42.

王署娟, 刘强, 宋海星, 等, 2011. 纳米制剂对小白菜生长及氮肥利用率的影响[J]. 中国农学通报, 27(13): 264-267.

王天, 张舒涵, 闫士朋, 等, 2020. 干旱胁迫和磷肥用量对马铃薯根系形态及生理特征的影响[J]. 干旱地区农业研究, 38(1): 117-124.

王小明, 2011. 施氮模式对冬小麦/夏玉米农田土壤硝态氮变化及产量的影响[D]. 郑州: 河南农业大学.

王晓雪, 侯莉萍, 张美俊, 等, 2020. 减氮配施有机肥对燕麦氮积累量及产量和品质的影响[J]. 山西农业科学, 48(2): 222-227.

王旭辉, 郭春雨, 宋利军, 2012. 微生物菌剂在水稻上应用效果[J]. 现代化农业(4): 25-26.

吴家强, 郑小红, 赵晓美, 等, 2014. 乌金绿在水稻上的减肥增效试验研究[J]. 中国稻米, 20(6)46-48.

徐国伟, 吴长付, 刘辉, 等, 2007. 秸秆还田与氮肥管理对水稻养分吸收的影响[J]. 农业工程学报，23(7)：191-195.

徐珊珊，刘红霞，王世范，等，2019. 吉林地区马铃薯施肥水平模型建立研究[J]. 农业工程技术，39(17)：17-18.

徐新朋，魏丹，李玉影，等，2016. 基于产量反应和农学效率的推荐施肥方法在东北春玉米上应用的可行性研究[J]. 植物营养与肥料学报，22(6)：1458-1460.

徐新朋，张佳佳，丁文成，等，2019. 基于产量反应的粮食作物养分专家系统微信版应用. 中国农业信息，31(6)：74-84.

徐亚新，何萍，仇少君，等，2019. 我国马铃薯产量和化肥利用率区域特征研究[J]. 植物营养与肥料学报，25(1)：22-35.

焉莉，高强，张志丹，等，2014. 然降雨条件下减肥和资源再利用对东北黑土玉米地氮磷流失的影响[J]. 水土保持学报，28(4)：1-6，103.

闫德智，2011. 太湖地区稻田氮肥吸收利用的研究[J]. 江苏农业科学，39(6)：119-121.

杨成林，王丽妍，2018. 不同侧深施肥方式对寒地水稻生长、产量及肥料利用率的影响[J]. 中国稻米，24(2)：96-99.

叶东靖，高强，何文天，等，2010. 施氮对春玉米氮素利用及农田氮素平衡的影响[J]. 植物营养与肥料学报，16(3)：552-558.

尹映华，彭晓宗，翟丽梅，等，2022. 东北黑土水稻主产区氮肥减施潜力研究[J]. 地理学报，77(7)：1650-1661.

张滨，刘婷婷，2015. 不同施肥量侧深施肥技术在寒地水稻上的应用效果研究[J]. 土肥植保，32(12)：135，73.

张福锁，王激清，张卫峰，等，2008. 中国主要粮食作物肥料利用率现状与提高途径[J]. 土壤学报，45(5)：915-924.

张洪程，王秀芹，戴其根，等，2003. 施氮量对杂交稻两优培九产量、品质及吸氮特性的影响[J]. 中国农业科学，36(7)：800-806.

张苗苗，沈菊培，贺纪正，等，2014. 硝化抑制剂的微生物抑制机理及其应用[J]. 农业环境科学学报，33(11)：2077-2083.

张永，孟银良，汤泽恩，2018. 农用微生物菌剂在水稻上的应用肥效实验初报[J]. 北方水稻(1)：29-31.

赵海成，杜春影，魏媛媛，等，2019. 施肥方式和氮肥运筹对寒地水稻产量与品质的影响[J]. 中国土壤与肥料(3)：76-86.

赵营，同延安，赵护兵，2006. 不同施氮量对夏玉米产量、氮肥利用率及氮平衡的影响[J]. 土壤肥料，15(2)：30-33.

国家统计局，2023，中国统计年鉴[M]．北京：中国统计出版社．

周卫，丁文成，2023．新阶段化肥减量增效战略研究[J]．植物营养与肥料学报，29(1)：1-7．

朱从桦，张玉屏，向镜，等，2019．侧深施氮对机插水稻产量形成及氮素利用的影响[J]．中国农业科学，52(23)：4228-4239．

CHEN Y L, XIAO C X, WU D L, et al., 2015. Effects of nitrogen application rate on grain yield and grain nitrogen concentration in two maize hybrids with contrasting nitrogen remobilization efficiency [J]. European Journal of Agronomy, 62: 79-89.

CHEN Z M, LI Y, XU Y H, et al., 2021. Spring thaw pulses decrease annual N_2O emissions reductions by nitrification inhibitors from a seasonally frozen cropland [J]. Geoderma, 403: 115310.

COOKSON W R, CORNFORTH I S, 2002. Dicyandiamide slows nitrification in dairy cattle urine patches: Effects on soil solution composition, soil pH and pasture yield [J]. Soil Biology and Biochemistry, 34: 1461-1465.

DI H J, CAMERON K C, 2005. Reducing environmental impacts of agriculture by using a fine particle suspension nitrification inhibitor to decrease nitrate leaching from grazed pastures [J]. Agriculture, Ecosystems & Environment, 109: 202-212.

GRANT C A, WU R, SELLES F, et al., 2012. Crop yield and nitrogen concentration with controlled release urea and split applications of nitrogen as compared to non-coated urea applied at seeding [J]. Field Crops Research, 127: 170-180.

HIREL B, GOUIS J L, NEY B, et al., 2007. The challenge of improving nitrogen use efficiency in crop plants: towards a more central role for genetic variability and quantitative genetics within integrated approaches [J]. Journal of Experimental Botany, 58(9): 2369-2387.

RODGERS G A, PENNY A, HEWITT M V, 1985. Effects of nitrification inhibitors on uptakes of mineralisednitrogen and on yields of winder cereals grown on sandy soil after ploughing old grassland [J]. Journal of the Science of Food and Agriculture, 36: 915-924.

SUN H J, ZHANG H L, POWLSON D, et al., 2015. Rice production, nitrous oxide emission and ammonia volatilization as impacted by the nitrification inhibitor 2-chloro-6-(trichloromethyl)-pyridine [J]. Field Crops

Research, 173: 1-7.

WEISKE A, BENCKISER G, OTTOW J C G, 2001. Effect of the new nitrification inhibitor DMPP in comparison to DCD on nitrous oxide (N_2O) emissions and methane (CH_4) oxidation during 3 years of repeated applications in field experiments [J]. Nutrient Cycling in Agroecosystems, 60: 57-64.

YU Q G, CHEN Y X, YE X Z, et al., 2007. Evaluation of nitrification inhibitor 3, 4 - dimethyl pyrazole phosphate on nitrogen leaching in undisturbed soil columns [J]. Chemosphere, 67: 872-878.

ZAMAN M, BLENNERHASSETT J D, 2010. Effects of the different rates of urease and nitrification inhibitors on gaseous emissions of ammonia and nitrous oxide, nitrate leaching and pasture production from urine patches in an intensive grazed pasture system [J]. Agriculture, Ecosystems & Environment, 136(3-4): 236-246.

第三章

黑龙江省农作物秸秆
还田培肥效应

　　我国秸秆资源十分丰富，秸秆的年产量在 7 亿 t 左右，是农田氮、磷、钾和有机质等的主要来源。秸秆还田后，一部分秸秆释放出氮、磷、钾等补充土壤养分，以培肥土壤，剩下的残留在土壤中，增加土壤有机质含量（李倩等，2009）、改善土壤物理性状（Wuest，2007；Zhang 等，2008），从而增加作物产量（谭德水等，2008；余延丰等，2008）。秸秆分解得越充分，当季释放和被作物吸收利用的养分也越多，越有利于减轻下季作物还田的压力和提高整地质量。

　　秸秆还田是提高土壤肥力、改善土壤结构的有效措施（Zhang 等，2008）。适当的秸秆还田能够降低土壤容重、增加土壤孔隙度（Wuest，2007），还能对土壤有机质分解有明显的激发作用（慕平等，2011；王虎，2014）。黑土区土壤肥沃，但近年来由于用养不当，黑土面临着退化、有机质下降等问题。大量研究结果表明，秸秆还田可提高土壤固碳能力从而增加土壤有机碳储量（张鹏，2011；潘剑玲，2013）。

　　随着农业生产中玉米种植面积的不断扩大，大量秸秆伴随而生，加上焚烧秸秆的禁止、循环农业的推进，秸秆的再次利用显得尤为重要。农场联合收割机的普遍使用，可在收获玉米的同时，将秸秆全部打散并粉碎在 15 cm 以下，黑龙江省温度较低，年平均气温不到 8℃，秸秆的有效分解时间仅在每年的 6—9 月，对于大部分的秸秆来说，并不能像高温的南方那样充分腐解，这样反而会影响播种质量、出苗和苗期生长。秸秆还田方式多样，包括秸秆深还田（王胜，2015；Wang，2015；矫丽娜，2014）、秸秆集中沟埋还田（王胜楠，2015；吴俊松，2016）、机械旋耕翻埋还田（韩晓增，2009）、秸秆覆盖还田（胡南南等，2024）等，取得了明显的效果。东北地区是玉米和大豆的主产区，近年来随着现代化机械和技术的不断应用，玉米与大豆秸秆的还田量也越来越高，但是关于秸秆还田后的分解状况报道不多（张晋京等，2000；史奕等，2003）。国内外对不同作物残体在土壤中的腐解规律研究较多（王允青，2008；匡恩俊；2010），针对黑龙江省玉米、大豆、小麦、绿肥等作物残体在土壤中的分解规律也已见报道（匡恩俊，2010；李逢雨等，2009）。但随着机械化程度的推进，秸秆的粉碎程度、深度、种类等对其腐解规律的影响还未见报道，而这些因素也是影响现代农业生产中秸秆还田质量的主要问题。

　　研究黑龙江省玉米秸秆和大豆秸秆以不同方式还田后的腐解规律、养分释放特性和还田后土壤生物性状的变化及土壤有机质的平衡与预测，同时对玉米秸秆是否对自身和后茬小麦产生生化感效应进行了初步的研究，从而为农作物秸秆合理还田及培肥地力提供理论依据。

第一节　玉米秸秆分解及养分释放规律

影响秸秆腐解速率的因素有很多，如土壤水分和温度、积温、土壤类型、质地、C/N等。一般认为土壤水分在田间持水量的80%左右最适于秸秆的腐解，土壤含水量越高，通气条件就越差，有机物料分解也会越慢（杨首乐，2005）。无论是在好氧条件还是在厌氧条件下，微生物在第一周内的活动都将固定一部分氮素，而在好氧条件下更为明显；土壤温度不仅影响土壤微生物的组成和活性，还影响土壤酶的活性。匡恩俊等（2010）研究表明，土壤温度对小麦和草木樨秸秆没有影响，但在低温下草木樨秸秆的分解速率高于小麦秸秆的分解速率，而玉米和大豆秸秆在高温条件下易分解，在低温下易积累土壤有机物。一般认为，在28~35℃范围内，温度变化不会影响微生物的活动，秸秆分解最快，而低于10℃时分解较弱，5℃时则基本不分解。温度在秸秆腐解前期的影响要比水分更为明显。土壤中的部分黏粒对作物残体的分解具有保护作用，随着黏粒含量的增多，作物残体的腐殖化系数会增大。秸秆被覆盖在表层的情况下，不同性质土壤的腐解速率为轻壤土>中壤土>重壤土；而秸秆被翻埋在土壤中时，其腐解速率为重壤土>中壤土>轻壤土（李新举等，2001）。

研究表明，作物秸秆的分解速率与其C/N呈正相关，C/N越高，则分解速率就越快，其残留碳量也越小；反之则分解速率越慢，其残留碳量也越大（须湘成等，1993）。其中，豆科秸秆含氮量较高，养分易于释放；禾本科秸秆含氮量低，养分释放缓慢。降低C/N可以加快有机物料有机碳的分解速率，其中玉米秸秆、大豆秸秆、玉米根茬、大豆根茬平均分别提高22.8%、13.9%、19.4%、18.7%，特别是埋管后45 d，秸秆的分解速度明显提高。

秸秆翻压在土壤中比表层覆盖腐解速率快，其中埋深5 cm腐解最快，覆盖在表面的最慢（李新举等，2001）。迟凤琴等（2010）利用网袋法研究有机物料的分解，结果表明，大豆秸秆在土埋条件下的分解速度比露天处理高9%~20%，其中土埋处理前期分解较快，而露天处理初期分解速率慢。从氮、磷、钾养分的释放速率来比较，钾的释放最快，磷次之，氮最慢。

一、不同埋深对玉米秸秆分解速率及养分释放规律的影响

试验在哈尔滨市双城区农业技术推广中心试验地和黑龙江省农业科学院土壤肥料与环境资源研究所框栽场（哈尔滨）内进行。基础土壤肥力及供

试有机物养分含量分别见表3-1和表3-2。试验设3个处理：①玉米秸秆埋深2 cm；②玉米秸秆埋深5 cm；③玉米秸秆埋深10 cm。小区面积：12垄×（0.7 m×1.2 m）/垄≈10 m²。将玉米秸秆烘干样切成约2 cm长度的小段，装入尼龙网袋中，每袋50 g，扎紧袋口，于2010年5月26日将尼龙网袋水平埋入不同深度的垄沟中，每个处理12个重复，共36个网袋，分别间隔30 d、60 d、90 d、120 d进行取样，每次每个处理取3个重复，烘干，称重，待测。

表3-1　土壤基础肥力

地点	有机质/（g/kg）	全氮/（g/kg）	全磷/（g/kg）	全钾/（g/kg）	速效氮/（mg/kg）	有效磷/（mg/kg）	速效钾/（mg/kg）	pH
双城	27.21	2.90	1.80	20.78	145.6	70.7	232.0	7.04
哈尔滨	31.95	2.40	2.00	21.34	103.1	70.8	167.7	6.62

表3-2　供试有机物料养分含量　　　　　　　　　单位：g/kg

有机物料	全氮	全磷	全钾	有机碳
玉米秸秆	4.25	0.90	12.20	612.2
玉米叶	6.02	1.32	21.06	580.7
大豆秸秆	3.74	0.51	5.84	598.5

（一）不同埋深下玉米秸秆生物量的变化

秸秆还田后主要在土壤微生物的作用下进行分解，土壤微生物主要集中在0~10 cm土层范围内。由图3-1可知，玉米秸秆埋深10 cm生物量分解最快，分解了58.3%；其次是埋深5 cm，分解了52.9%；埋深2 cm分解最慢，为49.5%。3个处理分解率差异显著（$P<0.05$），而玉米秸秆埋深10 cm比埋深5 cm和埋深2 cm分解速率分别快了5.4个百分点和8.8个百分点，差异达极显著水平（$P<0.01$）。可见，土壤的生态环境对秸秆的腐解有促进作用，当将作物秸秆深埋于土壤中时，土壤中的微生物、水分、温度等条件均影响秸秆快速分解。埋深2 cm的玉米秸秆在前30 d内几乎没有明显的分解，可能是秸秆处在表层，接近暴露在空气中，且天气干燥，土壤上层水分含量较低，微生物活动不明显；而埋深10 cm的玉米秸秆分解速度最快，在前90 d内一直呈逐渐上升趋势，随后趋于平稳，主要是因为玉米秸秆前期易腐解蛋白质、淀粉和糖类等物质，后期剩下大部分是较难分解的纤维素和木质素等物质；埋深5 cm的玉米秸秆分解速率在埋深10 cm和埋深

2 cm 之间。埋深 2 cm 的玉米秸秆虽然前期在干燥的环境下腐解十分缓慢，但是随着时间的延长秸秆仍对微生物的活动产生影响，使得它在前 30 d 内积累能量，而后在 30~60 d 内腐解速度加快，由于 60 d 后正处于降雨期，充足的水分使其分解率继续呈上升趋势。总的趋势是，随着秸秆还田深度的加深，秸秆的分解速率呈上升趋势。

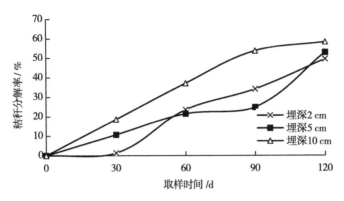

图 3-1　不同埋深下的玉米秸秆分解率

(二) 不同埋深下玉米秸秆氮素的释放

作物秸秆自身含有一定的氮、磷、钾，还田后释放到土壤中，转化成氮、磷、钾养分，供给作物生长，同时增加土壤养分库容。如图 3-2 所示，不同埋深下的玉米秸秆氮素的释放有明显的阶段性，但最终经过 120 d 的分解，有 63.3%~65.8% 的氮被释放到土壤中。然而各处理的氮素释放率均在

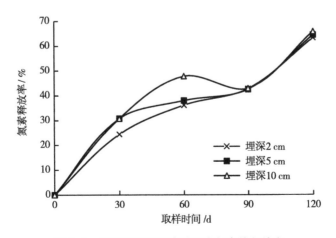

图 3-2　不同埋深下玉米秸秆中氮素的释放率

前30 d变化最快，达到24.4%~30.8%，其中埋深5 cm和埋深10 cm的氮素释放率没有明显差异，但埋深2 cm的释放率较低，这与其生物量的研究结果一致。由于分解速率较前两个处理缓慢，所以其氮素的释放也慢。在分解中期，埋深2 cm和埋深5 cm均进入稳定阶段，而埋深10 cm的氮素释放率先是逐渐升高，然后逐渐降低，降低幅度较大，这与累计释放规律不符，可能是误差所致，但后期仍呈现上升趋势。在大约90 d后，3个处理的氮素释放率趋于一致，均呈迅速上升阶段。综上，不同埋深对玉米秸秆氮素的累计释放影响不大，但在分解中期埋深10 cm累计释放最多，对土壤氮素的供给最大。

（三）不同埋深下玉米秸秆磷素的释放

如图3-3所示，玉米秸秆各个处理的磷累计释放率表现出随时间的延长而增加，整体趋势为前期快、后期慢。其中，3个处理均在还田后的前30 d内释放量最大，释放率达到64.6%~75.5%，占总释放量的73.7%~83.4%。而在整个分解期内埋深2 cm和埋深10 cm的磷素释放率基本趋于一致，均比埋深5 cm略高，但3个处理的磷素释放率在30 d后均进入缓慢释放期，6—9月仅分解了7.1%~13.2%。经过120 d的分解，不同处理下的玉米秸秆磷释放了86.9%~90.5%，不同埋深对秸秆磷素释放影响不大。

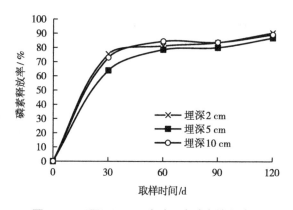

图3-3 不同埋深下玉米秸秆中磷素的释放率

（四）不同埋深下玉米秸秆钾素的释放

从图3-4可以看出，玉米秸秆钾素的释放与氮、磷的释放规律不同，从埋入土中一直到分解末期，各个处理的钾素释放率曲线均呈逐渐增高的趋势，表现为120 d内几乎没有相对缓慢增长的情况。其中在前60 d，3个处理的钾素就释放了50%左右，到末期钾素的释放率达到82.8%~90.7%，原因可能是受环境和周围因素的影响，前期分解较慢，累积到后期继续分解，所以释放率一直呈现上升趋势。结果表明：埋深 5 cm 和埋深 10 cm 无明显差异，但平均比埋深 2 cm 高出 7.7 个百分点，达差异极显著水平（$P<0.01$），因此埋深 5~10 cm 更适合秸秆中钾素的释放。

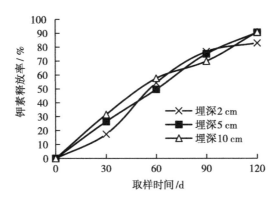

图 3-4　不同埋深下玉米秸秆中钾素的释放率

（五）不同埋深下玉米秸秆有机碳的分解

作物秸秆的干物重有 42% 是由有机碳组成的，是一种碳源较丰富的能源物质。作物秸秆施入土壤后碳在微生物的作用下以 CO_2 的形式释放，且秸秆碳的释放主要是在施入土壤后的前几个月内发生，这是因为在秸秆腐解开始时易分解物质分解较快，大部分易分解物质被分解后，其分解作用趋于平缓。迟凤琴等（2010）的研究表明，有机物料不同时期的碳素损失量不同，前期为碳素的损失，后期则是土壤有机质的积累。

如图 3-5 所示，3 个处理的有机碳分解率呈相同趋势，均随时间的延长逐渐增加，且从分解前期一直到分解末期始终是埋深 10 cm 分解最快，然后

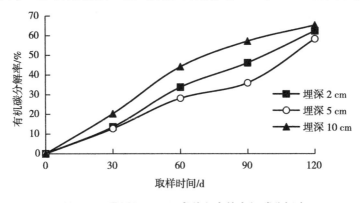

图 3-5　不同埋深下玉米秸秆中的有机碳分解率

是埋深 2 cm 和埋深 5 cm。然而在前期有机碳分解较慢，但在 30~60 d 内随着温度的升高，分解速度加快，是分解量最多的一个月，其中埋深 10 cm、埋深 2 cm 和埋深 5 cm 的分解率分别达到 44.2%、33.8% 和 28.2%。60 d 后由于前期的快速分解，易分解物质含量减少，埋深 10 cm 的碳释放量开始逐渐降低，呈缓慢增加的趋势，而其他处理由于前期分解较慢，所以这期间仍保持匀加速地分解。直到 120 d，埋深 10 cm、埋深 5 cm 和埋深 2 cm 的有机碳分别分解了 65.2%、58.3% 和 62.3%，各处理间差异都达到极显著水平（$P<0.01$），这与秸秆生物量的分解规律基本一致。

二、不同长度秸秆分解速率及养分释放规律

试验设置在哈尔滨市双城区农业技术推广中心中试基地。试验地占地面积：12 垄 ×（0.7 m×2.4 m）/垄=20.16 m²。试验设 6 个处理：①玉米秸秆 2 cm；②玉米秸秆 6 cm；③玉米秸秆 10 cm；④大豆秸秆 2 cm；⑤大豆秸秆 6 cm；⑥大豆秸秆 10 cm。玉米秸秆和大豆秸秆烘干样分别剪成 2 cm、6 cm 和 10 cm 小段，装入尼龙网袋中，每袋 50 g，扎紧袋口，于 2010 年 5 月 26 日将尼龙网袋水平埋于土壤 10 cm 处，每个处理 27 个重复，共 162 个网袋，分别间隔 30 d、60 d、90 d、120 d、360 d、390 d、420 d、450 d、480 d 进行取样测定（每个处理取 3 个重复）。

（一）不同长度秸秆生物量的变化

确定秸秆还田适宜的长度是目前生产中遇到的实际问题。如图 3-6 所示，不同长度的玉米秸秆分解率在前期均呈迅速上升趋势，然后趋于平稳，1 年后又迅速上升，分解率达到 77.5%~83.7%。其中，玉米秸秆 2 cm 在 30~60 d 内分解最快，分解了 25.2%，几乎达到第一年整个分解期的 50%，分解量明显高于其他处理；而玉米秸秆 6 cm 在前 30 d 内分解最快，分解了 28.6%，占第一年整个分解期的 50% 以上，分解量也比其他 2 个处理高出很多；玉米秸秆 10 cm 在前 90 d 内分解率虽呈迅速上升趋势，但是上升幅度较均匀，每 30 d 内分解率平均提高 18.1%。然而在 120~360 d 内正值当年的秋季和冬季期，对比可以发现，各个处理的分解率没有明显增大，分解量很少，只释放了 1.3%~3.5%，这是因为气温低影响了土壤微生物的活性，进而抑制了秸秆的腐解。这表明玉米秸秆的长度在当年对分解速率的影响很小。而在 360~480 d 内，气温的逐渐回暖激发了土壤的生物活性，使微生物活动加剧，开始腐解秸秆中较难腐解的纤维素和木质素等物质，到分解末期共分解了 19.3%~23.9%。最后，经过 480 d 的分解，分解率的大小依次为玉米秸秆 2 cm>玉米秸秆 10 cm>玉米秸秆 6 cm，达到 77.5%~83.7%。玉米秸秆

2 cm 比玉米秸秆 6 cm 分解率高出 6.2 个百分点，差异显著（*P*<0.05）。

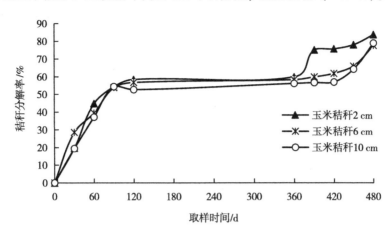

图 3-6   不同长度的玉米秸秆分解率

此试验的分解规律与马永良等（2002）的结果一致，均是前期分解最快，各处理有明显差异，而中期较缓慢，直到第二年又开始迅速分解，但是各处理的差距日益接近，总体分解率趋于相同，且最终分解率在 80% 左右。

由图 3-7 可以看出，不同长度的大豆秸秆整体趋势与不同长度下的玉米秸秆相似，分解率均是前期呈迅速上升趋势，然后趋于平稳，1 年后又迅速升高，分解率达到 81.7%~88.8%。其中在分解的前 30 d 内，各个处理分解率均有明显的差异，依次为大豆秸秆 6 cm>大豆秸秆 10 cm>大豆秸秆 2 cm，分解率达到 13.2%~35.1%。但在分解的前 60 d 内，各个处理均无明显差异，大豆秸秆 2 cm 的分解率略低，这个排序一直保持到第 390 天。但

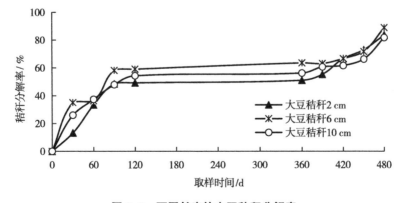

图 3-7   不同长度的大豆秸秆分解率

在 360~480 d 内大豆秸秆 2 cm 分解量却明显高于其他处理，分解了 32.4%，这是因为另外 2 个处理在第一年分解较快，分解量较多，第二年相对分解量较少，而大豆秸秆 2 cm 与其他处理相反，第一年分解较慢，到第二年仍有相对较多的纤维素和木质素需要分解，因此第二年的分解量较大。到分解末期大豆秸秆的分解率表现为大豆秸秆 6 cm>大豆秸秆 2 cm>大豆秸秆 10 cm，分解率达到 81.7%~88.8%。其中，大豆秸秆 6 cm 的分解量与大豆秸秆 10 cm 表现为差异显著（$P<0.05$），主要是因为受到自身组成成分的影响，大豆秸秆 6 cm 的分解效果最好。

从 2 种作物秸秆分解规律来看，玉米秸秆和大豆秸秆在分解过程中均是前期分解快，后期分解慢，经过一个冬季，到第二年的春夏之季又表现为快速分解。其中玉米秸秆 2 cm 与大豆秸秆 6 cm 均是在整个分解期中分解率最高的处理，而大豆秸秆 6 cm 在第一年的分解率比玉米秸秆 2 cm 高出 0.7 个百分点，在分解末期大豆秸秆 6 cm 又比玉米秸秆 2 cm 高出 5.1 个百分点。主要原因可能是豆科秸秆含氮量较高，养分易于释放，而禾本科秸秆含氮量低，养分释放缓慢，表明秸秆的 C/N 对秸秆分解有一定的影响。

（二）不同长度秸秆氮素的释放

从图 3-8 中可以看出，不同长度的玉米秸秆埋入土壤后，在整个的分解期里氮素的释放率均呈逐渐上升趋势。分解的前 30 d，玉米秸秆氮素释放率最快，达到 29.8%~36.6%，日释放率为 1.0%~1.2%，是第一年中释放量最多的一个月；之后氮素的释放率增加缓慢，大约于 90 d 后趋于稳定，经过一个冬天，在第 360 天时，各个处理的氮素释放率又开始逐渐增高，480 d 时释放率达到 64.2%~75.5%。在 360~480 d 内氮素释放了 9.0%~31.7%，日释放率为 0.1%~0.3%。第一年的前 30 d 氮素释放率高出第二年

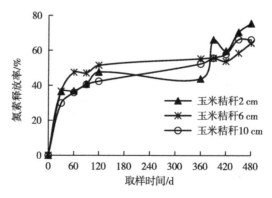

图 3-8 不同长度的玉米秸秆中氮素的释放率

整个分解期的 4.9%~20.8%，日释放率高出 0.9%~1.0%。还田 16 个月后，3 个处理的氮素释放率快慢表现为：玉米秸秆 2 cm 释放最快，比其他处理高出 10.3 个百分点，差异显著（$P<0.05$）。

如图 3-9 所示，大豆秸秆各个处理的氮素释放率总体趋势均与玉米秸秆相似，但到分解末期，大豆秸秆 6 cm 和大豆秸秆 10 cm 波动较大，这可能是周围环境和人为因素影响引起的误差。大豆秸秆各处理前 30 d 的氮素释放量最多，释放率达到 22.5%~37.2%，日释放率为 0.8%~1.2%，而在 360~480 d 的释放率达到 9.8%~35.2%，日释放率为 0.1%~0.3%。综上所述，不同长度的大豆秸秆在还田前 30 d 氮素释放量较快。到 480 d 时氮素的释放率表现为大豆秸秆 6 cm>大豆秸秆 2 cm>大豆秸秆 10 cm，释放率达 63.6%~86.2%，3 个处理间差异达极显著水平（$P<0.01$）。

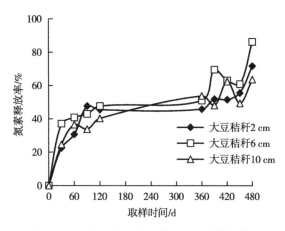

图 3-9　不同长度的大豆秸秆中氮素的释放率

（三）不同长度秸秆磷素的释放

如图 3-10 所示，不同长度的玉米秸秆经过 480 d 的分解，磷素释放率随着时间的延长逐渐增高，各个处理均在整个分解期的前 30 d 内磷素释放量最多，释放率达到了 80%左右，30~360 d 磷素释放率增加缓慢趋于平稳；到分解末期磷素释放率达到 91.9%~94.6%，其中玉米秸秆 2 cm 比其他处理高出 2.4 个百分点，差异极显著（$P<0.01$）。

如图 3-11 所示，在整个分解期内不同长度的大豆秸秆磷素释放率趋势与玉米秸秆相似，均是在前 30 d 内磷素释放量最多，释放率达到 69.5%~77.8%，日释放率为 2.3%~2.6%，120~360 d 磷素释放率呈缓慢增高，其中大豆秸秆 2 cm 和大豆秸秆 6 cm 磷素释放曲线呈缓慢下降趋势，这可能是周围环境和人为因素的误差导致的，但最终到分解末期，各个处理磷素释放率总体趋势仍是增高的, 其释放率达到 88.0% ~ 90.9%, 各个处理间无明显差异。此试验的不同处理磷素分解趋势与李逢雨等 (2009) 对油菜秆的研究结果一致。

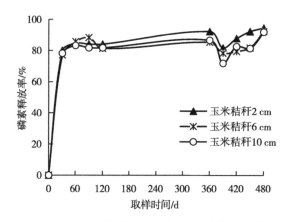

图 3-10　不同长度的玉米秸秆中磷素的释放率

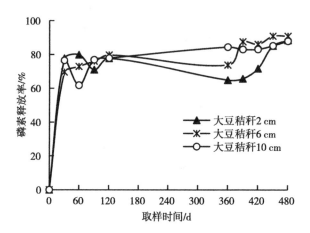

图 3-11　不同长度的大豆秸秆中磷素的释放率

（四）不同长度秸秆钾素的释放

如图 3-12 所示, 不同长度的玉米秸秆在埋入土壤 90 d 内钾素就释放了 85.4% ~ 93.7%, 占整个分解期的 92.0% ~ 99.8%, 之后的 390 d 内只释放了 0.4% ~ 8.2%, 到最后一次取样, 各个处理的释放率达 92.4% ~ 95.3%, 日释放率为 1.0% ~ 1.1%, 玉米秸秆 2 cm 比其他处理高出 2.7 个百分点, 差异极显著 ($P<0.01$)。总体来看, 钾素的释放速度很快, 这主要是由于钾素以离子的形态存在于秸秆中, 容易被置换。

如图3-13所示，不同长度的大豆秸秆整个时期的钾素释放曲线趋势与玉米秸秆相似，在埋入土壤的90 d内，大豆秸秆6 cm和大豆秸秆10 cm的钾素分别释放了87.5%和88.1%，占整个分解期的98.6%~97.1%，但大豆秸秆2 cm的钾素释放率比另2个处理晚30 d左右达到高峰，其在120 d时释放了82.5%，占整个分解期的88.5%。到后期420~480 d内各处理的钾素释放率又呈现逐渐上升趋势，最终到分解末期，3个处理的钾素释放了88.7%~90.7%，各处理间差异都达到极显著水平（$P<0.01$）。

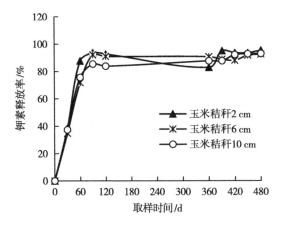

图3-12　不同长度的玉米秸秆中钾素的释放率

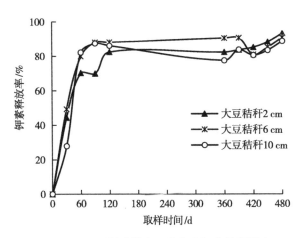

图3-13　不同长度的大豆秸秆中钾素的释放率

（五）不同长度秸秆有机碳的分解

由图3-14可知，不同长度的玉米秸秆有机碳的分解趋势基本相同，均在前 3 个月分解较快，随后缓慢增加。其中，在前 30 d 内，玉米秸秆 6 cm 分解最快，有机碳分解率达到 28.9%，较玉米秸秆 2 cm 和玉米秸秆 10 cm 平均高出 8.4 个百分点；30 d 后继续呈上升趋势，直到 90 d 时，3 个处理分解率没有差异。而在 90~120 d，玉米秸秆 2 cm 和玉米秸秆 6 cm 分解比玉米秸秆 10 cm 要快，其分解率表现为玉米秸秆 2 cm>玉米秸秆 6 cm>玉米秸秆 10 cm，试验证明，经过 120 d 的分解，粉碎程度越细碳的释放量越大。8 个月后，各处理越过了秋、冬、春，由于此阶段气温较低，微生物活性减弱，有机碳分解较慢，在 120~360 d 分解了 12.5%~23.6%，月分解率为 1.6%~2.9%。渐渐气温回暖，微生物活跃，但在 360~480 d 也只分解了 11.6%~16.0%，但玉米秸秆 2 cm 比玉米秸秆 6 cm 和玉米秸秆 10 cm 的分解率高出 1.5 个百分点，差异极显著（$P<0.01$），说明随着易分解物质的减少，C/N 降低，碳释放量也逐渐减少，分解速率降低。

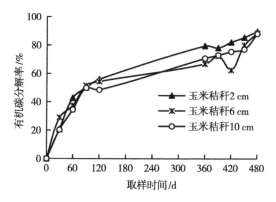

图 3-14　不同长度的玉米秸秆中有机碳的分解率

由图 3-15 可知，各处理的大豆秸秆与不同长度的玉米秸秆分解总体趋势一致，先是快速分解阶段，后是缓慢分解阶段。其中，在前 90 d 分解曲线呈迅速上升状态，随后缓慢增加，但是在前 30 d 各处理差异较显著，分解最快的是大豆秸秆 6 cm，释放了 33.6%，大豆秸秆 10 cm 和大豆秸秆 2 cm 次之，分别分解了 11.8% 和 24.0%。在 60~90 d 内 3 个处理仍以较快的速度释放，经过 120 d 的分解，大豆秸秆 6 cm 分解率最高，达到 57.7%，其他 2 个处理差异不明显，分解了 47.0%~50.3%。之后，经过 8 个月的时间，此期间由于温度较低，微生物活性减弱，分解速度较慢，释放了 8.6%~17.6%，但大豆秸秆的有机碳分解率明显比玉米秸秆低。1 年后又经过 4 个月的腐解，各处理只分解了 19.5%~26.7%，其中在分解末期大豆秸秆 6 cm 分解了 88.9%，分解率最高，3 个处理间差异达极显著水平（$P<0.01$）。此试验表明，大豆秸秆 6 cm 的效果最好。

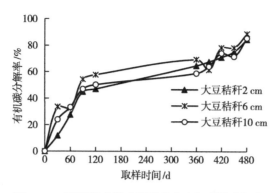

图 3-15　不同长度的大豆秸秆中有机碳的分解率

三、玉米不同部位秸秆分解速率及养分释放规律

试验地点在黑龙江省农业科学院框栽场内（哈尔滨市）。试验设 2 个处理：①玉米叶；②玉米茎秆。将玉米叶和玉米茎秆烘干样分别剪成约 2 cm 长，然后装入尼龙网袋中，每袋 50 g，扎紧袋口，于 2011 年 6 月 8 日将尼龙网袋水平埋于土壤 10 cm 处，每个处理 12 个重复，共 24 个网袋，分别间隔 30 d、60 d、90 d、120 d 进行取样，每个处理取 3 个重复，同时将每个尼龙网袋周围的土壤取回测定。

（一）不同部位秸秆生物量的变化

不同化学成分的秸秆，还田后对土壤微生物的生命活动产生不同的影响，进而影响作物秸秆的分解速率。作物秸秆主要由纤维素、木质素、蛋白质、醇溶性物质以及水溶性物质等成分组成，其中纤维素和木质素的含量相对较多，但各种作物秸秆不同组成成分的含量是具有差异的，含蛋白质、糖类多的作物秸秆比含木质素多的秸秆分解更快。在相同的腐解条件下，作物秸秆自身木质素含量的大小影响着其残留碳量的多少。

如图 3-16 所示，玉米茎秆和玉米叶的分解率均随时间的延长而逐渐增高，且干物质分解量在前 60 d 内呈迅速上升趋势，其分解率为 37.3% ~ 55.3%，但是到后期分解速度开始减慢，体现了茎秆分解速率为前期快、后期慢的特点。整个分解期中玉米叶的分解率一直高于玉米茎秆，在前 60 d 内分解率就高出 18.0 个百分点，到分解末期玉米茎秆和玉米叶的分解率为 53.5% ~ 64.1%，其中玉米叶分解率比玉米茎秆高 10.6 个百分点。

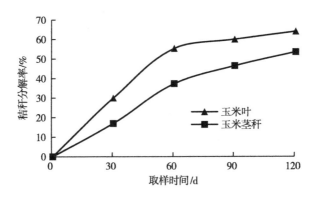

图 3-16　不同部位的玉米秸秆分解率

(二) 不同部位秸秆氮素的释放

由图 3-17 可知，玉米叶和玉米茎秆的氮素释放有明显的不同。从表 3-2可知，玉米叶氮含量达到 6. 02 g/kg，高于玉米茎秆。其中，玉米茎秆和玉米叶的氮素释放率均是随着时间的推移逐渐增加，表现为初期迅速分解，随后趋于平稳。尤其在初期的前 30 d 内就分别分解了 49. 5%和31. 4%，占整个分解期的 77. 9%和 87. 8%，最后经过 120 d 的分解，玉米茎秆与玉米叶分别释放了 63. 5%和35. 8%，玉米茎秆比玉米叶高出 27. 7 个百分点，差异达极显著水平（$P < 0. 01$）。

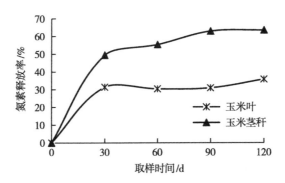

图 3-17　不同部位玉米秸秆中氮素的释放率

(三) 不同部位秸秆磷素的释放

由图 3-18 可知，玉米叶和玉米茎秆磷素释放呈现相同趋势，均表现为随着时间的延长分解率增加，在分解 30 d 时分解速率达到高峰，分别为76. 3%和 71. 9%。之后随着时间的推移，分解趋于稳定。到分解末期，玉米叶和玉米茎秆的磷素释放率分别为82.1%和82.0%。可见,玉米不同部位的磷素释放率差异不显著,均在前期大量释放,后期释放缓慢。

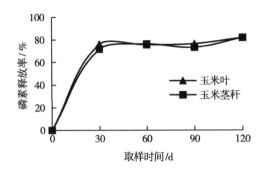

图3-18 不同部位玉米秸秆中磷素的释放率

(四) 不同部位秸秆钾素的释放

由图3-19可知,玉米叶和玉米茎秆钾素释放呈现相同趋势,均表现为随着时间的延长分解率增加,在分解60 d时分解速率达到高峰,分别为94.9%和94.0%。之后随着时间的推移,分解趋于稳定。到分解120 d时,玉米叶和玉米茎秆的钾素释放率分别为96.5%和95.5%,差异达极显著水平(P<0.01),这是因为钾主要以离子的形态存在,无论是在茎秆中还是在叶中,都容易被置换,所以释放速率很快。

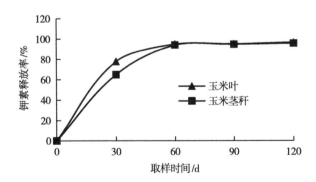

图3-19 不同部位玉米秸秆中钾素的释放率

(五) 不同部位秸秆中有机碳的分解

如图3-20所示,玉米茎秆和玉米叶中有机碳的分解率均随时间的推移而增加,但是在前30 d分解速度最快,分解率分别达到20.7%和36.1%,分别占整个分解期的39.3%和55.7%,30 d后开始呈缓慢增加的趋势。经过120 d的分解,玉米茎秆和玉米叶有机磷分别释放了52.7%和64.9%。

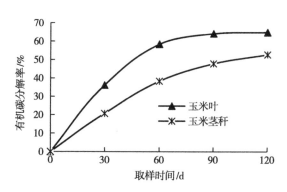

图 3-20 不同部位玉米秸秆中有机碳的分解率

四、调节 C/N 对玉米秸秆生物量及养分释放规律的影响

试验地点在黑龙江省农业科学院框栽场内。试验设 6 个处理：①对照，玉米秸秆（CK）；②D1，玉米秸秆+0.2 g 尿素；③D2，玉米秸秆+0.4 g 尿素；④D3，玉米秸秆+1 g 尿素；⑤D4，玉米秸秆+2 g 尿素；⑥D5，玉米秸秆+4 g 秸秆腐解剂。将玉米秸秆风干样切成约 2 cm 长，先称 50 g 秸秆（烘干重），然后称取尿素的重量，用量筒量取 50 mL 水，把尿素和水分别倒入盆中，待溶解后，再将 50 g 秸秆倒入盆中，马上进行搅拌（以免玉米秸秆中的海绵物质大量吸水），待完全混匀，装入尼龙网袋中，于 2011 年 6 月 8 日水平埋于土壤 10 cm 处，每个处理 12 个重复，共 72 个网袋，分别间隔 30 d、60 d、90 d、120 d 进行取样，每次每个处理取 3 袋，同时将每个尼龙网袋周围的土壤取回测定。

（一）秸秆生物量的变化

土壤微生物活动 C/N 最佳区间一般在 8~13。随着土壤中秸秆还田量的增加碳量也得到增加，因而需要补充氮量，来调节土壤 C/N 使其达到适当的范围。施入尿素后，不同处理秸秆生物量的分解趋势与不调节 C/N 表现相同，均为初期分解较快、后期较慢。

由图 3-21 可知，在分解期的前 30 d 内，D1~D4 分解量均呈现迅速上升趋势，分解率达到 27.0%~33.6%，而分解率最高的 D3 比最低的 D1 高出 6.6 个百分点，且 D1~D4 的分解率均比对照高，高出 10.1~16.7 个百分点，表明适量调节 C/N 可加快秸秆的分解速率，分解量逐渐增加，主要是由于玉米秸秆的碳源丰富，在氮源充足的情况下，秸秆还田能促使微生物大量繁殖，进而促使秸秆分解，所以分解率一直高于对照，到后期 D1~D4 分解率的变化开始逐渐缓慢；D5 与其他处理不同，在分解期的前 30 d 内分解率增长幅度不大，在 30~90 d 分解率变化较快，分解了 32.3%，在这 60 d 里平均每个月分解率为 16.2%，分解率的增长趋势与对照一致，均是前期慢，中期较快，后期又平缓。经过 120 d 的分解，分解率达到 47.8%~60.0%，分解率的大小依次是 D4> D2> D3> D1> D5，其中 D4 比对照高出 6.4 个百分点，以上研究结果表明，调节 C/N 对秸秆腐解有一定的影响，但是调节 C/N 只对秸秆初期分解有影响。

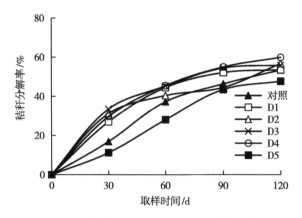

图 3-21　调节 C/N 玉米秸秆生物量的分解率

（二）玉米秸秆氮素的释放

由图 3-22 可知，各个处理的氮素释放率呈逐渐上升趋势，经过 120 d 的分解，D1~D5 的释放率达到 36.8%~59.4%，均比对照低，但所有处理均是在前 30 d 内释放量最多，然后趋于平稳。在整个分解期内，对照的氮

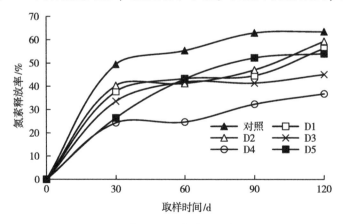

图 3-22　调节 C/N 玉米秸秆氮素的释放率

素释放率一直比其他处理明显高出很多，直到分解末期，D1~D5 的氮素释放量才与对照相接近，但仍低于对照，说明调节 C/N 降低了秸秆的氮素释放率。

（三）玉米秸秆磷素的释放

如图 3-23 所示，在分解期内不同处理的玉米秸秆磷素释放率的整体趋势一致，均是在前 30 d 磷的释放率呈迅速上升阶段，其 D1~D5 的释放率达到 68.6%~81.2%，日释放率为 2.3%~2.7%，其中 D2~D5 均和对照无明显差异，而 D1 高出对照 9.25 个百分点。但在 30~120 d 内，所有处理的磷素释放率均呈缓慢增加。玉米秸秆大约分解 90 d，各个处理的磷素释放率均高于对照，而到分解末期，D1~D5 与对照接近，但仍较高。由此可知，玉米秸秆加入尿素和腐解剂均有利于磷素的释放，且玉米秸秆加入 0.4 g 尿素效果最好，说明调节 C/N 可以促进秸秆磷的分解。

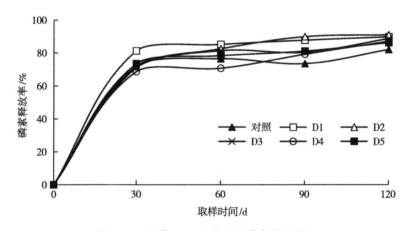

图 2-23 调节 C/N 玉米秸秆磷素的释放率

（四）玉米秸秆钾素的释放

由图 3-24 可知，D1~D5 以及对照中的钾素均在 30 d 内释放最快，其中 D1~D5 释放率达到 81.3%~87.0%，占整个分解期的 87.6%~90.2%，均比对照高，而对照在 30 d 内释放了 64.9%，占整个分解期的 67.92%，因此 D1~D5 较对照高出 19.7~22.2 个百分点。而在 60~120 d 的钾素释放率趋于平稳。试验表明，调节 C/N 和加入腐解剂均对玉米秸秆的钾素释放产生影响，由于钾素的释放速度快，所以到分解后期几乎为停滞状态。

（五）玉米秸秆有机碳的分解

如图 3-25 所示，各处理有机碳的分解速率均随时间的推移而逐渐增加。初期分解较快，后期分解较慢。在秸秆埋入土壤后的 30 d 内，有机碳

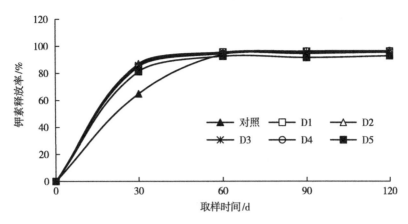

图 3-24　调节 C/N 玉米秸秆钾素的释放率

分解率达 18.6%~36.9%，分解速率较快。30 d 后有机物料分解速率呈逐渐增加的趋势，3 个月内月平均分解率为 6.0%~10.7%。不同处理中 D1 的有机碳分解率与对照没有明显差异，两者只差 0.5 个百分点；D2~D4 的有机碳分解率均比对照高，分别高出 5.8 个、1.7 个、1.0 个百分点；但 D5 的有机碳分解率比对照低 7.2 个百分点。经过 120 d 的腐解，D1~D5 的分解率分别是 52.2%、58.7%、54.4%、53.7%、45.5%，对照分解率为 52.7%。结果表明，不同 C/N 以及加入腐解剂下秸秆有机碳分解趋势为 D2>D3>D4>对照>D1>D5。

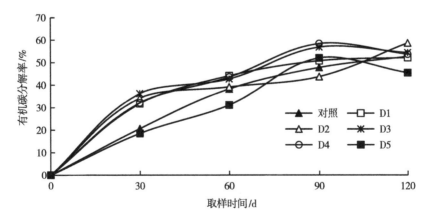

图 3-25　调节 C/N 玉米秸秆中有机碳的分解率

五、小结

经过 120 d 的腐解，埋深 10 cm、埋深 5 cm 和埋深 2 cm 条件下秸秆生物量累计分解率分别为 58.3%、52.9% 和 49.5%，分解顺序为埋深 10 cm>埋深 5 cm>埋深 2 cm。3 个处理的有机碳释放率呈相同趋势，均随时间的延长逐渐增加，到分解末期，埋深 10 cm、埋深 5 cm 和埋深 2 cm 的有机碳分别分解了 65.2%、62.3% 和 58.3%。分别有 63.3%~65.8%、86.9%~90.5%、82.8%~90.7% 的氮、磷、钾被释放出来，可以看出，磷和钾的释放速率比氮快，各处理之间在氮、磷素释放率上差异较小，而埋深 10 cm 和埋深 5 cm 在钾素的释放上明显快于埋深 2 cm，且释放率平均高出 7.7 个百分点。结果表明，埋深 10 cm 更适宜玉米秸秆的分解。

不同长度玉米秸秆和大豆秸秆经过 2 年的分解，第一年生物量分解率为 55% 左右，玉米秸秆生物量分解率大于大豆秸秆；第二年生物量分解率为 77%~88%，大豆秸秆生物量分解率大于玉米秸秆。玉米秸秆 2 cm 分解最快，大豆秸秆 6 cm 分解最快。不同长度的玉米和大豆秸秆有机碳分解了 88% 左右，表现为玉米秸秆 2 cm>玉米秸秆 6 cm>玉米秸秆 10 cm，大豆秸秆 6 cm>大豆秸秆 10 cm>大豆秸秆 2 cm。不同长度秸秆还田后氮素释放了 63%~80%，磷、钾释放了大约 90%，还田长度对释放速率没有明显影响。因此，在农业生产上建议玉米秸秆还田长度以 2 cm 为好，大豆秸秆以 6 cm 为好。

玉米秸秆不同部位无论在生物量上的分解还是养分的释放上，均表现为前期较快、后期较慢。经过 120 d 的分解，玉米茎秆和玉米叶在生物量上分别分解了 53.5% 和 64.1%，玉米叶较玉米茎秆高出 10.6 个百分点。在氮素释放率上玉米茎秆明显高于玉米叶，且高出 27.7 个百分点；在磷素和钾素的释放率上，玉米茎秆与玉米叶没有明显差异；而玉米茎秆的有机碳分解率则明显低于玉米叶，低 12.2 个百分点。总的趋势是，玉米茎秆释放氮素较快、有机碳分解较慢，而玉米叶则相反。

调节 C/N 提升了玉米秸秆生物量分解速率。调节 C/N 后秸秆氮素的释放率比对照低 4.1~26.7 个百分点；磷素的释放率达 86.2%~90.9%，均比对照高，且高出 4.1~8.9 个百分点。其中，玉米秸秆+0.4 g 尿素释放的最多；钾素的释放率在前 30 d 各处理效果明显，比对照高出 16.4~22.1 个百分点，后期影响较小。调节 C/N 后秸秆有机碳释放了 45.5%~58.7%。其中，玉米秸秆+0.4 g 尿素释放最多，高出对照 5.8 个百分点。总的来看，调节 C/N 后，玉米秸秆+0.4g 尿素的效果最好。

第二节　玉米秸秆还田对土壤微生物量碳、氮的影响

土壤生物活性包括土壤微生物活性、土壤酶活性等，它们的变化可揭示连作后土壤肥力的演变规律及其对土壤生产性能产生的深远影响。而秸秆还田能够改变土壤的生物活性，土壤的生物活性也能促进秸秆的腐解，其主要过程是在土壤微生物作用下的生物化学过程。

土壤微生物在对秸秆进行腐解的同时，还能利用秸秆中的碳源物质来进行大量的自身繁殖，主要是把秸秆中的碳同化为微生物体碳，同时还将土壤中的部分氮和磷养分同化为微生物体氮和微生物体磷（梁巍等，2003；宋秋华等，2003）。唐玉霞等（2002）研究发现，土壤微生物量氮的周转速率会比土壤有机氮的周转速率快 5 倍。保护性耕作可使土壤微生物的数量增加，特别是免耕留高茬覆盖和免耕留低茬覆盖，其原因为留茬覆盖改善了土壤综合生态因子，增强了土壤微生物的活性，同时形成了互动效应，这两种保护性耕作，在过氧化氢酶、蔗糖酶和脲酶的活性上与传统耕作相比，也有所增加。冀东地区小麦—玉米轮作制度下秸秆在配施化肥并调节其 C/N 后施用促腐剂的定位试验表明，在促腐条件下玉米秸秆配施化肥后直接还田，使作物不同生育时期内的土壤微生物量碳、氮、磷含量有明显的提高，并且使土壤微生物量碳、氮、磷含量达到最高时的时间提前，能够有效地调控土壤养分（张电学等，2005）。

一、秸秆还田对土壤微生物量碳、氮的影响

秸秆还田后可为微生物活动提供能源和养分，同时会刺激土壤中微生物活性，使微生物数量迅速增加、代谢活性迅速增强（Tu 等，2006）。土壤中微生物对碳氮的吸收同时进行，而 C/N 较高的秸秆会提高土壤氮素的固持，因此在秸秆降解期间碳氮的动态变化是紧密相连的（Brant 等，2006）。土壤微生物量是活的土壤有机质部分，周转期短，一般为 0.14~2.50 年，是比全氮、有机碳更灵敏的土壤肥力指标。

（一）玉米秸秆不同部位还田对土壤微生物量碳的影响

土壤微生物碳不仅是土壤碳素循环中的重要环节，同时也是土壤碳素循环的驱动力。微生物碳是反映土壤微生物量的重要指标。秸秆还田提高土壤肥力，改善土壤结构，并使土壤有机质含量增加，为微生物的生长提供了丰富的营养和能量，使土壤中的微生物数量剧增。秸秆装入网袋埋于土壤中，秸秆周围 5 cm 范围内的土壤微生物量受秸秆养分释放的影响很大。如图 3-

26 所示, 玉米叶和玉米茎秆还田后, 随着取样时间的延长, 土壤微生物量碳均比对照高。其中, 对照在整个取样时期微生物量碳没有明显变化且趋于平稳, 范围为 40.0~42.3 mg/kg。玉米叶和玉米茎秆则表现为随着还田时间的延长微生物量碳逐渐增高, 在 60 d 时达到高峰, 玉米叶、玉米茎秆土壤微生物量碳含量分别为 50.8 mg/kg、47.9 mg/kg, 说明秸秆还田后的快速腐熟阶段可以促进土壤微生物的大量繁殖, 使微生物量碳增加; 随后玉米叶和玉米茎秆的微生物量碳逐渐减少, 可能是因为秸秆分解了一部分碳, 使得土壤中的碳源增加, 相应的氮源减少, 抑制了微生物的繁殖。可见在土壤添加碳源的同时, 氮源也十分重要。玉米叶与玉米茎秆相比, 玉米叶周围的微生物量碳要高于玉米茎秆, 平均高出 2.4 mg/kg, 这可能是因为玉米叶较玉米茎秆能提供较多的碳源, 且玉米叶中难分解的木质素少于玉米茎秆, 比玉米茎秆分解得快。

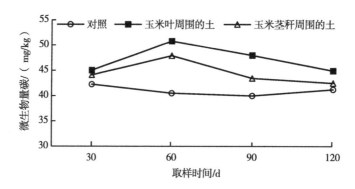

图 3-26　玉米不同部位还田对土壤微生物量碳的影响

(二) 玉米秸秆不同部位还田对土壤微生物量氮的影响

土壤微生物量氮是重要土壤活性氮库和源, 直接调节土壤氮素的供给。从图 3-27 可以看出, 3 个处理的土壤微生物量氮均呈下降的趋势。其中对照的微生物量氮呈明显下降趋势, 玉米叶和玉米茎秆则在分解 60 d 时含量达到高峰, 秸秆的施入同时也增加了土壤微生物量氮的含量。此后各处理微生物量氮迅速减少, 究其原因可能是秸秆在分解的同时也会竞争养分。玉米叶周围土壤中的微生物量氮仍高于玉米茎秆处理, 这可能跟前面玉米叶的分解速率高于玉米茎秆有直接的关系。

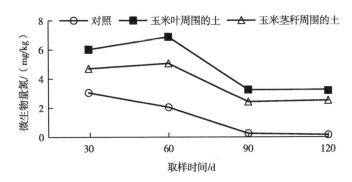

图 3-27　玉米不同部位还田对土壤微生物量氮的影响

二、调节 C/N 对土壤微生物量碳、氮的影响

（一）调节 C/N 对土壤微生物量碳的影响

秸秆还田后，土壤微生物作用是其同化和矿化过程持续进行的驱动力，因而受到外加氮源数量的影响，土壤微生物量不断发生变化。各个秸秆还田处理加入碳源和氮源后，土壤中的微生物量碳明显提高（图 3-28），尤其在前 30 d，微生物量碳为 45.7~56.7 mg/kg，均高于不添加氮素的玉米秸秆与对照，其中 D1~D3 最为明显。不同处理经过 120 d 的分解，秸秆的分解速度减慢，土壤微生物量碳也有所下降，范围为 43.6~46.4 mg/kg，仍比玉米秸秆和对照高。氮源加入量的不同，微生物量碳的变化不同。各处理在整个时期微生物量碳含量变化趋势不同，可见氮源的输入是提高微生物活性的必要条件。

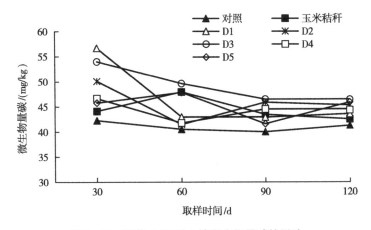

图 3-28　调节 C/N 对土壤微生物量碳的影响

（二）调节C/N对土壤微生物量氮的影响

如图3-29所示，不同处理对土壤微生物量氮含量的影响不同，其中玉米秸秆、D1、D2的微生物量氮在整个时期均比对照、D4、D5高，但D3在初期微生物量氮明显增加，为7.4 mg/kg，随后迅速下降，主要原因是前期秸秆氮素的快速释放，使微生物量氮的含量增高，导致后期降低较快，且与对照、D4、D5接近。而D4、D5在前期微生物量氮均低于对照、玉米秸秆及其他处理，原因是过多氮素的加入抑制了秸秆氮素的释放，使微生物量氮较低。因此说明，土壤中微生物对碳氮的吸收同时进行，而C/N较高的秸秆会提高土壤氮素的固持，所以在秸秆降解期间碳氮的动态变化是紧密相连的。

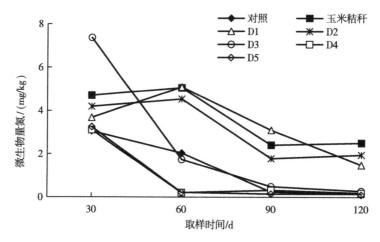

图3-29　调节C/N对土壤微生物量氮的影响

三、小结

玉米茎秆与玉米叶的C/N较高，施入土壤后为微生物提供了大量的能源和养分，使微生物活性有所提高，其中玉米叶还田后在各个时期的土壤微生物量碳、氮含量均比玉米茎秆高，但在土壤微生物量碳上不明显，而在土壤微生物量氮上较显著。

秸秆加入不同质量氮源后还田，在前30 d土壤中的微生物量碳明显提高，之后随着秸秆分解速度减慢，土壤微生物量碳也减少，120 d时为43.6~46.4 mg/kg，但仍比玉米秸秆和对照高。氮源加入量不同，微生物量碳的变化不同，且不同的C/N，土壤微生物量碳在整个时期变化趋势也不同，可见在秸秆分解过程中，氮源的输入是提高微生物活性的必要条件。不

同处理下的 C/N 对土壤微生物量氮含量的影响不同，玉米秸秆、玉米秸秆+
0.2 g 尿素和玉米秸秆+0.4 g 尿素的微生物量氮在整个时期均比对照、玉米
秸秆+2 g 尿素、玉米秸秆+4 g 秸秆腐解剂高，但玉米秸秆+1 g 尿素在初期
微生物量氮明显增加，为 7.4 mg/kg，随后迅速下降，且末期与对照、玉米
秸秆+2 g 尿素、玉米秸秆+4 g 秸秆腐解剂接近。

第三节　玉米秸秆的腐殖化系数及有机质矿化率

一、玉米秸秆腐殖化系数

腐殖质是土壤有机质的主体。在自然界中，每年都有数量不定的有机物
料进入土壤，通常将进入土壤中的秸秆经过一年的腐解，残留在土壤中的有
机碳与施入有机碳的比值定义为腐殖化系数，以此作为判断有机物对土壤有
机质含量贡献的指标。

二、有机质平衡与预测

维持土壤碳素稳定增加及平衡是土地生产力持续利用的基础，为了改善
土壤状况、提高肥力、保持土壤养分的平衡，最有效的措施和途径莫过于秸
秆粉碎还田。秸秆是农作物的主要副产品，占作物总生物量的 50% 左右，
是一种重要的可再生资源。但并不是秸秆还田数量越多对土壤的作用越突
出，还田数量过大，秸秆不能充分腐解，反而会影响播种质量、出苗和苗期
生长，同时还存在着 CO_2 的排放。适当的秸秆还田不仅能够补充作物所需的
养分，减少肥料施用量，降低成本，而且能发展低碳经济。

有机质矿化率试验：小区面积 4 m²，3 次重复。土壤为黑土，种植玉
米，玉米品种为和玉 4 号，生育期 105 d。不施任何肥料，在玉米收获后测
玉米植株各部位干物重及含氮量，在玉米播种前取耕层土样，测土壤全氮
含量。

土壤中有 95% 以上的氮素来自土壤有机质。本试验采用土壤无肥区全年
作物总吸收氮量的方法，用矿化率作为土壤有机质矿化率的近似值（表 3-
3），从而更科学、有效地用数学模型来预测土壤有机质的积累与平衡状况。

$$氮素矿化率（\%）= 每公顷作物吸氮量/$$
$$（每公顷耕层土重×土壤全氮含量）×100 \qquad (3-1)$$

腐殖化系数实现：选用玉米秸秆 2 cm 和大豆秸秆 2 cm，埋于 10 cm 深
度，一年后测定有机碳的含量。计算公式为：

腐殖化系数=分解一年后土壤残留的植物碳量（g）/

加入土壤的植物碳量（g）　　　　　（3-2）

经计算，玉米秸秆的腐殖化系数为 0.51，大豆秸秆的腐殖化系数为 0.55。

表3-3　黑土氮素矿化率

项目	风干重/g	含氮量/（g/kg）	各部位吸氮量/g	单株总摄入氮量/g	土壤全氮/（g/kg）	土壤氮素矿化率/%
籽实	182.10	7.67	1.396			
穗轴	25.64	1.32	0.034			
茎秆	37.17	3.28	0.122	1.877	2.41	1.649
叶	70.69	3.89	0.275			
根	18.63	2.66	0.050			

为了科学、有效地施用玉米秸秆还田和确定适宜的还田量，使土壤有机质达到平衡状态，采用 Jenny 数学模型可较好地预测土壤有机质的平衡与积累状况，并因其简便，涉及参数少而被更多的研究者应用。本书应用 Jenny 数学模型对玉米秸秆的施用量进行预测。Jenny 模型：

$$C=A/K-（A/K-C_0）e^{-kt}　　　　　（3-3）$$

式中，A 为每年进入土壤的稳定有机质数量；K 为土壤有机质矿化率，%；C_0 为开始时的土壤有机质含量；t 为时间，年；C 为 t 时间后土壤有机质数量。

当土壤有机质达到平衡时，

$$C_e=A/K　　　　　（3-4）$$

式中，C_e 为土壤有机质平衡时的量；K 为土壤有机质矿化率，%；A 为每年进入土壤的稳定有机质数量，计算公式如下：

$$A=HM　　　　　（3-5）$$

式中，H 为物料的腐殖化系数；M 为每年施入土壤的玉米秸秆量。

根据测定结果：$K=1.649\%$，黑土有机质 $C_0=2.6\%$，若想 10 年后使有机质含量达到 $C_e=3.5\%$（黑龙江省土壤普查二级标准），玉米种植密度为 47 625 株/hm²，耕层土重为 2 250 000 kg/hm²。根据 Jenny 模型，代入上述各参数。

经计算，玉米秸秆（干重）每年需还田 6.2 t/hm²，大豆秸秆（干重）每年需还田 5.7 t/hm²。上述结果表明，连续施用秸秆 10 年，每年施用

6.2 t/hm² 的玉米秸秆、5.7 t/hm² 的大豆秸秆就可使土壤有机质含量维持在 3.5% 左右。由于有机物料资源有限，应采取延长培肥时间，控制有机物料还田量，使土壤有机质含量逐年提高。如果知道某种有机物料每年的施肥量，用 Jenny 模型就可预测土壤有机质的动态及平衡，使土壤有机质含量得到调控，对土壤进行定向定量培肥。

三、小结

根据玉米秸秆的矿化率以及腐殖化系数，通过 Jenny 模型可预测秸秆还田后土壤有机质的动态及平衡。研究结果表明：连续施用秸秆 10 年，每年施用 6.2 t/hm² 的玉米秸秆、5.7 t/hm² 的大豆秸秆，就可使土壤有机质含量维持在 3.5% 左右。可以实现对土壤有机质含量的调控，对土壤进行定向定量培肥。

第四节　玉米秸秆的化感效应

近年来，在我国北方小麦、玉米一年两熟耕作制度下，玉米秸秆连年大量还田对土壤微生态系统影响显著（江永红，2001；刘秀芬，1996）。还田的玉米秸秆在土壤微生物的作用下分解释放出多种化学物质（孔垂华，1998；戚建华等，2004），这些化学物质能够抑制某些作物的生长。Guenzi 等（1966）报道，高粱和玉米在成熟时秸秆中含有较多的有毒物质，需要分解 154~196 d 才能够解除毒性。

化感作用是指一种植物或微生物通过挥发、淋溶和根系分泌物等途径向环境中释放某些化学物质，从而对自身或周围其他植物的生长产生促进或抑制的作用。化感作用还包括自毒作用，它是一种发生在种内的生长抑制作用。近年来研究证实，水稻、玉米、小麦、高粱、大豆等都具有化感作用（胡飞等，2004；孔垂华等，2004），这些作物不仅产生种间化感作用，还产生种内的自毒效应。目前比较常用的生物测定方法有发芽实验、幼苗生长发育测定、盆栽试验和大田试验等。李逢雨等（2009）的研究表明，水稻秸秆水浸提液对小麦发芽与幼苗生长的影响总体上都表现为低促高抑，即低浓度的浸提液对小麦发芽与幼苗生长有促进作用，而浓度过高就会产生抑制作用。张承胤等（2007）通过盆栽试验指出，玉米秸秆对小麦根系活力的抑制作用随腐解液浓度的增大而增强，当玉米秸秆粉碎后按 30 g : 1 kg（秸秆：土）的比例混合时，小麦根系活力、SOD 活性、MDA 含量等生理指标均受到一定的抑制作用。

一、玉米秸秆模拟还田对玉米的抑制效应

试验设 4 个处理：①0 g 秸秆/盆；②20 g 秸秆/盆；③40 g 秸秆/盆；④60 g 秸秆/盆。将选用的玉米秸秆风干样粉碎，过 40 目（0.425 mm）筛，然后按各个处理的量称取后，再与土壤充分混合，置于花盆内，其中每盆装土 2 kg。试验过程中需在室温下浇水，每个处理均腐解 30 d 和 60 d 后，再播种玉米。分别在播种后的第 15、第 22、第 29、第 36、第 43 天时，测定玉米的出芽率和苗高。

以化感作用抑制率（Inhibitory rate）作为化感作用的研究指标，计算公式如下：

$$R_I（\%）=（T_i-T_0）/T_0×100 \qquad (3-6)$$

式中，R_I 为化感作用抑制率；T_i 为测试项目的处理值；T_0 为对照值。

$R_I \geqslant 0$ 表示具有促进作用，$R_I < 0$ 表示具有抑制作用。R_I 的绝对值越大，其化感作用潜力（促进或抑制作用）越大。采用 DPS 软件对数据进行统计分析。

由表 3-4 可知，无论秸秆腐解 30 d 还是 60 d 后，各处理下的发芽率和苗高与对照相比，均对玉米生长起到了抑制作用，原因是秸秆 C/N 较高，在还田初期会出现微生物与作物竞争氮素的现象，使土壤无机态氮被固定，对作物生长发育不利。此试验设计没有施氮肥，导致玉米在生长过程中缺少氮素，影响其生长发育，使得不同处理下的玉米发芽率与苗高较对照低。其中从玉米发芽率来看，不同处理抑制作用不明显。而从玉米苗高的比较中发现，无论是秸秆腐解 30 d 还是 60 d 后均是随着添加量的增加，抑制作用增强。在秸秆腐解 30 d 后，40 g/盆和 20 g/盆的化学作用抑制率较小，尤其是40 g/盆的抑制作用最小；在秸秆腐解 60 d 后，仍是添加量越高的处理抑制作用越强。但与腐解 30 d 比较，秸秆腐解 60 d 的不同处理抑制作用明显减弱。综上说明，随着秸秆腐解时间的延长，抑制作用减弱，主要是秸秆中养分的不断释放起到了一定作用，从腐解初期，低添加量秸秆抑制作用小，随着添加量的增加抑制作用增强。已有研究表明植物分解能够释放出萜类化合物，此类化合物在低浓度下初期对种子萌发与植物生长有促进作用，而随着浓度的增加抑制作用也增强，因而玉米对自身还是有一定自毒效应的。

种子活力是衡量种子质量的一个重要指标。种子活力除取决于其内在的生理生化条件外，还与各种因子组成微观环境相关。种子在土壤内萌发的过程中，必然受到土壤各种理化因素的影响，并且随着胚与土壤直接接触面积的逐渐增加，土壤对种子萌发和幼苗生长有很大的影响。土壤经过秸秆还田

后，土壤有机质、pH 和微生物的数量发生了明显变化，这些因素在腐解初期对种子萌发和幼苗生长有很大的影响。

表 3-4　不同玉米秸秆添加量处理对玉米发芽率和苗期的影响

添加量/（g/盆）	玉米秸秆腐解 30 d				玉米秸秆腐解 60 d			
	发芽率/%	化感作用抑制率/%	苗高/cm	化感作用抑制率/%	发芽率/%	化感作用抑制率/%	苗高/cm	化感作用抑制率/%
CK	100	—	52.0aA	—	100	—	52.0aA	—
20	94	−6	31.1bcB	−40.2	98	−2	38.2bB	−26.5
40	97	−3	32.2 bB	−38.1	96	−4	33.6bB	−35.4
60	95	−5	27.8 cB	−46.5	97	−3	36.2bB	−30.4

注：同列不同小写字母表示在 0.05 水平上差异显著；不同大写字母表示在 0.01 水平上差异显著。

二、玉米秸秆水浸提液对小麦的化感作用

国内有学者研究发现，秸秆还田使小麦土传根部病害病原菌数量不断积累增加，导致其根部病害加重。有学者研究指出，禾本科作物秸秆腐解产生的酚酸类物质能够减轻土传病害。杨思存等（2005）对秸秆还田产生的化感作用试验表明，玉米秸秆对小麦幼苗有化感作用，致使小麦生物产量减少 60.8%；在不同作物的化感作用强度上，玉米秸秆强于蚕豆秸秆，小麦秸秆强于大豆秸秆；在化感作用时间上，前期强于后期。

1. 玉米秸秆水浸提液的制备

选取玉米秸秆 20 g（烘干重），剪成 1~2 cm 长的小段，装入大烧杯中，加入 500 mL 蒸馏水，室温 25℃ 左右下浸泡 3 d，然后过滤，其滤液作为浸提液母液，再分别配成以下质量分数作为不同处理，其中 1 g/mL 为 1 mL 水溶液中含有 1 g 烘干植物的浸提物：① 0.01 g/mL；② 0.02 g/mL；③ 0.04 g/mL；④ 蒸馏水（CK）。

2. 试验方法

选用直径为 9 cm 的培养皿，垫上双层滤纸，待用。再将小麦种子放入蒸馏水内浸泡，然后选取 30 粒均匀地摆放在培养皿中，分别加入 5 mL 蒸馏水和不同处理的浸提液，室温 25℃ 左右下培养。需在种子发芽和幼苗生长过程中，适量补加蒸馏水与浸提液，保持滤纸湿润。其试验时间长为 7 d，3 d 后记录种子的发芽率，结束后测量幼苗高度和根长，同时称其干/鲜重。

由表 3-5 可知，不同质量分数的玉米秸秆浸提液对小麦幼苗具有一定

的影响，总体上表现为低促高抑。其中对小麦发芽均无影响，但是
0.01 g/mL 的浸提液对小麦苗高有明显的促进作用，随着质量分数的增大促
进作用减弱。而各处理对根长却均有抑制作用，质量分数越低抑制作用越
小。对小麦苗高和根长抑制率进行对比发现，质量分数为 0.01 g/mL，对小
麦苗高的促进或抑制作用比对根长强烈；质量分数为 0.02 g/mL 和
0.04 g/mL，对小麦幼苗根长的抑制作用比对苗高强烈。可见浸提液对小麦
苗高和根长的促进或抑制作用强烈程度不同，这与李逢雨等（2009）的研
究结果相一致，但是原因尚不清楚，还需深入研究。

表3-5 不同质量分数浸提液对小麦苗期和根长的影响

质量分数/ （g/mL）	发芽率/%	化感作用 抑制率/ %	苗高/ cm	化感作用 抑制率/ %	根长/ cm	化感作用 抑制率/ %	烘干重/g	化感作用 抑制率/ %
CK	100	—	10.0bB	—	10.48aA	—	0.77aA	—
0.01	100	0	11.2aA	12	9.88aA	−5.7	0.78aA	2.6
0.02	100	0	10.4bAB	4	7.50bB	−28.4	0.77aA	0
0.04	100	0	10.1bB	1	4.49cC	−57.2	0.77aA	0

注：同列不同小写字母表示在 0.05 水平上差异显著；不同大写字母表示在 0.01 水平上差异
显著。

三、小结

在没有外源氮素供应的条件下，秸秆腐解 30 d 后和 60 d 后均对玉米生
长起到了抑制作用。但随着秸秆腐解时间的延长不同处理对玉米生长的抑制
作用减弱。玉米秸秆的他感效应表现为低质量分数的浸提液对小麦苗期生长
有明显的促进作用，高质量分数促进作用减弱。但不同质量分数提取物对小
麦根长却均有抑制作用，质量分数越低抑制作用越小。对小麦苗高和根长抑
制率进行对比发现，质量分数为 0.01 g/mL，对小麦苗高的促进或抑制作用
比对根长强烈；质量分数为 0.02 g/mL 和 0.04 g/mL，对小麦幼苗根长的抑
制作用比对苗高强烈。

参考文献

迟凤琴，匡恩俊，宿庆瑞，等，2010. 不同还田方式下有机物料有机碳分
　　解规律研究[J]. 东北农业大学学报，41（2）：60-65.
胡飞，孔垂华，徐效华，等，2004. 水稻化感材料的抑草作用及其机

制[J]. 中国农业科学, 37(8)：1160-1165.

胡南南, 逄蕾, 路建龙, 等, 2024. 秸秆覆盖对玉米农田土壤有机碳及其组分的影响[J]. 土壤通报, 55(3)：695-706.

韩晓增, 邹文秀, 王凤仙, 等. 2009. 黑土肥沃耕层构建效应[J]. 应用生态学报, 20(12)：2996-3002.

矫丽娜. 2014. 深层秸秆还田对土壤生物化学性质及玉米产量的影响[D]. 长春：吉林农业大学.

江永红, 宇振荣, 马永良, 2001. 秸秆还田对农田生态系统及作物生长的影响[J]. 土壤通报, 32(5)：209-213.

孔垂华, 1998. 植物化感作用研究中应注意的问题[J]. 应用生态学报, 9(3)：332-336.

孔垂华, 徐效华, 梁文举, 等, 2004. 水稻化感品种根分泌物中非酚酸类化感物质的鉴定与抑草活性[J]. 生态学报, 24(7)：1317-1322.

匡恩俊, 迟凤琴, 宿庆瑞, 等, 2010. 三江平原地区不同有机物料腐解规律的研究[J]. 中国农业生态学报, 18(4)：1-6.

匡恩俊, 迟凤琴, 张久明, 等, 2010. 不同条件下有机物料在黑土中分解规律的研究[J]. 中国农学通报, 26(7)：152-155.

匡恩俊, 2010. 不同还田方式下大豆秸秆腐解特征研究[J]. 大豆科学, 29(3)：479-482.

李逢雨, 孙锡发, 冯文强, 等, 2009. 麦秆、油菜秆还田腐解速率及养分释放规律研究[J]. 植物营养与肥料学报, 15(2)：374-380.

李倩, 张睿, 贾志宽, 2009. 玉米旱作栽培条件下不同秸秆覆盖量对土壤酶活性的影响[J]. 干旱地区农业研究, 27(4)：152-154.

李新举, 张志国, 李贻学, 2001. 土壤深度对还田秸秆腐解速度的影响[J]. 土壤学报, 38(1)：135-138.

梁巍, 岳进, 吴劼, 等, 2003. 微生物生物量 C、土壤呼吸的季节性变化与黑土稻田甲烷排放[J]. 应用生态学报, 14(12)：2278-2280.

刘秀芬, 马瑞霞, 袁光林, 等, 1996. 根际区化感化学物质的分离、鉴定与生物活性的研究[J]. 生态学报, 16(1)：1-10.

马永良, 宇振荣, 江永红, 等, 2002. 两种还田模式下玉米秸秆分解速率的比较[J]. 生态学杂志, 21(6)：68-70.

慕平, 张恩和, 王汉宁, 等, 2011. 连续多年秸秆还田对玉米耕层土壤理化性状及微生物量的影响[J]. 水土保持学报, 25(5)：81-85.

潘剑玲, 代万安, 尚占环, 等, 2013. 秸秆还田对土壤有机质和氮素有效性影响及机制研究进展[J]. 中国生态农业学报, 21(5): 526-535.

戚建华, 梁银丽, 梁宗锁, 2004. 农业生态系统中化感作用研究综述[J]. 西北农业学报, 13(2): 115-118.

史奕, 张璐, 鲁彩艳, 等, 2003. 不同有机物料在潮棕壤中有机碳分解进程[J]. 生态环境, 12(1): 56-58.

宋秋华, 李凤民, 刘洪升, 等, 2003. 黄土区地膜覆盖对麦田土壤微生物体碳的影响[J]. 应用生态学报, 14(9): 1512-1516.

谭德水, 金继运, 黄绍文, 等, 2008. 长期施钾与秸秆还田对华北潮土和褐土区作物产量及土壤钾素的影响[J]. 植物营养与肥料学报, 14(1): 106-112.

唐玉霞, 贾树龙, 孟春香, 等, 2002. 土壤微生物生物量氮研究综述[J]. 中国生态农业学报, 10(2): 76-78.

王虎, 王旭东, 田宵鸿, 2014. 秸秆还田对土壤有机碳不同活性组分储量及分配的影响[J]. 应用生态学报, 25(12): 3491-3498.

王胜楠, 邹洪涛, 张玉龙, 等, 2015. 秸秆集中深还田对土壤水分特性及有机碳组分的影响[J]. 水土保持学报, 29(1): 154-158.

吴俊松, 刘建, 刘晓菲, 等, 2016. 稻麦秸秆集中沟埋还田对麦田土壤物理性质的影响[J]. 生态学报, 36(7): 1-10.

须湘成, 张继宏, 汪景宽, 等, 1993. 不同有机物料的腐解残留率及其对土壤腐殖质组成和光学性质的影响[J]. 土壤通报, 24(2): 53-56.

杨首乐, 2005. 潮土中小麦秸秆腐解残留率测定方法比较[J]. 河南农业科学(12): 60-63.

杨思存, 霍琳, 王建成, 2005. 秸秆还田的生化他感效应研究初报[J]. 西北农业学报(1): 52-56.

余延丰, 熊桂云, 张继铭, 等, 2008. 秸秆还田对作物产量和土壤肥力的影响[J]. 湖北农业科学, 47(2): 169-171.

张承胤, 代丽, 甄文超, 2007. 玉米秸秆还田对小麦根部病害化感作用的模拟研究[J]. 中国农学通报, 23(5): 298-301.

张电学, 韩志卿, 李东坡, 等, 2005. 不同促腐条件下秸秆还田对土壤微生物量碳氮磷动态变化的影响[J]. 应用生态学报, 16(10): 1903-1908.

张晋京, 窦森, 江源, 等, 2000. 玉米秸秆分解期间土壤中有机碳数量的动态变化研究[J]. 吉林农业大学学报, 22(3): 67-72.

张鹏, 李涵, 贾志宽, 等, 2011. 秸秆还田对宁南旱区土壤有机碳含量及土壤碳矿化的影响[J]. 农业环境科学学报, 30(12): 2518-2525.

GUENZI W D, MCCALLA T M, 1966. Phenolic acids in oats, wheat, sorghum and corn residues and their phytotoxicity [J]. Agronomy Journal, 58: 303-304.

BRANT J B, SULZMAN E W, MYROLD D D, 2006. Microbial community utilization of added carbon substrates in response to long-term carbon input manipulation [J]. Soil Biology and Biochemistry, 38(8): 2219-2232.

TU C, RISTAINO J B, HU S, 2006. Soil microbial biomass and activity in organic tomato farming systems: Effects of organic inputs and straw mulching [J]. Soil Biology and Biochemistry, 38(2): 247-255.

WUEST S B, 2007. Surface versus incorporated residue effects on water-stable aggregates [J]. Soil and Tillage Research, 96: 124-130.

ZHANG G S, CHAN K Y, LI G B, 2008. Effects of straw and plastic film management under contrasting tillage practices on the physical properties of an erodible loess soil [J]. Soil and Tillage Research, 98: 113-119.

第四章

黑龙江省主要农作物农药
减施增效技术

第一节 黑龙江省玉米农药减施增效技术

玉米是我国种植面积及产量最大的农作物，2022 年全国玉米种植面积 430.7 万 hm^2，占全国农作物总播种面积的 25.34%，产量 27 720.3 万 t；其中黑龙江省玉米种植面积 597.0 万 hm^2，产量 4 038.4 万 t，均居全国首位（国家统计局，2023）。黑龙江省玉米主要分三大主产区，即以齐齐哈尔、大庆北部和绥化西北部为主的松嫩平原西部玉米区，以哈尔滨西南部、大庆东南部、绥化南部为主的松嫩平原中南部玉米区，以及以佳木斯西南部、双鸭山西部、牡丹江北部、七台河、鸡西、密山、虎林为主的三江平原东部低湿玉米区（黑龙江省统计年鉴，2023）。

玉米生产中因病虫草害防治不当造成减产 30% 以上，其中病害减产可达 15%～50%，虫害减产 20%～35%，杂草减产 15%～25%（潘灿平，2010）。黑龙江省地处高寒高纬度地区，冬季冻结，休耕时间长，因特殊气候环境，病虫害发生较少。黑龙江省玉米主要病害有丝黑穗病、瘤黑粉病、大斑病、小斑病、弯孢菌叶斑病、灰斑病、茎腐病和穗腐病等；主要虫害有玉米螟、黏虫、蚜虫和地下害虫等；玉米田常发性且为害严重的杂草主要有稗、藜、本氏蓼、反枝苋、苍耳和苘麻等，局部地区发生且难以防除的杂草有野黍、苣荬菜、刺儿菜、鸭跖草、田旋花和问荆等（黄春艳，2014）。黑龙江省玉米田病虫草害以化学防治为主，据相关部门统计，2022 年黑龙江省农药制剂用量约为 5.5 万 t，自 2015 年黑龙江省委、省政府组织实施农业"三减"行动以来，全省农药使用量连续 7 年下降（黑龙江省农业农村厅，2023）。

农药使用是玉米田综合防治病虫草害的一项重要手段，为我国玉米稳产高产做出了巨大贡献。然而，长期过度依赖化学农药防治措施，加之我国化学农药施药方法不够科学、农药有效利用率偏低、过量使用较为严重等现象，引发了环境污染、药害频发、抗性日趋严重等一系列问题，严重制约我国实现农业绿色发展的目标。"十三五"期间，国家重点研发计划"化学肥料和农药减施增效综合技术研发"试点专项，从基础研究、关键技术研发、集成示范应用 3 个层次着手，通过科学制定农药施用限量标准，研发绿色防控技术、新型农药、大型智能精准机具，加强技术集成创新与示范应用等途径实现农药减施增效（徐长春，2018）。

本着贯彻"预防为主，综合防治"的植保方针，增强"公共植保、绿色植保"理念，本节从黑龙江省玉米生产实际出发，重点介绍几种针对玉米病虫草防控技术，以期为农药减施增效提供技术支撑。

一、玉米主要病虫草害防控技术

（一）总体防控策略

针对不同种植区域，以玉米螟、黏虫、玉米大斑病、农田草害为防治重点，兼顾丝黑穗病、茎基腐病、线虫矮化病、灰斑病、玉米蚜虫、双斑长跗萤叶甲及地下害虫，优先选用抗（耐）病（虫）品种，强调适期播种、中耕铲蹚、科学施肥，防控杂草，优先选用生态调控、生物防治和理化诱控等绿色防控技术措施，抓住"大喇叭口"防治关键时期，实现"一喷多防""一喷多效"，控病虫、防杂草、提单产、保生态，提升玉米综合产能。

（二）主要病害防治技术

1. 玉米丝黑穗病、茎基腐病

优先选用抗（耐）病品种，加强栽培管理，低洼地块及时挖沟排水，中耕散墒。防治玉米丝黑穗病，可用含有戊唑醇或种菌唑成分的种子处理剂进行种子处理，戊唑醇用药量要达到有效成分 80 g/kg 种子；种菌唑用药量要达到有效成分 100 g/kg 种子以上。防治茎基腐病，可使用含有咯菌腈+精甲霜灵或苯醚甲环唑、吡唑醚菌酯等成分的种子处理剂进行拌种或二次包衣，也可使用生物药剂木霉菌种衣剂或颗粒剂包衣或随底肥同施。正常包衣玉米种子使用多粘类芽孢杆菌拌种，用量为 400 mL 多粘类芽孢杆菌处理玉米种子 15~20 kg，预防玉米苗期病害，同时起到促生根、抗低温的作用。5 亿/g 枯草芽孢杆菌及胶冻样类芽孢杆菌 90 kg/hm²，以种肥的形式施入，底肥可相应减少 90 kg/hm²，可提高肥料利用率，促进土壤团粒结构的形成，改善作物微环境，抑制病原菌的滋生与繁殖，促进次生根系的生长，增强作物抗逆性，提高产量，改善品质。

2. 玉米大斑病等叶斑类病害

玉米大斑病、小斑病、灰斑病、北方炭疽病、普通锈病、褐斑病、纹枯病、鞘腐病等病害防治，应优先考虑种植抗（耐）病品种，并合理密植，科学施肥。感病品种或前一年重发生地块，可在发病初期（下部叶片出现病斑），田间发病达到防治指标或玉米心叶末期（大喇叭口期），田间喷洒枯草芽孢杆菌、井冈霉素 A、井冈·蜡芽菌、解淀粉芽孢杆菌、氨基寡糖素等生物药剂，或吡唑醚菌酯、苯醚甲环唑、肟菌·戊唑醇、噻呋酰胺、烯唑醇等化学药剂，视发病情况隔 7~10 d 再喷 1 次。纹枯病防治可在发病初期剥除茎基部发病叶鞘以减轻为害。

3. 线虫矮化病

线虫矮化病俗称"顶腐病"。该病主要由长岭发垫刀线虫侵染引起，田间表现为多种症状，最典型症状为初期叶片沿叶脉方向产生黄色或白色失绿条纹；有的植株叶片皱缩扭曲，或叶鞘或叶片边缘有锯齿状缺刻；茎基部组织从内向外腐烂开裂，内部中空，呈"虫道"状；发病植株普遍矮化，不结实或果穗瘦小，少数发病较轻植株后期可恢复生长，但植株相对矮小，果穗发育不良。防治玉米线虫矮化病：一是使用含有三氟吡啶胺、氟吡菌酰胺等杀线剂成分的种子处理剂拌种或包衣；二是晴好天气加强铲蹚，增温散寒，消灭杂草，提高秧苗质量，增强抗病能力，减轻发病；三是玉米进入大喇叭口期时追施氮肥，发病较重地块更要及早追肥。同时，发病初期叶面喷施杀菌剂（如多菌灵、甲基硫菌灵或宁南霉素）及锌肥和生长调节剂（如赤·吲乙·芸苔或芸苔素内酯等），补充养分，提高抗逆能力。

（三）主要虫害防治技术

1. 地下害虫及苗期害虫

播前灭茬或清茬，清除玉米播种沟上的覆盖物。生物防治可用金龟子绿僵菌 CQMa421、球孢白僵菌颗粒剂随种肥沟施。化学防治可用含有噻虫嗪、噻虫胺、溴氰虫酰胺复配的种子处理剂进行种子处理。金针虫、蛴螬发生严重地块可用辛硫磷或毒死蜱颗粒剂随种肥施用。防治地老虎，可设置糖醋液盆诱杀成虫；当田间点片为害时，可人工拨土捕捉，消灭幼虫；或割青草间隔 5 m 堆成堆，在堆底喷洒 300 倍液敌敌畏诱杀。防治跳甲、蒙古灰象甲、黑绒金龟子等苗期害虫，可选用毒死蜱；防治斑须蝽可用啶虫脒或噻虫嗪。

2. 玉米螟

上年秋季扒秆调查玉米螟百秆活虫数 30 头以上时，需进行防治。①性诱剂诱杀成虫。在玉米螟成虫羽化初期，选用持效期 2 个月以上的诱芯和干式飞蛾诱捕器诱杀成虫。②释放赤眼蜂寄生玉米螟卵。赤眼蜂宜选用松毛虫赤眼蜂或玉米螟赤眼蜂。放蜂 3 次，在玉米螟成虫始盛期时（成虫羽化率达到 20%），后推 10 d 第一次放蜂，间隔 5 d 第二次放蜂，间隔 10 d 第三次放蜂。每亩 3 次总放蜂量为 15 000 头，每亩每次放两个点，共 5 000 头。可选择人工投放或农用无人机投放。人工投放，应在放蜂点上选 1 株生长健壮的玉米中上部叶片，沿主脉撕成两半，取无主脉的一半叶片，将蜂卡放在叶片背面，卵粒朝下，叶片向下轻轻卷成筒状，用线订牢即可。蜂卡拿到后要在当日上午放出，如遇大雨不能放蜂，可选择阴凉通风的仓库，蜂卡分散放置，或放于冰箱冷藏室中暂时储存。使用农用无人机投放，应配备专用投放器。③药剂喷雾防治玉米螟幼虫。一般在玉米心叶末期，用自走式喷雾机或飞机航化喷雾防治。防治药剂应优先选用生物药剂苏云金杆菌、短稳杆菌、金龟子绿僵菌 CQMa421、印楝素、球孢白僵菌等，也可选用氯虫苯甲酰胺、四氯虫酰胺等化学药剂。对于玉米螟重发地块，或鲜食玉米、制种田等防控要求较高的玉米田，上述技术可同时使用，并应在雌穗期再施药 1~2 次防治蛀穗幼虫。在玉米心叶末期（大喇叭口期）防治玉米螟的同时，混用吡唑醚菌酯、肟菌·戊唑醇可兼防玉米大斑病，混用噻虫胺、噻虫嗪可兼防玉米蚜虫，实现"一喷多防""一喷多效"，防病虫促增产。

3. 玉米蚜虫

利用噻虫胺、噻虫嗪、溴氰虫酰胺等药剂进行种子处理，有效抑制前期田间蚜虫增殖。当田间蚜量达到 50 头/株以上，或植株（雄穗和顶部叶片）出现蚜虫聚集情况时，可使用苦参碱、金龟子绿僵菌 CQMa421、印楝素等生物药剂或噻虫嗪、啶虫脒或氟啶虫酰胺等化学药剂喷雾防治。

4. 双斑长跗萤叶甲

种子处理预防可选用噻虫胺成分种衣剂包衣，实现防控前移。该虫重点为害叶片背面和雌穗周围，在害虫盛发期，可喷施甲氨基阿维菌素苯甲酸盐、噻虫胺、氯虫苯甲酰胺、四氯虫酰胺等药剂进行防治。也可结合防治玉米螟时进行兼防。

5. 草地贪夜蛾

草地贪夜蛾俗称"秋黏虫"，入侵我国境内的草地贪夜蛾，其生物型为"玉米型"，主要以为害玉米为主。目前黑龙江省尚未发现草地贪夜蛾，但存在侵入可能，为草地贪夜蛾的重点防范区。全省病虫监测网络体系应及时启动性诱、灯诱等监测设备和监测手段，及时监测草地贪夜蛾等重大病虫害的发生动态。组织监测网点调查员全面开展调查，准确掌握重大病虫害发生区域、为害地块，并及时发布预报预警。草地贪夜蛾的防控应以药剂防治为主，重点抓住低龄幼虫的防控最佳时期，施药时间最好选择在清晨或者傍晚，注意喷洒在玉米心叶、雄穗或雌穗等部位。幼虫低龄低密度阶段优先选用苏云金杆菌、印楝素、球孢白僵菌、草地贪夜蛾核型多角体病毒、金龟子绿僵菌等生物农药，应急防治可选用氯虫苯甲酰胺、甲氨基阿维菌素苯甲酸盐、乙基多杀菌素、虱螨脲等杀虫剂，采取航化作业，亩喷液量应达到 2 L 以上。

（四）主要杂草防治技术

1. 苗前封闭除草

玉米苗前封闭除草，可选用乙草胺、（精）异丙甲草胺混配异噁唑草酮、嗪草酮、莠去津、2,4-滴异辛酯、噻吩磺隆及其复配制剂，上述药剂一般在播后苗前进行土壤喷雾处理，用药量要根据土壤墒情和土壤有机质含量而定，有机质含量高、土壤含水量低用高剂量，反之用低剂量。砂壤土地块，不宜使用嗪草酮、2,4-滴异辛酯等药剂，以防淋溶药害。春季低温多雨、低洼易涝地块，使用含乙草胺、嗪草酮配方应注意施药时期和用量的选择，避免发生药害。玉米苗后早期（玉米2叶期前）也可使用噻酮·异噁唑混配莠去津，封杀结合施药防控杂草。

2. 苗后茎叶除草

玉米田苗后茎叶除草一般在玉米3~5叶期施药，选用药剂以烟嘧磺隆、硝磺草酮、苯唑草酮、苯唑氟草酮、环磺酮、莠去津、2,4-滴异辛酯、氯氟吡氧乙酸为主。以禾本科杂草为主的地块可选用烟嘧磺隆混配莠去津，以阔叶杂草为主特别是苘麻较多的地块可选用烟嘧·莠去津混配硝磺草酮或氯氟吡氧乙酸；制种田、甜玉米、黏玉米等对除草剂安全性要求较高的地块可使用莠去津、苯唑草酮，使用硝磺草酮需做品种敏感性试验。大田可选用配方如下。①烟嘧磺隆+莠去津。田间杂草以稗、狗尾草等禾本科杂草为主的地块，在玉米3~5叶期，用烟嘧磺隆混配莠去津茎叶喷雾处理。②硝磺草酮+莠去津。田间杂草以苘麻、藜、苋、蓼、鸭跖草、小蓟等杂草为主，绿狗尾草、野黍、马唐等杂草较少的地块，在玉米3~8叶期进行茎叶喷雾处理。③硝磺草酮+烟嘧磺隆+莠去津。田间杂草种类较多且野黍等禾本科杂草发生较多的地块，在玉米3~5叶期、禾本科杂草5叶期前进行茎叶喷雾，能取得较好的防除效果。④苯唑草酮或苯唑氟草酮+莠去津。田间主要以狗尾草为主的地块，应尽可能在玉米3~5叶期，最迟不能超过8叶期用苯唑草酮或苯唑氟草酮+莠去津+植物油助剂进行茎叶喷雾处理。⑤环磺酮+莠去津。田间杂草种类较多且稗发生量较大的田块，在玉米3~5叶期使用环磺酮+莠去津进行茎叶喷雾处理。苘麻发生较多的地块选用含辛酰溴苯腈配方。

二、玉米"防病虫、提单产"全程绿色植保技术模式

针对黑龙江省寒地玉米生产中的主要问题，以健身栽培、生物防控为主线，改善玉米根部微环境，促进植株健康生长，提高玉米自身抗逆、抗病虫能力，病虫害发生关键时期以生物、物理等环境友好型防治技术措施为主，集成生物菌剂、植物免疫诱抗剂、植物营养剂以及高效施药机械，打造"防病虫、促增产、提品质、保环境"四位一体、可操作性强、可复制的寒地玉米全程一体化绿色防控技术模式。本技术模式包括种子处理减化肥技术、规范作业减量控草技术、病虫害"一喷多防"技术、抗倒伏技术、提质增产技术5个关键技术环节。

（一）种子处理减化肥技术

常规包衣玉米种子使用多粘类芽孢杆菌拌种，用量为 400 mL 多粘类芽孢杆菌处理玉米种子 15~20 kg，预防玉米苗期病害，同时起到促生根、抗低温的作用。5 亿/g 枯草芽孢杆菌及胶冻样类芽孢杆菌 90 kg/hm²，以种肥的形式施入，底肥可相应减少 90 kg/hm²。

（二）规范作业减量控草技术

使用风幕式打药机进行标准化除草作业，包括封闭、苗后两次除草，采用常规除草剂配方，苗前封闭除草剂减量 10%，苗后茎叶除草剂用量减少 15%。①封闭除草参数：MASTER 1200 风幕式打药机配备 110-05（或 110-04）号喷嘴×30 个，喷嘴间距 50 cm，作业喷幅 15 m，喷杆距作物高度 50 cm；作业压力 2~3 个大气压，作业速度 6~8 km/h，喷液量 300 L/hm²。②苗后除草参数：MASTER 1200 风幕式打药机配备 110-03（或 110-02）号喷嘴×30 个，喷嘴间距 50 cm，作业喷幅 15 m，喷杆距作物高度 50 cm；作业压力 3~4 个大气压，作业速度 6~8 km/h，喷液量 150~200 L/hm²。

（三）病虫害"一喷多防"技术

倡导"早期治理"理念，依据不同地区气象条件、土壤类型以及田间病虫害发生种类、叶龄等情况，合理选择药剂及用药次数。于玉米心叶末期（大喇叭口期）施药，防病、杀虫、促生长一次完成。防治对象以大斑病、小斑病、北方炭疽病、玉米螟、蚜虫、双斑长跗萤叶甲为主。杀菌剂使用丙环·嘧菌酯+井冈霉素 A；杀虫剂使用噻虫胺+甲氨基阿维菌素苯甲酸盐+氯虫苯甲酰胺+金龟子绿僵菌 CQMa421。

（四）抗倒伏技术

玉米大喇叭口期喷施 30% 胺鲜·乙烯利可溶液剂，每亩用量 20~25 mL，采用农用无人机航化作业，可适当增加用水量至每亩 2 L。

（五）提质增产技术

在玉米 8~10 叶期和抽雄期各喷施 1 次有机金属蛋白酶，用量 1.5 L/hm²，采用无人机航化作业。

三、玉米生长期"一喷多防"技术方案

玉米是黑龙江省主要粮食作物，玉米的中后期是产量形成的关键时期，也是多种病虫害的集中发生为害期，中后期病虫害对玉米产量造成的损失非常大。因此，在玉米中后期病虫害实施高效综合治理技术十分必要，对玉米生产安全和粮食持续稳定发展具有重要影响。为有效控制玉米中后期病虫为害，做到一次施药防病、促增产、促早熟，实现"一喷多防"提质增产，

保障玉米生产安全和粮食持续稳定发展，特制订本技术方案。

（一）技术要点

"一喷多防"技术，即在玉米中后期利用先进植保机械，一次性喷施杀虫剂、杀菌剂、植物生长调节剂、叶面肥等，兼治多种病虫害，减少玉米中后期穗虫发生基数，减轻病害发生程度，控制玉米旺长，防止倒伏，达到玉米保产增产、高产稳产的目标。

（二）技术措施

玉米中后期"一喷多防"主要药剂配方：防治玉米大斑病等叶斑类病害可使用枯草芽孢杆菌、井冈霉素 A、解淀粉芽孢杆菌、氨基寡糖素等生物药剂或吡唑醚菌酯、苯醚甲环唑、肟菌·戊唑醇、烯唑醇等化学药剂；防治三代黏虫可使用氯虫苯甲酰胺、四氯虫酰胺或甲氨基阿维菌素苯甲酸盐等药剂，可兼防穗期玉米螟，混用吡唑醚菌酯可兼防玉米大斑病，实现"一喷多防"，防病增产，防治玉米蚜虫可使用苦参碱、金龟子绿僵菌、印楝素等生物药剂或噻虫嗪、啶虫脒、氟啶虫酰胺等化学药剂。

（三）注意事项

一是玉米大喇叭口期用药，应尽量使用长效农药，杀菌剂如吡唑醚菌酯、嘧菌酯等及其复配制剂类，杀虫剂如氯虫苯甲酰胺等及其复配制剂类。

二是在玉米花芽分化时期，不能使用含唑类的农药，唑类农药影响玉米所需赤霉素的合成，因此，控旺技术不可使用多效唑等，尤其避免同时使用唑类杀菌剂与唑类控旺剂。

三是施药作业要充分考虑所用植保药械的作业要求，提前做好合理安排。

四、小结

通过精细化过程管理，形成玉米全生育期农药减施增效综合技术解决方案。根据病虫草害发生规律和为害特点，坚持分类施策、标本兼治、综合治理。重点做好"替、精、统、综" 4 个方面。

一是"替"，即生物农药替代化学农药，高效低风险农药替代老旧农药，高效精准施药机械替代老旧施药机械，优质标准节药喷头替代非标老旧劣质喷头。推广应用生物农药和活性高、单位面积用量少的高效低风险农药及其水基化、纳米化等制剂，淘汰低效、高风险农药品种；推广应用高效节约型风幕式喷雾机和优质标准节药喷头，逐步淘汰老旧施药机械和劣质喷头，减少农药浪费，提高农药利用效率。

二是"精"，即精准预测预报、精准适期防治、精准对靶施药。增建病虫疫情监测点，增配监测设备，聘用农民植保员，实现对主要病虫疫情全覆盖，自动化、智能化监测预警，提升精准预报能力和水平。加强抗药性监测治理，推行对症选药、轮换用药、适期适量用药；推广靶标施药、缓释控害、低量喷雾等高效精准施药技术，提升防控效果，解决施药机械落后造成的农药浪费和防控能力不足的问题。

三是"统"，即培育专业化防治服务组织，积极推进多种形式的统防统治。加大力度扶持发展一批装备精良、技术先进、管理规范的专业化防治服务组织和新型农业经营主体，鼓励开展全程承包、代防代治等多种形式的防控作业服务，推进防治服务专业化。推动农机农艺融合，创造利于高效植保机械作业的农田环境条件，促进统防统治规模化发展。

四是"综"，即强化综合施策，推行农作物病虫害可持续治理。推进统防统治与绿色防控融合，转变过度依赖化学农药的防治方式，因地制宜集成推广生态调控、免疫诱抗、生物防治、理化诱控、科学用药等绿色防控措施，做到对症、适时、适量用药和科学轮换用药，减少化学农药使用次数和使用量，延缓病虫草抗药性产生。同时，加强农药经营环节监管，严厉查处违规销售禁限用农药和误导生产者用药行为。

第二节　黑龙江省水稻农药减施增效技术

水稻是我国种植面积仅次于玉米的第二大粮食作物，2022 年全国水稻种植面积 2 945.0 万 hm^2，占农作物播种总面积的 17.32%。我国水稻主要分为六大稻作区，分别为华南沿海稻作区、长江流域稻作区、华北稻作区、西南稻作区、西北稻作区及东北稻作区，其中黑龙江省水稻种植面积 360.14 万 hm^2、产量 0.27 亿 t，种植面积和产量分别位居全国第二、第一（国家统计局，2023）。

目前黑龙江省农药使用按水稻生产流程来看，主要有以下几个主要方面：一是种子消毒处理及苗床早期立枯病等病害防治中杀菌剂（种衣剂）的使用；二是早期潜叶蝇及负泥虫防治中杀虫剂的使用；三是本田除草剂的使用；四是中后期病害（稻瘟病、纹枯病等）及少量虫害（二化螟）防治中杀菌剂及杀虫剂的使用。其中：种子消毒处理及苗床早期立枯病等病害防治为必防处理，此环节减量空间不大；潜叶蝇及负泥虫目前生产常规防治为秧苗移栽前进行菊酯类或其他杀虫剂喷雾处理，田间再次发生时进行本田杀虫剂喷雾处理，费工费力，减药模式中采用苗床新型缓释颗粒剂的一次性施用达到防控潜叶蝇、负泥虫的为害，避免田间喷雾，省工省力节本增效；除草剂的减量为黑龙江省农药减施的重点研究方向，黑龙江省水稻田除草剂本田用药每年平均在 2.2~2.7 次，有的甚至达 4~5 次，在除草剂品种选择、施药次数减少、提高农药利用率的精准施药等方面，减量存在技术空间；后期病害（稻瘟病、纹枯病等）及少量虫害（二化螟）防除中杀菌剂及杀虫剂的使用，减药模式中根据防治需求，采用飞防处理来达到省工省力、提高用药利用率以减少用药总量。

一、水稻主要病虫草害防控技术总体防控策略

针对不同种植区域，以稻瘟病、纹枯病、稻曲病、水稻潜叶蝇、负泥虫、农田草害为防治重点，优先选用抗（耐）病（虫）品种，强调适期播种、水深管理、科学施肥，防控杂草，优先选用生态调控、生物防治和理化诱控等绿色防控技术措施，抓住防治关键时期，实现"一喷多防""一喷多效"，控病虫、防杂草、提单产、保生态，提升水稻综合产能。

二、水稻主要病害防治技术

（一）稻瘟病

1. 发病因素

①品种自身的抗病性，水稻株型紧凑，叶片窄而挺，叶表水滴易滚落，病菌的附着量相对较少。②气象因素，在有菌源、品种感病的前提下，气象因素是影响病害发生与发展的主导因子。长期连阴雨、气温偏低、日照不足、时晴时雨、多雾、重露易发病。③栽培管理因素，氮肥施用过量或偏迟会导致稻株体内 C/N 下降，游离氮和氨态氮增加，稻株贪青，硅质化细胞数量下降，有利于病菌侵染。长期深灌或冷水灌溉及排水不良的地块，易造成土壤缺氧，产生有毒物质，妨碍根系生长，加重发病。栽培过密，田间通风透光差，虫害严重、旱改水的田块以及管理粗放，田间及四周田埂杂草丛生的田块易发病。

2. 防治措施

优先选择抗病品种。农艺措施上加强栽培管理，合理灌溉、施肥（适当时期喷施叶面肥防病健身）、合理密植、清除杂草。化学药剂防治（早抓叶瘟、狠治穗瘟）适期：叶瘟，水稻倒二叶露尖到长出一半时施药，7 月初；穗颈瘟，水稻孕穗中期至抽穗初期，即剑叶叶枕露出叶鞘 4~5 d 开始到第一谷粒露尖（破口期）前施药，7 月中旬；粒瘟、枝梗瘟，水稻抽穗后 15~20 d 齐穗期时施药，8 月上旬。药剂：稻瘟灵、三环唑、春雷霉素、咪鲜胺、稻瘟酰胺、异稻瘟净、肟菌·戊唑醇、多菌灵、福美双、甲基硫菌

灵、嘧菌酯、枯草芽孢杆菌、蜡质芽孢杆菌及各类复配混剂。

（二）纹枯病

1. 发病因素

高温高湿条件下易引起发病和流行。温度在25～31℃和饱和湿度为病害流行的最有利条件。过量施氮肥，高度密植，灌水过深、过多或偏迟，均为诱发病害的主要因素。一般水稻从分蘖期开始发病，抽穗以前以为害叶鞘为主，抽穗后向叶片和穗颈部扩展，孕穗期前后达发病高峰，乳熟期后病情下降。

2. 防治措施

清除菌源：打捞菌核，避免稻草还田。农艺措施上，加强栽培管理，合理密植以通风透光，合理灌溉以水控病，合理施肥，适当增施磷钾肥。化学防治较新药剂：噻呋酰胺、氟环唑、嘧菌酯、醚菌酯、肟菌酯、肟菌·戊唑醇、苯甲·丙环唑、三环唑·己唑醇、烯肟菌胺、烯肟·戊唑醇。常规药剂：井冈霉素、己唑醇、戊唑醇、咪鲜胺、苯醚甲环唑、丙环唑。其他药剂：蜡质芽孢杆菌、多菌灵、甲基硫菌灵。

（三）叶鞘腐败病

1. 诱发因素

该病的发病因素可概括如下。①品种抗性：黑龙江省目前无免疫品种，品种间抗性差异很大。②菌源数量：带菌种子和病稻草残体。③气象条件：低温侵入，高温发病。④生物因子：二化螟等虫害。

2. 防控措施

选用抗病品种、清除田间病株残体、加强水肥管理、合理密植、种子消毒、治虫防病。药剂防治：水稻破口期前、齐穗期为防治适期。药剂选择可结合防治稻瘟病同时进行。

（四）稻曲病

1. 诱发因素

①品种抗性：品种间抗性差异很大，但未发现有免疫品种。②气象条件：扬花期低温多雨易发病。③栽培管理：氮肥过量或穗肥过多易加重病情，连作易发病。

2. 防控措施

选用抗病品种、清除田间病穗并销毁，避免病田留种、加强水肥管理、合理密植、种子消毒。药剂防治：水稻破口期前1～5 d、孕穗中期、齐穗期各施药1次。药剂：己唑醇、戊唑醇、碱式硫酸铜、琥胶肥酸铜、络氨铜、咪鲜胺、三唑醇、氟环唑、申嗪霉素、腈苯唑、井冈霉素（铜制剂为常用防治药剂）。

（五）立枯病

1. 发病因素

引起水稻烂秧的土壤真菌能在土壤中长期腐生，条件适宜时形成分生孢子，借气流和水流传播。病菌从种子的伤口（破损、催芽热伤、冻害）侵入，随水流扩散传播，发病的植株再产生各种分生孢子进行再次侵染。土壤的酸碱度不适合，如过高则有利于立枯病的发生，这是发病的主要因素。寒流、低温阴雨、秧田水深、有机肥未腐熟等条件有利于发病。遇有寒潮可造成毁灭性损失。

2. 防治措施

可以置床施肥、调酸、消毒，壮秧剂与固体硫酸混拌过细筛土后均匀撒施在置床表面，耙入土中 $0 \sim 5$ cm，使置床 pH 为 $4.5 \sim 5.5$。播种前灭菌，播种前 1 d，每 100 m^2 用 30%甲霜·噁霉灵水剂 2 500 倍液 200 kg 均匀喷洒，预防立枯病。$1 \sim 1.5$ 叶期防病：秧苗 1.5 叶期结合苗床浇水，每平方米用 3%甲霜·噁霉灵水剂 $15 \sim 20$ mL 或 30%噁霉灵水剂 $3 \sim 4$ mL 兑水 3 kg 喷施，喷后需用大量清水洗苗。$2 \sim 2.5$ 叶期防病：秧苗 2.5 叶期，每平方米用 3%甲霜·噁霉灵水剂 $15 \sim 20$ mL 或 30%噁霉灵水剂 $3 \sim 4$ mL 或 3%多抗霉素可湿性粉剂 $3 \sim 4$ mL 兑水 3 kg 喷施，喷后需用大量清水洗苗。种子消毒。

（六）恶苗病

1. 发病因素

该病主要由种子带菌引起，因此建立无病留种田、选留无病种子和做好种子处理是病害控制的关键。

2. 防治措施

选用抗病品种，加强栽培管理，催芽时间不宜过长，起秧时避免伤根。田间及时拔除病株并销毁，清除病残体。种子消毒处理药剂选择氰烯菌酯、咪鲜胺、戊唑醇、精甲·咯菌腈、萎锈·福美双、种菌唑·甲霜灵、多菌灵。

（七）细菌性褐斑病

1. 发病因素

①品种与生育期：品种间抗性差异很大，但未发现有免疫或高抗品种。②气象条件：水稻抽穗扬花前后，天气阴冷，风大、降水量大，雨次频繁，易造成叶片及穗部伤口多，发病较重，反之则轻。③发病的杂草是本田期病菌的主要传染源。④栽培管理：氮肥过多或深水灌溉，水稻生长不良易感病，种植密度过大及封垄过早易感病。

2. 防治措施

病害防控选用抗病品种、清除稻田周围禾本科杂草，加强水肥管理、合理密植（行距 30 cm）、种子消毒。药剂防治：水稻孕穗、抽穗初期为防治适期。药剂：春雷霉素等。

（八）常发性水稻其他病害

包括水稻穗腐病（褐变穗）、水稻胡麻斑病、水稻白叶枯病、水稻干尖线虫病、水稻秆腐菌核病。田间往往多种病害混合发生，采取注意施药时期，统一防治策略。孕穗中期、破口期前后、齐穗期为防治适期。化学药剂防控与种植品种选择以及合理施肥、合理密植、合理灌溉等农艺措施相结合。

三、水稻主要虫害防治技术

（一）水稻潜叶蝇

水稻潜叶蝇又名稻小潜叶蝇，双翅目水蝇科。幼虫潜伏在水稻叶片内部潜食叶肉，受害叶呈现白色条斑，每一片叶少则潜入幼虫 2~3 头，多则 7~8 头，为害严重时，全叶发白变黄干枯、腐烂，严重时可使受害株全株枯死。发生规律：黑龙江省一年发生 4~5 代，世代重叠，在杂草上繁殖第一代，6 月中下旬是第二代幼虫为害水稻盛期，第三代成虫出现时，水稻已达分蘖期，这时成虫就不在稻叶上产卵了，而转向杂草上产卵为害。第四代也在杂草上繁殖为害。

防治措施：①及时清除稻田附近杂草，减少虫源；②潜叶蝇幼虫为害幼嫩稻叶，培育壮苗，缩短缓苗期；③合理施肥、浅水灌溉；④药剂防治，秧苗带药下地，可选择吡虫啉、噻虫嗪、溴氰菊酯、杀虫单。

（二）水稻负泥虫

水稻负泥虫俗称背粪虫，属鞘翅目叶甲科。以成虫和幼虫为害水稻苗期和分蘖期的叶片。成虫将叶片吃成纵行透明条纹，幼虫咬食叶肉，残留表皮，严重时全叶发白，焦枯或整株死亡，受害植株还表现为生育迟缓，植株矮小，分蘖减少。以多山阴凉之地发生最多。

防治措施：①清除杂草，减少虫源；②适时插秧，不可过早插秧；③合理施肥、浅水灌溉；④药剂防治，可选择吡虫啉、溴氰菊酯、杀虫单。

（三）二化螟

二化螟又名钻心虫，属鳞翅目螟蛾科。以幼虫钻蛀到叶鞘、茎秆内为害。低龄幼虫先侵入叶鞘，使叶鞘变成枯黄色，造成枯鞘；2~3 龄幼虫分蘖期为害，形成枯心；孕穗期、抽穗期为害形成枯孕穗和白穗；黑龙江省为害状主要是枯心和白穗，受害植株茎上有蛀孔，孔外虫粪很少，茎内虫粪多，黄色，稻秆易折断，严重影响产量。黑龙江省南部地区发生较重。

（四）防治策略

应以"压低虫源，力避螟害，适期用药"为策略，在防治技术上应以农业防治为基础，协调运用生物防治等措施，合理地重点使用化学农药的综合防治措施。物理防治：性诱剂、杀虫灯。生物防治：赤眼蜂。化学防治：常规药剂有杀虫双、三唑磷、阿维菌素、毒死蜱、杀虫单、甲维·杀虫双、杀螟丹、二嗪磷；较好药剂有氯虫苯甲酰胺、氯虫·噻虫嗪、甲氧虫酰肼。水稻其他虫害包括稻螟蛉、稻纵卷叶螟、稻飞虱、稻摇蚊、稻水象甲。这些虫害在南方稻作区发生比较严重，在东北寒地稻作区由于无法越冬，发生量及为害相对较轻。

四、水稻主要草害防治技术

（一）稗防除要点

水稻移栽前，可使用噁草酮、丙炔噁草酮、噁草·丁草胺、丙·氧·噁草酮封闭处理。移栽后稗0~1.5叶期可使用丁草胺、丙草胺、莎稗磷、苯噻酰草胺或上述药剂与磺酰脲类除草剂的混配制剂进行毒土处理。稗2~3叶期，可使用氰氟草酯、三唑磺草酮、噁唑酰草胺、二氯喹啉酸、五氟磺草胺、嘧啶肟草醚及含有上述药剂的相应混配制剂进行茎叶喷雾处理。

（二）稻李氏禾、匍茎剪股颖、芦苇、菰（江稗）等防除要点

秋季深翻，使杂草宿根露出，经冬季晾晒冷冻而死或削弱生长势，春季提前泡田诱发杂草出苗后喷施草甘膦。种子繁殖的采取常规防治即可；根茎繁殖的越年生再生苗，水稻移栽前，使用丙·氧·噁草酮封闭处理，移栽返青后，使用莎稗磷混用西草净进行毒土处理。6月中下旬可使用三唑磺草酮、嘧啶肟草醚、双草醚（直播田）适量混用二氯喹啉酸、敌稗、氰氟草酯加适量助剂进行茎叶喷雾处理。对池埂及灌渠边的芦苇要早期定向喷施草甘膦防除。

（三）三棱草（扁秆藨草、日本藨草、藨草、异型莎草、水莎草、花蔺）防除要点

水稻移栽前，可使用丙·氧·噁草酮封闭处理，移栽缓苗后可使用嗪吡嘧磺隆、吡嘧磺隆、苄嘧磺隆、嘧苯胺磺隆、醚磺隆等磺酰脲类除草剂毒土处理，其中苄嘧磺隆、吡嘧磺隆二次施药技术可有效防控扁秆藨草、日本藨草并降低翌年杂草发生基数；水稻分蘖后期可使用2甲·灭草松、灭草松、唑草·灭草松、2甲·唑草酮进行茎叶喷雾处理。

（四）萤蔺防除要点

水稻移栽前，使用丁草胺+吡嘧磺隆打浆封闭处理，移栽缓苗后可使用嗪吡嘧磺隆、双环磺草酮、氟酮·呋喃酮、吡嘧磺隆等磺酰脲类除草剂进行毒土或早期茎叶处理；水稻分蘖后期可使用 2 甲·灭草松、灭草松、唑草·灭草松、2 甲·唑草酮加助剂进行茎叶喷雾处理。

（五）野慈姑、泽泻、雨久花等阔叶杂草防除要点

水稻移栽前，可使用噁草酮+吡嘧磺隆、丙·氧·噁草酮（一类）封闭处理，移栽缓苗后可使用磺酰脲类、双唑草腈、双环磺草酮、三唑酰草胺、西草净等进行毒土处理；结合防除 2~3 叶期稗可使用五氟磺草胺、氯氟吡啶酯、嘧啶肟草醚进行喷雾处理；水稻分蘖后期可使用 2 甲·灭草松、灭草松、2,4-滴丁酸钠盐等进行茎叶喷雾处理。

五、"两封一补动态精准施药"减施技术模式

（一）主要步骤

1. 插前施药+返青后施药（两次封闭）

适用于整地后待插时间长，以禾本科杂草为主的地块。具体用药时间视稗生长状况而定。

2. 插前（返青后）施药+分蘖盛期施药（一封一杀）

适用于整地后待插时间短，禾本科杂草、阔叶杂草、莎草科杂草都有发生的地块。

3. 插前施药+返青后施药+分蘖盛施药（两封一补）

适用于整地后待插时间长，禾本科杂草、阔叶杂草、莎草科杂草都有的地块。

4. 返青后施药（一次封杀）

适用于整地后待插时间短，水稻秧苗素质好，返青速度快，以禾本科杂草为主的地块，具体用药时间视稗叶龄状况而定。"两封一补动态精准施药"减施技术模式是一个动态的施药过程。

（二）插前、插后两次封闭用药的技术要点

因春季低温秧苗素质差，插前用药以利于秧苗缓青为主，安全性第一，避免水稻发生药害，对杂草以控为主，兼防为辅，有效地控制杂草发生基数及叶龄株高。可针对杂草发生基数、种类、叶龄有效地选择二封用药，关键在于时间点及药效持效期的有效衔接，形成良好的时差选择与位差选择。

（三）插后"一补"茎叶喷雾的使用技术要点

受气温、秧苗素质、耕作栽培条件、田间水层管理等因素影响，无法进

行有效二次封闭处理，不可避免地要进行喷雾防治。而此时的技术要点可以概括为"茎叶处理、一锤定音"，不可多次补喷。

（四）药剂选择

由于田间杂草群落不同，不同地块草相可能差异较大，因此药剂选择应有的放矢，建议磺酰脲类除草剂吡嘧磺隆使用期前移至移栽前复配施药。

第三节　黑龙江省大豆农药减施增效技术

黑龙江省是我国大豆的主产区，种植面积占全国的50%左右，是我国大豆产业持续发展的压舱石（盖志佳，2023）。据统计，2022年黑龙江省大豆种植面积为493.2万 hm^2，仅次于玉米，是黑龙江省第二大粮食作物（黑龙江省统计年鉴，2023）。保障大豆高产稳产对我国大豆自主供应具有重要现实意义。大豆常年受到病虫草害的侵扰，且病虫草害发生规律复杂，种类繁多，严重影响了大豆的产量和品质，因此寻求合理有效的防控措施是农业工作者的追求目标。

目前，大豆病虫草害的防治仍以化学药剂防除为主，大豆从种子发芽到成熟收割的周期通常为 $110 \sim 120$ d，可以分为若干个生长阶段，每个阶段都有可能受到各种病虫害威胁，需要采取相应的防治措施：①种子发芽期，这一时期大豆较易受到土壤传播病害的侵染，如霜霉病、根腐病等，因此，应该在移栽前浸种加以预防治疗；②生长期，从幼苗期到苗期大豆生长快速，生长势强，此时可能受到无名氏蚜、豆游荡杆菌、卷叶蛾等害虫的侵袭，施用杀虫剂进行防治；③开花期，这是大豆生命周期中最关键的时期，虫害侵袭会对其产生严重影响，其中，豆蜗牛、豆粉虱、黄豆夜蛾等害虫会对开花期的大豆产生较大威胁，应该采取有效措施进行防治；④结荚期，此时大豆处于成熟阶段，病害防治不容忽视，常见的病害包括白粉病、灰霉病等，建议选择高效、低毒、广谱性农药进行控制。大豆田杂草种类多，基数大，通常进行两次化学除草，即以土壤封闭处理方式控制早春杂草，以茎叶处理方式控制后期田间杂草，才能达到控制整个生育期杂草的目标。

农药是重要的农业生产资料，对防病治虫、促进粮食和农业稳产高产至关重要。但农药使用量较大，加之施药方法不够科学，会带来生产成本增加、农产品残留超标、作物药害、环境污染等问题。为推进农业发展方式转变，有效控制农药使用量，保障农业生产安全、农产品质量安全和生态环境安全，促进农业可持续发展，2022年11月16日，农业农村部发布《到2025年化学农药减量化行动方案》，强调推进农药减量化是促进农业高质量发展、加快农业全面绿色转型的必然要求，也是保障农产品质量安全、加强生态文明建设的重要举措（农业农村部，2022）。本节从黑龙江省大豆生产实际出发，详细阐述了病虫草害综合防控技术，贯彻绿色发展理念，提出大豆全程绿色防控措施及"一喷多防"技术方案，在有效防控农作物病虫草害、保障粮食丰收的同时，实现了农药减量预期目标。

一、大豆主要病虫草害防控技术

（一）总体防控策略

种植抗（耐）病虫品种，实行合理轮作，合理密植，适期播种，并控制好播种深度。加强健身栽培，实施绿色防控，综合防治大豆病虫害。重点防控大豆根腐病、大豆食心虫、大豆蚜虫、大豆红蜘蛛、大豆孢囊线虫病、大豆菌核病、大豆霜霉病及地下害虫和苗期害虫。针对不同施药时期、不同草相和草龄，选用安全有效的除草方式和除草剂配方，注重不同作用机理药剂轮换或混配使用，控制除草剂用量，延缓抗药性的产生，减轻阔叶杂草茎叶处理除草剂药害的发生。

（二）主要病害防治技术

1. 大豆根腐病

优先选用抗（耐）病品种，加强栽培管理，低洼地块及时挖沟排水，中耕散墒。应积极选用含有咯菌腈+精甲霜灵成分的大豆种衣剂或宁南霉素水剂进行种子处理，若需兼防种蝇、大豆根潜蝇、蛴螬、地老虎等地下害虫，可加入噻虫嗪。大豆疫霉根腐病发生地区，进行种子包衣时，要保证精甲霜灵用量。选用大豆根瘤菌剂拌种的，可在大豆种子包衣处理后，待到播种当天再进行根瘤菌剂拌种，并应在 12 h 内完成播种。

2. 大豆孢囊线虫病

发生较重地区应实施 3 年以上轮作或种植抗线品种，轮作时可加入一季抗病品种或诱捕作物，如菜豆、豌豆、三叶草或绿肥作物等，可减少轮作年限并提高防病效果。防止在线虫病发生地作业的机械跨区到非发生区作业。同时合理施肥，积极施用生物菌肥（如淡紫拟青霉等），改善土壤环境，减轻病害发生。播种前可选用苏云金杆菌 HAN055 混土后采取沟施方式进行预防；种子处理可选用含有甲氨基阿维菌素苯甲酸盐或阿维菌素成分的种衣剂包衣。

3. 大豆菌核病

大豆菌核病发生严重地块，应与玉米、谷子等禾本科作物轮作 3 年以上，应防止与向日葵、小杂豆、麻类进行轮作和邻作。大豆菌核病可选用含咯菌·精甲霜或啶酰菌胺等成分的种衣剂包衣预防，田间发现大豆菌核病中心病株，及时拔除，带出田外深埋处理，并对中心病株周围喷药保护或全田施药，防止病情扩散。防治药剂可选用含氟唑菌酰羟胺、啶酰菌胺、异菌脲、咯菌腈、丙环唑、腐霉利、菌核净等成分的药剂种子包衣或发病初期喷雾。

4. 大豆灰斑病、细菌性斑点病等生长期病害

优先选用抗（耐）病品种，加强田间管理；防治灰斑病等真菌性病害，可选用含嘧菌酯、吡唑醚菌酯、丙环唑等广谱性成分的药剂，做到"一喷多防"；防治细菌性斑点病等细菌性病害，可选用解淀粉芽孢杆菌、王铜、噻唑锌、噻霉酮等药剂。

（三）主要虫害防治技术

1. 地下害虫及苗期害虫

可用含有噻虫嗪的种衣剂进行种子处理，也可在播种前后选用噻虫嗪、球孢白僵菌、金龟子绿僵菌等药剂采用沟施方式进行防治。蛴螬发生严重地块可用毒死蜱颗粒剂随种肥施用。防治地老虎，宜设置糖醋酒盆诱杀成虫，或割青草间隔 5 m 堆成堆，在堆底喷洒 80% 敌敌畏乳油 300 倍液诱杀幼虫。防治二条叶甲、跳甲、蒙古灰象甲等苗期害虫，可在害虫幼虫期选用呋虫胺、噻虫胺等进行沟施，或在害虫成虫期选用啶虫脒、高效氯氟氰菊酯等药剂进行喷雾。

2. 大豆食心虫

大豆食心虫防治应优先采用生物措施，可选用性信息素诱杀成虫、释放赤眼蜂等绿色防控技术。①性信息素诱杀成虫。在成虫羽化初期（7 月末）开始，在大豆田内均匀设置性信息素诱捕器，每亩设置 2~3 个，高度设置为距地面 1 m 或略低于顶端植物叶面，性信息素诱芯选用持效期 1 个月以上的，诱捕器选用黏胶型。②投放赤眼蜂灭卵。当大豆食心虫成虫田间出现"打团飞"，并且每团蛾量出现成倍增长的现象时，表明成虫已进入发生盛期，此时可释放螟黄赤眼蜂或黏虫赤眼蜂，每亩投放约 30 000 头蜂，可在 7 月底至 8 月初分 2~3 次投放，间隔 5~7 d 投放 1 次，每次每亩最好均匀放 3 个点，在放蜂点上，选一株生长健壮的大豆，用牙签或细木棍将蜂卡固定在中上部叶片背面或茎部，卵粒朝下。采用无人机投放放蜂器时，每次每亩投放 2~3 个放蜂器，连续有风天投放时应适当往上风口调整投放点，如预报有连续中到大雨时不能放蜂，蜂卡或蜂球可放于冰箱冷藏室中暂时储存。特别注意选择释放赤眼蜂防虫时，不能使用杀虫剂。③药剂防治。在食心虫发生盛期，可选用氯虫苯甲酰胺、甲氨基阿维菌素苯甲酸盐或苏云金杆菌等

药剂进行喷雾防治。

3. 大豆蚜虫、大豆红蜘蛛

可用含噻虫嗪成分或高含量吡虫啉成分的种衣剂进行种子处理来预防。当田间有蚜株率超过50%、百株蚜量达1 500~3 000头，且天敌数量较少或植株卷叶率超过5%时，应进行药剂防治。可选用生物农药苦参碱、阿维菌素或化学药剂啶虫脒、吡虫啉、噻虫嗪等。在同时发生红蜘蛛的地块，以上药剂可与螺螨酯、哒螨灵、炔螨特混用。

4. 大豆根绒粉蚧

大豆根绒粉蚧一般在豆苗刚刚开始出土时发生，多集中在田间杂草及土壤表面。应深入田间，仔细调查田间杂草、豆苗，发现大豆根绒粉蚧及时指导防治。防治最佳时期为大豆根绒粉蚧处于体表绒粉尚未形成的低龄若虫期，此时若虫尚未固定于大豆上，可使用啶虫脒喷雾或涂抹进行防治，视防控效果情况，隔7 d再防治1次。

5. 大豆蓟马

预防可用含噻虫嗪成分或高含量吡虫啉成分的种衣剂进行种子处理。大豆苗期当每株有蓟马20头或顶叶皱缩时，可用噻虫嗪、甲氨基阿维菌素苯甲酸盐、多杀霉素或啶虫脒等喷雾防治。

6. 苜蓿夜蛾等食叶类害虫

合理轮作，深翻、灭茬，可减少虫源。田间虫量少时，可用纱网、布袋等顺豆株顶部扫集，或用手振动豆株，使虫落地，就地消灭。田间喷雾防治应在幼虫3龄前，可选用苏云金杆菌、甲氨基阿维菌素苯甲酸盐或虫酰肼等成分药剂。

7. 草地螟

及时清理田间杂草，减少虫源。秋耕或冬耕可消灭在土壤中越冬的老熟幼虫。

（四）主要杂草防控技术

受黑龙江省北部地区耕作制度变化、杂草抗药性增加及作物种植结构调整的影响，反枝苋、野大豆、藜、凹头苋、鸭跖草、打碗花、苣荬菜、刺儿菜、蒿类等杂草发生范围逐步扩大，为害程度加重。为此，大豆田化学除草要选择安全性好、药效稳定、可混性强的针对性药剂品种。

1. 苗前封闭除草

可选用乙草胺、（精）异丙甲草胺混配嗪草酮、异噁草松、噻吩磺隆、唑嘧磺草胺、丙炔氟草胺、2,4-滴异辛酯等药剂。具体使用方法如下。
①乙草胺或（精）异丙甲草胺+噻吩磺隆或2,4-滴异辛酯。此配方能有效

防除田间一年生阔叶杂草和禾本科杂草，换茬灵活、安全，适合田间阔叶杂草基数不大的地块，砂壤土或砂质土不推荐使用2,4-滴异辛酯。②乙草胺+嗪草酮，用于田间一年生阔叶杂草较多的地块，特别是抗性反枝苋（红根苋菜）较多的地块，有较好的防效，但低温多雨条件下易出现较重药害，砂土地、低洼地块及有机质含量低的地块应避免使用或谨慎使用。③乙草胺或（精）异丙甲草胺+异噁草松+嗪草酮或噻吩磺隆，对田间多年生阔叶杂草如小蓟、苣荬菜等有很好的控制作用。④乙草胺+异噁草松+唑嘧磺草胺或丙炔氟草胺。此配方能有效防除抗性反枝苋（红根苋菜），且控草时间长。在春季冷凉、低洼易涝地块，单独使用乙草胺易造成大豆药害。使用丙炔氟草胺的地块，大豆出苗后遇强降雨，易发生迸溅触杀药害。

2. 苗后茎叶除草

大豆苗后茎叶除草一般在大豆1~3片复叶期、禾本科杂草3~5叶期、阔叶杂草2~4叶期进行，达到适期施药。茎叶喷雾在保证大豆安全性的前提下，应尽早在杂草低叶龄期进行施药。可使用烯草酮、高效氟吡甲禾灵、精喹禾灵、精吡氟禾草灵、烯禾啶等与氟磺胺草醚、灭草松、异噁草松等药剂混配使用，禾阔双杀。①以稗及一般性阔叶杂草为主要杂草的地块，可选择烯草酮、烯禾啶、高效氟吡甲禾灵、精喹禾灵、精吡氟禾草灵+氟磺胺草醚配方。②以苣荬菜、刺儿菜、打碗花为主要杂草的地块，可选择氟磺胺草醚或灭草松+异噁草松混用，也可选用氟磺胺草醚混配氯酯磺草胺，适当混配烯草酮等杀稗剂。③以鸭跖草为主要杂草地块，可以使用氯酯磺草胺或异噁草松+氟磺胺草醚混用防治，鸭跖草3叶期前为最佳防治期。④以抗性反枝苋为主要杂草的地块，药剂以氟磺胺草醚为主，可混配氯酯磺草胺、三氟羧草醚等成分药剂，喷施时期应在反枝苋2片真叶前，结合天气条件和大豆苗龄尽早用药，喷药时建议使用助剂增加药剂叶片附着及渗透作用。大豆苗弱，低温、田间干旱或低洼易涝地块慎用三氟羧草醚、乙羧氟草醚等药剂，且不宜使用助剂，以免加重药害。⑤野大豆防除。一是合理轮作。北部区域采用麦豆轮作，其他区域可采取与玉米进行轮作。二是适时晚播。春季提早整地，选取早熟品种适期晚播，充分利用大豆出苗前的机会，选用草甘膦、敌草快、草铵膦、2,4-滴异辛酯、乙羧氟草醚等无土壤活性或持效期短的除草剂，利用时差选择性对已出土的野大豆进行防除。三是中耕除草。采用传统中耕除草技术的蒙头土措施进行防控。即：栽培大豆出苗前的拱土勾头期蹚一次蒙头土，覆土2 cm左右。应注意覆土太深会影响出苗，太浅则压草效果差。四是定向除草。已出苗大豆田若野大豆基数较大，可采取定向喷雾方法，控制野大豆为害。可在大豆1片复叶期，使用加防护罩的喷药机械喷洒敌草快定向喷雾防除垄沟内的野大豆。

二、大豆"防病虫、提单产"全程绿色植保技术模式

(一) 种子处理

重点防控大豆根腐病、地下害虫。使用 5 亿 CPU/mL 多粘类芽孢杆菌水剂+62.5 g/L 精甲·咯菌腈种子处理悬浮剂 300~400 mL+30% 噻虫嗪种子处理悬浮剂 200~400 mL 拌大豆种子 100 kg。包衣后的种子充分阴干，播种当天先按每亩种子量均匀拌入 10~15 mL 根瘤菌剂，拌后即播或拌后 12 h 内播种。

(二) 草害防控

倡导"早期治理"理念，可根据不同地区气象条件、土壤类型以及田间杂草发生种类、叶龄等情况，合理选择药剂及用药时期。杂草种类多、基数大的田块，杂草防控宜采用"封闭+茎叶"的防控策略，出苗前采用土壤封闭处理 1 次，以达到有效控制杂草基数的目的。真叶至 1 片复叶期防除阔叶杂草，根据田间禾本科杂草数量，选择是否进行二次茎叶除草作业。杂草基数较少的地块，杂草防控可采用"两次茎叶除草"策略，可在大豆真叶期至 1 片复叶期防除阔叶杂草，大豆 2~3 片复叶期防除禾本科杂草。

(三) 病虫害防控

病虫害防控提倡一喷多效。虫害重点防控大豆食心虫、大豆蚜虫、苜蓿夜蛾，病害重点防控灰斑病、霜霉病、细菌性斑点病。未封垄地块施药采用喷杆喷雾机作业，封垄地块施药采取农用无人机航化作业。初花期可根据田间病虫发生种类和数量选择药剂进行防控，防治灰斑病、霜霉病等病害，可选择井冈霉素 A、解淀粉芽孢杆菌等生物药剂或者使用含嘧菌酯、吡唑醚菌酯或丙环唑等成分的药剂，防治菌核病可选择啶酰菌胺、异菌脲、咯菌腈、丙环唑、腐霉利、菌核净或氟唑菌酰羟胺等成分的药剂，同时可加入磷酸二氢钾等叶面肥，起到一喷多防、一喷多效的作用。结荚期，利用性诱捕器监测食心虫成虫，成虫始盛期一般在 7 月末至 8 月初，采用农用无人机投放黏虫赤眼蜂防治食心虫卵，投放方法：每次每亩投放 2~3 个放蜂器（每个放蜂器 5 000 头蜂），隔 5~7 d 再投放 1 次，连续投放 2~3 次，累计投放 6~9 个放蜂器（30 000~45 000 头蜂）。成虫盛期至幼虫孵化盛期，可选择甲氨基阿维菌素苯甲酸盐、氯虫苯甲酰胺或苏云金杆菌（幼虫孵化盛期）等药剂。防治大豆霜霉病、灰斑病、细菌性斑点病等病害，可混配井冈霉素 A、解淀粉芽孢杆菌等生物药剂或者选择嘧菌酯、吡唑醚菌酯、丙环唑、噻唑锌等药剂，同时可加入磷酸二氢钾等叶面肥，起到一喷多效的防病虫促增产

目标。

三、大豆生长期"一喷多防"技术方案

(一)技术策略

各地定期关注天气预报，加强作物病虫害和长势监测，根据各时期不同地块、不同病虫害、不同生长状况，采取不同的防病虫药剂和叶面营养剂，几种药剂、一次喷施、多种功效，达到科学、精简、提产的目标。

(二)技术措施

1. 苗期喷施

一般情况下苗期不用喷施杀菌剂、杀虫剂等药剂。但如果苗期出现多雨、干旱等极端天气或其他原因导致大豆苗出现病虫害或长势弱等情况时，可根据不同病害、虫害，选用相应药剂混配施用，单剂注意轮换使用，同时加入磷酸二氢钾+尿素+含腐植酸水溶肥或氨基酸水溶肥等叶面营养剂，达到一喷多效的目的。苗期发生灰斑病、霜霉病、褐纹病等真菌病害，可选用井冈霉素 A、解淀粉芽孢杆菌等生物药剂或者选用嘧菌酯、代森锰锌、吡唑醚菌酯、苯甲·丙环唑、丙环·嘧菌酯、唑醚·氟环唑等药剂进行喷雾防治，防治菌核病，可选用啶酰菌胺、异菌脲、咯菌腈、丙环唑、腐霉利、菌核净、氟唑菌酰羟胺或异菌·氟啶胺等药剂或复配制剂；苗期有蚜株率超过50%，蚜量达 15~30 头/株，或植株卷叶率超过 5%，应选用生物农药苦参碱、阿维菌素或化学药剂啶虫脒、吡虫啉或噻虫嗪等。大豆红蜘蛛卷叶株率达到 1%以上时，可选用螺螨酯、哒螨灵或炔螨特等药剂。在大豆 2~3 片复叶期，大豆蓟马发生量达 20 头/株或顶叶皱缩时，可选用噻虫嗪、甲氨基阿维菌素苯甲酸盐、多杀霉素或啶虫脒等进行喷雾防治。6 月中旬可能发生首蓿夜蛾，幼虫量达 1 头/株时，可选用苏云金杆菌、甲氨基阿维菌素苯甲酸盐或虫酰肼等成分药剂。当二条叶甲成虫密度达到 30 头/株，或粟茎跳甲枯心苗率达 0.5%，或象甲密度达 10 头/m² 时，可选用啶虫脒、氯虫苯甲酰胺或氯虫·噻虫嗪等药剂进行喷雾防治。

2. 初花期喷施

初花期是大豆主要病虫害灰斑病、霜霉病、紫斑病、菌核病、细菌性斑点病、大豆蚜虫、大豆红蜘蛛、首蓿夜蛾、二条叶甲、双斑长跗萤叶甲、蓟马等可能发生为害的高峰时期，不同的地块可根据田间病虫发生种类和数量选择不同的药剂进行喷雾防控。①当地块以灰斑病、霜霉病等真菌病害为主时，可选择井冈霉素 A、解淀粉芽孢杆菌等生物药剂或者使用含嘧菌酯、吡唑醚菌酯或丙环唑等药剂加磷酸二氢钾+尿素+含腐植酸水溶肥或氨基酸水

溶肥等叶面肥混用。当地块需防菌核病时，可选择混入含啶酰菌胺、异菌脲、咯菌腈、丙环唑、腐霉利、菌核净、氟唑菌酰羟胺或异菌·氟啶胺等成分的药剂；②当地块以细菌性斑点病等细菌性病害为主时，可选择解淀粉芽孢杆菌等生物药剂或选用噻唑锌、噻霉酮或者王铜等药剂加嘧菌酯、吡唑醚菌酯或丙环唑等药剂加磷酸二氢钾+尿素+含腐植酸水溶肥或氨基酸水溶肥等叶面肥混用；当地块中苜蓿夜蛾等鳞翅目害虫也同时需要防治时，可选择混入苏云金杆菌、甲氨基阿维菌素苯甲酸盐或虫酰肼等成分药剂；③当地块大豆蚜虫、蓟马或者叶甲类等害虫达到防治指标时，可选用啶虫脒、噻虫胺或噻虫嗪等药剂混配叶面肥。同时发生红蜘蛛时，选择混入螺螨酯、哒螨灵或炔螨特等药剂。

3. 盛花期喷施

大豆盛花期是开展保花保荚、增产提质的关键时期，其中大豆食心虫的防治尤为重要，当田里出现食心虫成虫"打团飞"或性诱捕器监测食心虫成虫有成倍增长趋势时，可选用甲氨基阿维菌素苯甲酸盐或氯虫苯甲酰胺等药剂混配虱螨脲、除虫脲或吡丙醚等杀卵剂，同时加入解淀粉芽孢杆菌、嘧菌酯或丙环唑等防病药剂+磷酸二氢钾、硼钼锰微肥等叶面肥，若大豆植株有缺氮发黄现象，适量添加尿素，保证盛花期植株和荚果所需要的必要营养元素，增加豆荚豆粒数量和容重，提高大豆蛋白质含量和品质。

（三）注意事项

第一，务必根据不同地块作物具体情况，采取相应的喷药措施，同时要严格按照推荐使用剂量用药，切勿盲目加大用药量，避免农药浪费和农药大药量、高浓度对大豆花的影响。

第二，杀菌剂、杀虫剂、叶面肥等多种药剂混配时，首先要先做少量混配，确定不会发生沉淀反应时，再进行大面积混配操作；其次要采取二次稀释法配药，确保混配均匀。

第三，开花期喷药时，一定要严格喷药时间，选在10:00之前和16:00之后喷药作业，避免农药对花期授粉、结荚的影响。同时要避开大雨天喷药，药后如遇大雨要及时补喷。

第四，严格施药机械作业参数，保障作业质量。未封垄地块可采用喷杆喷雾机等地面机械施药，喷雾压力调整在3~4个大气压（0.3~0.4 MPa），喷杆高度离大豆冠层50 cm左右，作业速度保持在6~8 km/h，当遇2级风天气要安装防风喷头作业，超过3级风要停止作业。封垄地块要选择农用无人机或有人机作业，苗期亩施药量要达到1 L以上，中后期要达到1.5 L以上，不同机型要严格执行相应的作业高度，同时要添加沉降剂，减少农药漂移浪费。

四、小结

贯彻"预防为主，综合防治"的植保方针，增强"公共植保、绿色植保"理念，提倡对症用药、合理选药、规范施药，加快推进农药科学合理安全使用技术集成研究，实现农药使用减量、控害、增效。

（1）根据病虫草害发生类型对症用药。准确诊断病虫草害类型、对症选择不同种类农药是科学用药的关键。要正确区分非生物因素引起的生理性病害和由病原微生物引起的侵染性病害，区分侵染性病害中的真菌性病害、细菌性病害、病毒性病害和线虫性病害，区分害虫的不同种类和为害特点，并有针对性地科学选择防效好的药剂，才能达到良好的防治效果。

（2）遵循《农药合理使用准则》合理施药。要根据防治对象的发生情况及环境条件，确定施药适期；根据用药时期和环境条件，确定合适的用药量；按照防治目标和农药的特性，采用合理的施药方法；合理复配、混用农药，合理轮换使用农药。

（3）按照《农药安全使用规范》安全使用农药。使用农药时要做到准确配制农药，安全施用农药，做好施药人员安全防护工作。

（4）明确作物药害预防与补救措施。在田间发生药害时，找明产生药害的原因，及时进行补救措施，如喷药中和、喷水淋洗、排灌水补救、施肥补救、喷施植物生长调节剂补救等。贯彻"预防为主，综合防治"方针，加强农艺措施的应用，降低农作物药害发生风险。

（5）安全规范施药技术。黑龙江省植保施药机械总体可分为地面机械和航空机械两大类，地面施药机械主要包括喷杆喷雾机（悬挂式、牵引式和自走式）、背负式手动（电动）喷雾器、背负式机动弥雾机、担架式喷雾机等；航空施药机械主要包括民用通航有人驾驶飞机和农用无人机等。目前应用最为广泛的施药机械旱田以喷杆喷雾机为主，水田以农用无人机为主。

各地方农业部门逐步成立技术指导组，及时开展技术巡回指导，做好配方建议、培训指导、喷施监督等精准化技术指导服务，提高技术的精准性、有效性、科学性，确保技术措施落实、指导服务落实，切实提高大豆农药减施增效技术实施效果，引导农户扩大应用，提高技术到位率、普及率，为夺取粮食丰收提供坚实的技术支撑。

参考文献

盖志佳, 2023. 黑龙江省大豆主要种植模式[J]. 现代化农业(3)：8-11.

国家统计局, 2023. 中国统计年鉴 2023 [EB/OL]. https://www. stats. gov. cn/sj/ndsj/2023/indexch. htm.

黑龙江省农业农村厅, 2023. 关于印发《黑龙江省到 2025 年化学农药减量化行动实施方案》的通知[OL]. (2023-03-23)[2024-04-25]. http://nynct.hlj.gov.cn/nynct/c115422/202303/c00_31559567. shtml.

黑龙江省统计局, 国家统计局黑龙江省调查总队, 2023. 黑龙江统计年鉴[EB/OL]. http://tjj.hlj.gov.cn/tjjnianjian/2023/zk/indexch. htm.

黄春艳, 2014. 黑龙江省玉米田农药使用存在的问题及建议[J]. 黑龙江农业科学(9)：145-149.

潘灿平, 2010. 农药残留管理与分析技术的最新国际进展[R/OL]. (2010-08-10)[2024-04-25]. http://image.sciencenet.cn/olddata/kexue.com.cn/upload/blog/file/2010/7/2010712224811349546. pdf.

徐长春, 2018. "十三五"国家重点研发计划农药减施增效类项目述评[J]. 植物保护, 44 (5)：91-94, 175.

中华人民共和国农业农村部, 2022. 农业农村部关于印发《到 2025 年化肥减量化行动方案》和《到 2025 年化学农药减量化行动方案》的通知(2023-01-04)[2024-04-25]. http://www.moa.gov.cn/nybgb/2022/202212/202301/t20230104_6418252. htm.

第五章

黑龙江省农作物肥料
减施增效的环境效应

第一节　黑龙江省黑土区玉米田氮肥
减施效应及碳足迹估算

肥料在提高粮食产量、保障我国粮食安全上起到了不可替代的支撑作用（朱兆良和金继运，2013）。据统计，氮肥对于粮食增产的贡献达到30%～50%（Tao等，2018）。正因为氮肥的增产效果显著，农业生产中过量施用氮肥的现象屡见不鲜。研究指出，我国小麦、玉米和水稻种植过程中部分田块氮肥（N）施用量达到了250~350 kg/hm²（巨晓棠和谷保静，2014）。在东北平原玉米产区一些农户的施氮量（N）已高达300 kg/hm²（赵兰坡等，2008）。王缘怡等（2021）对吉林省44个县市的玉米施肥调查显示，吉林省中部地区施氮量最高，平均为263.9 kg/hm²，集中分布在240～280 kg/hm²。在黑龙江省许多地区农民施肥也存在盲目性，长期投入高量化学肥料，造成土壤养分不平衡（姬景红等，2014）。在玉米种植过程中，实际上并不需要大量的氮肥投入。据测算，在我国玉米种植（目标产量6.5~9.5 t/hm²）的合理施氮量为150~250 kg/hm²（巨晓棠和张翀，2021）。徐新朋等（2016）利用玉米养分专家系统对东北地区进行玉米推荐施肥，实现12 t/hm²玉米产量的氮投入量为153~178 kg/hm²。在吉林省梨树县12~14 t/hm²玉米生产水平下，玉米施氮量为180～240 kg/hm²（Chen等，2015）。可以看出，在东北春玉米不同的产量水平下氮肥均已过量施用，过量投入的氮素不仅增加成本、浪费资源，而且这些盈余的氮素部分通过N_2O排放、氨挥发、氮素淋溶和径流等途径污染大气、土壤和水体环境，增加了环境负担（Ju等，2007；吕敏娟等，2019）。因此，东北地区玉米减施氮肥势在必行。

农业是温室气体N_2O的主要排放源，其排放量占人为N_2O总排放量的60%以上（IPCC，2013）。减少农业生产活动中的N_2O排放，对于发展低碳清洁生产至关重要。利用碳足迹方法可明晰农业生产过程中各个环节产生温室气体的情况，以便采取针对性的措施来改善生产行为（李春喜等，2020）。碳足迹（Carbon footprint）是指在一定的时间和空间边界内，某种活动引起的（或某种产品生命周期内积累的）直接或间接的CO_2排放量的度量，可用来评估农田系统或某项农业措施的优劣（Peters，2010；段华平等，2011），有利于制定更有效的减排措施。史磊刚等（2011）发现，华北平原冬小麦—夏玉米种植模式碳足迹与氮肥的施用量呈正相关性。柴如山等（2015）的研究结果为，化学氮肥每减施10 kg/hm²，我国农田主要粮食作物生产的温室气体排放量每年将减少810万t CO_2当量。

近年来，国家和黑龙江省陆续出台了《到2020年化肥使用量零增长行动方案》《东北黑土地保护规划纲要（2017—2030年）》《黑龙江省黑土地保护利用条例》等系列政策，黑龙江省肥料减施增效成效显著，但黑龙江省不同区域玉米田氮肥减施的比例及碳足迹变化尚不明晰。因此，基于黑龙江省黑土区3个玉米肥料田间试验，分析不同氮肥减施比例对玉米产量、氮素吸收利用及损失的影响，利用生命周期法（Life cycle assessment）估算农资投入和田间操作引起的直接或间接碳排放量，以期为黑龙江省黑土区玉米田低碳减排、制定区域"碳达峰与碳中和"行动方案和保障农业可持续发展提供科学依据（郝小雨等，2022）。

一、黑龙江省黑土区玉米田氮肥减施效应监测方法

2017年田间试验分别设置在黑龙江省赵光（126°45′36.55″E，48°02′39.85″N）、青冈中和镇（125°42′38.41″E，46°51′57.03″N）、双城水泉乡旭光村（126°07′55.62″E，45°26′5.32″N），土壤类型均为黑土。试验区均属中温带，特点是春季风多、少雨干旱，夏季高温多雨，秋季凉爽早霜，冬季严寒少雪。气候条件、土壤理化性状及作物品种见表5-1。供试作物为春玉米，一年一作，无灌溉。

表5-1　试验区域基本信息

地点	年均气温/℃	年均降水量/mm	无霜期/d	有机质/(g/kg)	碱解氮/(mg/kg)	有效磷/(mg/kg)	速效钾/(mg/kg)	pH	土壤容重/(g/cm³)	玉米品种
赵光	0.5	570	120	55.3	174.7	21.5	203.0	6.7	1.31	德美亚1号
青冈	2.5	477	130	34.7	188.4	25.7	178.0	6.5	1.25	利民33号
双城	4.4	600	125	28.7	152.5	21.1	210.2	6.9	1.20	利合616

试验共设5个处理：①不施氮（CK）；②农民习惯施肥（CF）；③减施氮肥10%，即在农民习惯施肥基础上减氮10%（N_{90}）；④减施氮肥20%，即在农民习惯施肥基础上减氮20%（N_{80}）；⑤减施氮肥30%，即在农民习惯施肥基础上减氮30%（N_{70}）。每个处理3次重复，随机排列。氮肥习惯施肥量是在各地区走访农户调查数据的基础上取平均值：在试验点周边调查10个村屯，每个村屯随机调查5户，记录施肥措施、产量水平、种植方式等其他管理方法。各试验点施肥量见表5-2，氮肥分2次施入，其中50%为基肥，剩余50%在大喇叭口期施入；磷肥、钾肥全部基施。所用肥料为尿

素（N 46%）、重过磷酸钙（P_2O_5 46%）和氯化钾（K_2O 60%）。试验小区面积为 130 m^2（宽 6.5 m、长 20 m）。4 月底至 5 月初施底肥、播种，6 月中下旬追肥，9 月底收获。赵光、青冈和双城玉米播种量分别为 27 kg/hm^2、22.5 kg/hm^2 和 24 kg/hm^2，分别保苗 8.25 万~9 万株/hm^2、6.75 万~7.5 万株/hm^2 和 6 万~6.75 万株/hm^2。秋季全区收获，考种折算产量。各小区取代表性植株 10 株，样品在 105℃ 烘箱杀青 30 min，65℃ 烘干称重，计算谷草比。烘干后的样品粉碎，采用凯氏定氮法测定秸秆及籽粒中氮含量。

表 5-2　各处理施肥量　　　　　　　　　　　单位：kg/hm^2

处理	氮肥（N）			磷肥（P_2O_5）			钾肥（K_2O）		
	赵光	青冈	双城	赵光	青冈	双城	赵光	青冈	双城
CK	0	0	0	70	70	80	75	75	80
CF	141.3	163.6	233.1	70	70	80	75	75	80
N_{90}	127.2	147.2	209.8	70	70	80	75	75	80
N_{80}	113.0	130.9	186.5	70	70	80	75	75	80
N_{70}	98.9	114.5	163.2	70	70	80	75	75	80

基于生命周期评价法，建立系统边界：①农资投入（化肥、农药、种子、柴油等）；②田间管理（耕作、施肥、播种、收获等）；③土壤 N_2O 排放（旱地土壤 CH_4 排放/吸收量较低，故本研究未考虑农田 CH_4 排放/吸收）：包括 N_2O 直接排放（当季氮输入引起的排放）和 N_2O 间接排放（氨挥发和氮素淋溶引起的排放）。本研究未监测田间 N_2O 直接排放和间接排放，故参考相近黑土区（吉林公主岭）春玉米田相关研究的计算方法（Huang 等，2021）：

$$N_2O_{Total} = N_2O_{direct} + N_2O_{indirect} \tag{5-1}$$

$$N_2O_{direct} = 0.50\ e^{0.003\ 2 \times N_{rate}} \tag{5-2}$$

$$N_2O_{indirect} = 1.0\%\ NH_3 + 1.1\%\ N_{leaching} \tag{5-3}$$

$$NH_3 = 2.69 + 0.069 \times N_{rate} \tag{5-4}$$

$$N_{leaching} = 3.63 e^{0.008\ 0 \times N_{rate}} \tag{5-5}$$

式中，N_2O_{Total} 为当季农田土壤 N_2O 排放量，kg/hm^2；N_2O_{direct} 和 $N_2O_{indirect}$ 分别表示 N_2O 直接排放量和 N_2O 间接排放量，kg/hm^2；N_{rate} 表示当季农田施氮量，kg/hm^2；NH_3 和 $N_{leaching}$ 分别表示氨挥发量和氮素淋溶量，kg/hm^2；1.0% 和 1.1% 分别表示氨挥发和氮素淋溶转化为 N_2O 的排放

系数。

农资或农作活动的碳排放系数为（CO_2当量）：氮肥、磷肥和钾肥生产分别为 1.53 g/kg、1.63 g/kg 和 0.65 kg/kg（王钰乔等，2018）；大豆种子和玉米种子分别为 0.25 kg/kg 和 1.05 kg/kg（West 和 Marland，2002），除草剂生产和杀虫剂生产分别为 10.15 kg/kg 和 16.61 kg/kg（王钰乔等，2018），柴油 0.89 kg/L（王钰乔等，2018）。在 100 年时间尺度下，N_2O 的全球增温潜势为 CO_2 的 298 倍（IPCC，2013），N_2O 排放量需乘以 298 折算成 CO_2 当量。计算公式为（李萍等，2017）：

$$f_C = \sum_{i=1}^{n} f_{Ci} = \sum_{i=1}^{n} m_i \times \beta_i \tag{5-6}$$

式中，f_C 为农业生产碳足迹（CO_2 当量），kg/hm²；n 为农业生产过程中消耗的 n 种物质（能源或生产资料等）；f_{Ci} 为第 i 种物质的碳足迹；m_i 为第 i 种物质的消耗量；β_i 为第 i 种物质的碳排放系数。

$$Q = f_C / Y \tag{5-7}$$

式中，Q 为单位产量碳足迹，kg/kg；Y 为玉米籽粒产量，kg/hm²。

$$NRE（\%） = (U_N - U_0) / N_{rate} \times 100 \tag{5-8}$$

$$NAE = (Y_N - Y_0) / N_{rate} \tag{5-9}$$

式中，NRE 和 NAE 分别代表氮肥回收率（%）和氮肥农学效率（kg/kg）；U_N 和 U_0 为施氮处理或 CK 地上部生物量（籽粒+秸秆）氮素累积量，kg/hm²；Y_N 和 Y_0 为施氮或 CK 处理的籽粒产量，kg/hm²。

二、黑龙江省黑土区玉米田氮肥减施氮素损失估算

由图 5-1 可知，施用氮肥显著增加了玉米田氮素损失（N_2O 排放、氨挥发和氮素淋溶），赵光、青冈和双城 4 个施氮肥处理氮素损失量平均分别为 21.3 kg/hm²、24.2 kg/hm² 和 35.4 kg/hm²，较 CK 处理分别增加了 3.1 倍、3.6 倍和 5.2 倍。随着施氮量的减少，各地区玉米田氮素损失量也随之降低。从玉米田氮素损失构成来看，氨挥发和氮素淋溶是主要的损失途径，其中氨挥发量占施氮量的 8.8%～9.6%（赵光）、8.5%～9.2%（青冈）和 8.1%～8.5%（双城），平均分别为 9.2%、8.9% 和 8.3%；氮素淋溶量占施氮量的 7.9%～8.1%（赵光）、7.9%～8.2%（青冈）和 8.2%～10.1%（双城），平均分别为 8.0%、8.0% 和 9.3%。与氨挥发和氮素淋溶相比，N_2O 排放量相对较低，占施氮量的比例为 0.5%～0.7%。

三、黑龙江省黑土区玉米田氮肥减施碳足迹核算

由表 5-3 可看出，赵光、青冈和双城 CF 处理玉米田碳足迹最高，分别

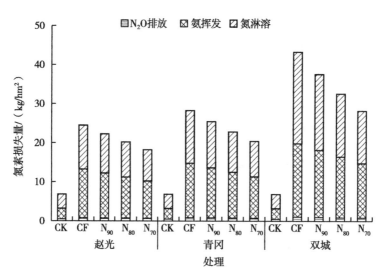

图5-1　减施氮肥对玉米田氮素损失的影响

达到 1 078.1 kg/hm^2、1 166.0 kg/hm^2 和 1 471.8 kg/hm^2，显著高于其他 3 个减施氮肥处理（$P<0.05$），原因是 CF 处理施氮量较高，导致土壤 N_2O 排放量也较高。随着氮肥减施比例的增加，各地区玉米田碳足迹随之降低。

从赵光、青冈和双城农田碳足迹构成来看（图5-2），施氮肥的 4 个处理土壤 N_2O 排放对农田碳足迹的贡献最大，占比分别为 43.5%～44.9%、43.6%～45.4% 和 44.4%～47.7%，平均分别为 44.2%、44.5% 和 46.0%；其次为氮肥生产，占比分别为 16.2%～20.1%、17.6%～21.5% 和 21.0%～24.2%，平均分别为 18.2%、19.6% 和 22.7%；之后依次为农药生产、磷肥生产、田间耕作、钾肥生产和种子生产。土壤 N_2O 排放、氮肥生产、磷肥生产和田间耕作的碳足迹之和占农田碳足迹总量的 90% 左右，是最主要的碳足迹贡献因子。

表5-3　氮肥减施对玉米碳足迹的影响　　　　　　　单位：kg/hm^2

| 地点 | 处理 | 间接排放 | | | | | | N_2O 排放 | 合计 |
		氮肥	磷肥	钾肥	种子	农药	耕作		
	CK	0.0	114.1	48.8	28.4	115.3	71.2	265.4	643.2
	CF	216.2	114.1	48.8	28.4	115.3	71.2	484.2	1 078.1
赵光	N_{90}	194.6	114.1	48.8	28.4	115.3	71.2	457.1	1 029.5
	N_{80}	173.0	114.1	48.8	28.4	115.3	71.2	431.5	982.2
	N_{70}	151.3	114.1	48.8	28.4	115.3	71.2	407.1	936.2

（续表）

| 地点 | 处理 | 间接排放 | | | | | | N₂O 排放 | 合计 |
		氮肥	磷肥	钾肥	种子	农药	耕作		
青冈	CK	0.0	114.1	48.8	23.6	123.7	75.7	265.4	651.2
	CF	250.3	114.1	48.8	23.6	123.7	75.7	529.9	1 166.0
	N_{90}	225.3	114.1	48.8	23.6	123.7	75.7	496.0	1 107.0
	N_{80}	200.2	114.1	48.8	23.6	123.7	75.7	464.1	1 050.1
	N_{70}	175.2	114.1	48.8	23.6	123.7	75.7	434.1	995.1
双城	CK	0.0	130.4	52.0	25.2	127.0	78.3	265.4	678.3
	CF	356.6	130.4	52.0	25.2	127.0	78.3	702.3	1 471.8
	N_{90}	321.0	130.4	52.0	25.2	127.0	78.3	638.7	1 372.6
	N_{80}	285.3	130.4	52.0	25.2	127.0	78.3	581.2	1 279.4
	N_{70}	249.7	130.4	52.0	25.2	127.0	78.3	529.0	1 191.5

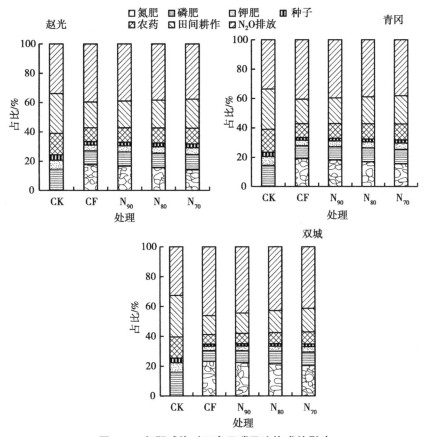

图 5-2　氮肥减施对玉米田碳足迹构成的影响

比较赵光、青冈和双城玉米田单位产量碳足迹（图5-3），施用氮肥显著增加了单位产量碳足迹（$P<0.05$），分别增加18.5%~23.7%、16.8%~30.3%和13.6%~29.7%，平均分别为21.8%、22.4%和22.1%。4个施氮肥处理之间，赵光N_{90}处理的玉米田单位产量碳足迹最低，为0.116 kg/kg，较CF处理降低4.2%（$P<0.05$）；青冈和双城N_{80}处理的玉米田单位产量碳足迹最低，分别为0.114 kg/kg和0.111 kg/kg，较CF处理分别降低10.4%和12.4%（$P<0.05$）。

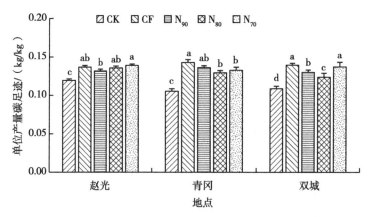

图5-3　氮肥减施对玉米田单位产量碳足迹变化的影响
注：柱上不同小写字母表示各处理间差异显著（$P<0.05$）。

四、黑龙江省黑土区氮肥减施环境效应综合分析

施用氮肥的主要目的是作物获得较高的目标产量、相应品质和经济效益并维持或提高土壤肥力，只有合理施用氮肥，才能使农作物产量、品质和效益均高，环境代价最低（巨晓棠和张翀，2021）。氮肥的合理施用即根据区域作物、土壤和气候特点解决施用量、施用时期及不同时期的分配比例等问题，核心在于施肥量的控制（高肖贤等，2014）。提高作物氮肥效率的有效手段之一是降低施氮量（Hirel等，2007）。在考虑土壤自身供氮水平的基础上，适当降低肥料的施用量不仅不会影响作物的产量，而且可将氮素的表观损失降到一个较低的水平（赵营等，2006）。在吉林黑土春玉米连作体系的研究表明，随施氮量的增加产量变化不大，氮肥利用率随施氮量的增加而降低（蔡红光等，2010）。陈治嘉等（2018）的研究表明，吉林省黑土玉米种植区氮肥减施20%~30%（施氮量为180~206 kg/hm²）不会显著影响玉米产量，同时会提高氮肥利用效率，减少玉

米收获后耕层无机氮的积累。在吉林省中部地区，在秸秆连续多年还田条件下，氮肥减施 2/9（施氮量为 210 kg/hm²）不影响玉米产量和生物量，可显著提高玉米收获指数（崔正果等，2021）。陈妮娜等（2021）指出，适量减氮（施氮量为 240 kg/hm²）可增加辽宁春玉米果穗长、果穗粗、百粒重、理论产量、籽粒含水量和淀粉含量。Chen 等（2021）在黑龙江省宝清县春玉米田的研究结果为，氮肥减施 20%（施氮量为 160 kg/hm²）不影响玉米产量，并可提高氮肥利用率、减少 N_2O 排放。郝小雨等（2016）在黑土区的研究也得出类似结论，相比于农民习惯施肥，在减氮 20% 时不影响玉米籽粒产量和氮素吸收量，而且可提高氮肥表观利用率和偏生产力。上述结果说明，在东北黑土区保证玉米产量的同时，在农民习惯施肥的基础上减少施肥量是可行的，同时亦可提高肥料利用率。本研究中，赵光减施氮肥 10%（施氮量为 127.2 kg/hm²）、青冈和双城减施氮肥 20%（施氮量分别为 130.9 kg/hm²、186.5 kg/hm²）不影响玉米产量及氮素吸收，并可提高氮肥利用效率，减少土壤 N_2O 排放、氨挥发和氮素淋溶损失，进一步减施氮肥会导致玉米减产。

　　研究表明，随着施氮量的增加，氮素损失如 N_2O 排放、氨挥发、氮素淋溶和径流量也增加（张卫峰等，2013；Cui 等，2021），当作物施氮量超过最高产量施氮量后，氮素损失量呈指数增长（Cui 等，2013），与此同时碳排放量也成比例增加（Can 等，2012）。本研究中，农民习惯施肥处理玉米田碳足迹最高，原因是高施氮量导致直接排放（土壤 N_2O 排放）和间接排放也较高。随着氮肥减施比例的增加，各地区玉米田碳足迹降低。这也与俞祥群等（2019）和刘松等（2018）的研究结果一致。本研究结果显示，土壤 N_2O 排放、氮肥生产、磷肥生产和田间耕作的碳足迹之和占农田碳足迹总量的 90% 左右，为最主要的碳足迹贡献因子。下一步，在保证玉米产量、品质的基础上，采用 4R 施肥技术来提高肥料利用率、减少土壤 N_2O 直接和间接排放（米国华等，2018）；此外，未来还需发展低碳清洁的肥料生产工艺和高效低能耗的农田机械，最终降低玉米生产过程中的碳排放。

　　综上，在黑龙江省赵光减施氮肥 10%（施氮量为 127.2 kg/hm²）、青冈和双城减施氮肥 20%（施氮量分别为 130.9 kg/hm²、186.5 kg/hm²），能够减少土壤 N_2O 排放、氨挥发和氮素淋溶损失。减施氮肥大幅度降低玉米田碳足迹。土壤 N_2O 排放、氮肥生产、磷肥生产和田间耕作为黑土区玉米田最主要的碳足迹贡献因子，合理减施氮肥可降低单位产量碳足迹。

第二节　氮肥管理措施对黑龙江省黑土区玉米田温室气体排放的影响

CO_2、CH_4和N_2O是3种最重要的温室气体。IPCC（2013）在第五次评估报告中指出，2011年大气中CO_2（391 mg/dm^3）、CH_4（1 803 $\mu g/m^3$）和N_2O（324 $\mu g/m^3$）浓度大大超过了冰芯记录的过去80万年以来的最高浓度。农业生产是温室气体排放的重要来源，全球范围内农业排放的非CO_2温室气体约占人为排放总量的14%，其中农业排放了84%的N_2O、47%的CH_4，而农业释放的CO_2估计达40 Mt（以CO_2当量的质量计）（郭树芳等，2014）。如何采取有效措施来减少农田土壤中温室气体排放成为国内外研究的热点。

与农业生产相关的管理措施，尤其是氮肥的施用，是影响N_2O排放的重要因子。当前，东北平原区农民为追求高产不惜大量施用肥料，一些农户的施氮量（N）已高达300 kg/hm^2（赵兰坡等，2008；纪玉刚等，2009）。过量的投入导致土壤氮素大量累积，为N_2O的生成和排放创造了有利条件。研究证明，N_2O排放量随着施氮肥量的增加呈线性增加或呈曲线增加（Gregorich等，2005；熊舞等，2013）。因此，探索切实可行的减排措施，缓解农业生产活动排放温室气体带来的环境压力已经成为当务之急。从氮素在土壤中的生物化学转化过程入手，通过抑制剂的施用调控氮素转化，已被认为是提高氮肥利用率、缓解氮肥污染、减少温室气体排放、实现氮肥高效管理与利用的有效措施（孙志梅等，2008）。硝化抑制剂可以抑制土壤中NH_4^+-N向NO_3^--N的转化，以延长或者调整氮供应时间，从而抑制土壤微生物硝化和反硝化过程产生的N_2O。近年来，在牧草（Di 等，2010）、水稻（Sun 等，2015）、小麦—玉米轮作（Migliorati 等，2014）、蔬菜（熊舞等，2013）等作物上的研究结果表明，施用硝化抑制剂可以显著降低土壤N_2O排放。控释肥可以减缓、控制肥料的溶解和释放速度，即可根据作物生长需要提供养分。研究表明，控释肥可避免出现施肥后土壤中剩余无机氮过高的现象，从而减少旱地因氮肥施用造成的N_2O排放，还能减少因氮素淋溶或地表径流而间接造成的N_2O排放（Ji 等，2012；张怡等，2014）。综上可知，硝化抑制剂和控释肥对于土壤N_2O减排效果显著，然而黑土区玉米田温室气体最终是减排还是增排，产量和综合温室效应如何，哪种措施更具减排优势，都还存在不确定性。

黑土春玉米种植区是我国重要的玉米生产、出口基地，属中北温带半干旱大陆性季风气候，冬季寒冷干燥，夏季高温多雨，自然条件对氮素转化的影响不同于其他地区，因此，探讨通过合理施肥来降低黑土温室气体的排放是非常必要的（郝小雨等，2015）。本研究从合理施肥的角度，以黑土区玉米田为研究对象，采用静态箱—气相色谱法分析不同施肥措施下土壤温室气体排放特征及差异，并计算综合温室效应和排放强度，全面评价硝化抑制剂和控释肥的减排效果，以寻求经济效益显著、可操作性强和环境友好的施肥模式，为指导黑土区玉米合理施肥和减排增效提供理论依据。

一、黑龙江省黑土区玉米田温室气体排放监测方法

（一）试验材料

田间试验点位于哈尔滨市道外区民主镇黑龙江省农业科学院科技园区，试验区域属中温带，年均气温 3.5 ℃，年降水量 533 mm，无霜期约 135 d。试验地为旱地黑土，成土母质为洪积黄土状黏土。种植制度为一年一作，无灌溉。试验开始前 0 ~ 20 cm 土壤基本性质：有机质 32.2 g/kg，全氮1.9 g/kg，全磷 2.1 g/kg，全钾 27.6 g/kg，有效磷 41.1 mg/kg，速效钾215.0 mg/kg，pH（水土比 2.5 : 1）7.1。供试作物为玉米，品种为龙丹 42。

（二）试验设计

本试验共设 6 个处理：①不施氮，CK；②农民习惯施肥，N100%；③减氮施肥 20%（在农民习惯施肥基础上减氮 20%），N80%；④减氮施肥20%+双氰胺，N80% DCD；⑤减氮施肥 20%+2-氯-6-三氯甲基吡啶，N80% CP；⑥减氮施肥 20%，硫树脂包膜尿素，N80% CRF。各处理施肥管理和施肥量见表5-4。每个处理设 3 次重复，随机排列。各处理磷（P_2O_5）、钾（K_2O）施用量均为 60 kg/hm²，全部底施。所用肥料为尿素（N 46%），硫树脂包膜尿素（N 34%），含 2-氯-6-三氯甲基吡啶尿素（N 46%），磷酸二铵（P_2O_5，46%）、重过磷酸钙（P_2O_5，46%），硫酸钾（K_2O 50%）。试验小区面积为 32.5 m²（宽 3.25 m，长 10 m）。2013 年 5 月 13 日施底肥、播种，6 月 25 日追肥，9 月 27 日收获；2014 年 4 月 23 日施底肥、播种，6月 25 日追肥，9.30 日收获。

表 5-4　施肥管理措施　　　　　　　　　　　　　　单位：kg/hm²

处理	施氮量	基肥	追肥	肥料添加剂
CK	0	0	0	0
N100%	185	92.5	92.5	0

（续表）

处理	施氮量	基肥	追肥	肥料添加剂
N80%	148	74	74	0
N80% DCD	148	74	74	1.48
N80% CP	148	74	74	0.148
N80% CRF	148	148	0	0

（三）样品采集

N_2O 的测定采用静态箱—气相色谱法。分别在 0 min、10 min、20 min 和 30 min 抽取经过搅拌的气样 35 mL 置于真空瓶（Labco 顶空进样瓶，英国）中。采样时间的选取原则是选择接近每天平均气温的时段，即 9:00—11:00。施肥 15 d 内每 3 d 取气样 1 次，之后至施氮处理与不施氮处理的 N_2O 排放通量无差异时，每 10~15 d 取样 1 次。施肥后底座固定在同一位置，为避免影响到水肥的均匀分布，在下次施肥前将其移出，施肥后再选择另一位置安装，以防因破坏土壤结构引起的测定误差。采样同时记录取样箱内外温度，并测定 5 cm 土层土壤温度和含水量，大气平均温度采用野外台站气象数据。

（四）样品测定与计算

N_2O 样品分析采用 HP7890B 气相色谱仪，分析柱为 Porpak. Q 填充柱，柱箱温度为 70 ℃，载气为 N_2，流速为 25 L/min，检测器为电子捕获检测器 ECD，工作温度 330 ℃。气相色谱仪在每次测试时使用国家标准计量中心的标准气体进行标定，温室气体测定的相对误差控制在 2% 以内。

温室气体排放通量的计算公式为：

$$F = \rho \times H \times (\Delta c/\Delta t) \times 273/(273+T) \qquad (5-10)$$

式中，F 为温室气体排放通量，$\mu g/(m^2 \cdot h)$；ρ 为某温室气体标准状态下的密度，kg/m^3；H 为取样箱高度，m；$\Delta c/\Delta t$ 为单位时间静态箱内的温室气体浓度变化率，$mL/(m^3 \cdot h)$；T 为测定时箱体内的平均温度，℃。

$$N_2O \text{ 排放系数（%）} = [（\text{施氮处理 } N_2O\text{-}N \text{ 排放量} -$$
$$\text{不施氮处理 } N_2O\text{-}N \text{ 排放量）}/\text{施氮量}] \times 100 \qquad (5-11)$$

全球增温潜势（Global warming potential，GWP）是一种以 CO_2 作为参考气体来估计不同温室气体对全球变暖的潜在效应的指标。在 100 年的时间尺度下，N_2O 和 CH_4 的 GWP 分别为 CO_2 的 298 和 25 倍（IPCC，2007）。

$$P_{GWP}（kg/hm^2） = R_{N_2O} \times 298 + R_{CH_4} \times 25 \qquad (5-12)$$

式中，R_{N_2O} 为 N_2O 总排放量，kg/hm^2，R_{CH_4} 为 CH_4 总排放量，kg/hm^2。

$$I_{GHG} = P_{GWP}/Y \tag{5-13}$$

式中，I_{GHG} 为温室气体排放强度，kg/t，Y 为作物产量，t/hm^2。

$$I_{CT} = T \times V \tag{5-14}$$

式中，I_{CT} 为碳交易收益，元/（hm^2·年）；T 为某处理较农民习惯施肥减少的 CO_2 排放当量，元/（hm^2·年）；V 为碳排放权交易成交价（据北京市碳排放权电子交易平台，2014 北京市碳排放权交易成交均价 54.71 元/t）。

二、不同施肥措施下的黑土温室气体排放特征

（一）不同施肥措施下土壤 N_2O 排放特征

由图 5-4 可知，不同年际间土壤 N_2O 排放的季节特征基本一致，即施肥后土壤 N_2O 排放通量迅速上升，且较高的排放通量持续约 16 d。各处理均在基肥和追肥后 1～3 d 出现 N_2O 排放峰，但在降雨后（图 5-5）又会出现比较弱的排放峰。从整个观测期的平均 N_2O 排放通量来看（表 5-5），2013 年和 2014 年各处理春玉米生育期的平均 N_2O 排放通量分别为 13.5～37.0 μg/（m^2·h）和 15.5～47.4 μg/（m^2·h），且农民习惯施肥处理 N100% 的平均 N_2O 排放通量显著高于其他处理（$P<0.05$）。

观察 2013 年和 2014 年各处理在春玉米生育期的 N_2O 排放通量，发现施肥后土壤 N_2O 排放通量迅速上升，其间会出现几个 N_2O 排放峰，且年际有所差异，究其原因可能与降水变化有关，如在 2013 年 6 月 26 日—2013 年 7 月 4 日、2014 年 5 月 2—8 日出现了连续降水，导致土壤水分含量增加，适宜的土

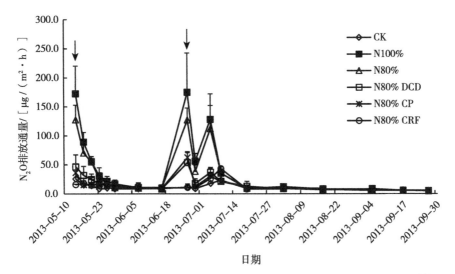

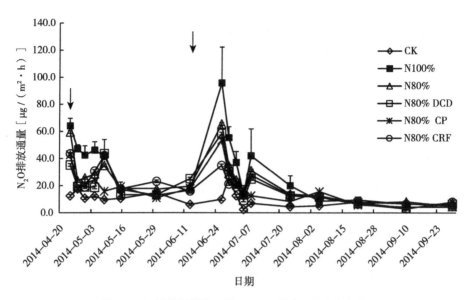

图5-4 不同施肥措施下黑土 N₂O 排放通量动态变化

注：图中箭头代表施肥日期。

壤含水量促进了硝化和反硝化过程的进行，导致 N₂O 排放量上升。2013 年和 2014 年全年的日平均气温表现为抛物线的形式，即冬季寒冷漫长，夏季温热短促，4—9 月的生长季温度较高，适宜的温度易促进土壤 N₂O 的生成和排放，因此，通过改变施肥方法来降低土壤 N₂O 排放是需要关注的问题，如在温度较低的秋季施肥等，这方面还需进一步探索。

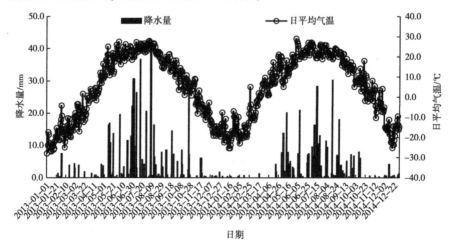

图5-5 2013 年和 2014 年日平均气温与降水量

表 5-5　不同施肥措施下春玉米生育期 N_2O 平均排放通量

单位：$\mu g/(m^2 \cdot h)$

处理	2013 年	2014 年
CK	15.5±4.1d	13.5±5.0d
N100%	47.4±14.4a	37.0±10.5a
N80%	39.1±9.4b	30.6±10.3b
N80% DCD	23.1±6.3c	27.1±9.4c
N80% CP	21.6±6.2c	23.4±5.8c
N80% CRF	18.9±5.4cd	26.2±6.5c

注：同一列中不同字母表示不同处理间差异显著（$P<0.05$）。

（二）不同施肥措施下土壤 CO_2 排放特征

从图 5-6 可以看出，黑土玉米田 CO_2 排放表现出季节性变化规律。玉米苗期（播种后 30 d 内）土壤 CO_2 排放处于较低水平，不同施肥措施 CO_2 的

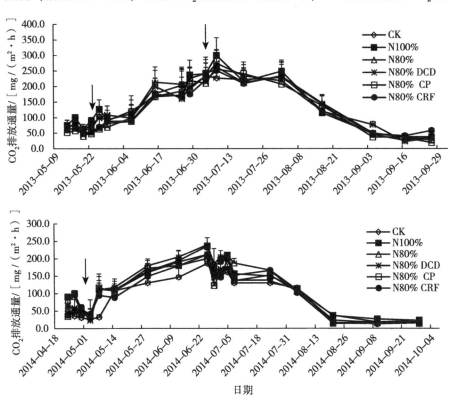

图 5-6　不同施肥措施下黑土 CO_2 排放通量动态变化

注：图中箭头代表施肥日期。

排放通量变化范围为 35.2~148.7 mg/($m^2 \cdot h$)；玉米拔节期至乳熟期（播种后 31~105 d）出现了较强的土壤 CO_2 排放，不同施肥措施 CO_2 的排放通量为 123.5~240.2 mg/($m^2 \cdot h$)；玉米成熟期（播种后 106 d 至收获）土壤 CO_2 排放呈现下降趋势，土壤 CO_2 的排放通量为 13.0~59.9 mg/($m^2 \cdot h$)。不同处理间，农民习惯施肥处理 2013 年和 2014 年 CO_2 平均排放通量为 128.0 mg/($m^2 \cdot h$)，高于其他处理，但不存在显著差异；减施氮肥的 4 个处理，土壤 CO_2 平均排放通量无明显差异，说明添加硝化抑制剂以及施用缓释尿素均不会影响土壤 CO_2 排放。可见，施用氮肥和添加硝化抑制剂均不会影响黑土玉米田 CO_2 排放。

（三）不同施肥措施下土壤 CH_4 排放/吸收特征

不同施肥措施下玉米生育期土壤 CH_4 的排放通量动态见图 5-7，虽然在两次施肥后 CH_4 吸收通量表现出了一定的变化，但从整个玉米生长季看，施肥后 CH_4 排放通量略微增加，但总体来讲施肥对 CH_4 排放通量没有表现出显著影响。6 个处理在玉米生育期的 CH_4 平均排放通量分别为

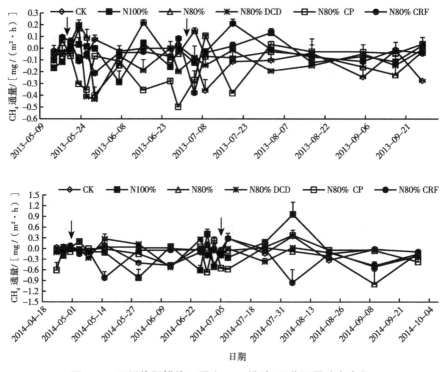

图 5-7 不同施肥措施下黑土 CH_4 排放/吸收通量动态变化

注：图中箭头代表施肥日期。

−0.10 mg/($m^2 \cdot h$)、−0.11 mg/($m^2 \cdot h$)、−0.16 mg/($m^2 \cdot h$)、−0.13 mg/($m^2 \cdot h$)、−0.11 mg/($m^2 \cdot h$) 和−0.18 mg/($m^2 \cdot h$)，表明黑土玉米田是大气中 CH_4 的一个较弱的"汇"。

三、不同施肥措施下的黑土 N_2O 排放特征

施氮显著促进了土壤 N_2O 排放（表5-6）。5个施氮处理的土壤 N_2O 排放量为 0.51~0.94 kg/hm^2，较不施氮处理增加 56.3%~189.8%。较高的氮肥用量，增加了土壤微生物所需的有效氮源，从而促进 N_2O 的排放。减施氮肥的4个处理可显著降低土壤 N_2O 排放量，较农民常规施肥处理降低了 17.6%~46.1%。4个减施氮肥处理间，N80% CP 和 N80% CRF 处理的土壤 N_2O 排放量最低。减施氮肥的4个处理可显著降低因土壤 N_2O 排放造成的氮损失，排放系数为 0.11%~0.33%，明显低于农民常规施肥处理。从 N_2O 排放在玉米生育期内的分配来看，5个施氮处理在施肥后 16 d 内 N_2O 排放量较大，占生育期总排放量的 1/3 左右，排放比例为 28.8%~41.9%。

表5-6　不同施肥措施下黑土 N_2O 排放量（2013年和2014年平均值）

处理	生育期 N_2O 总排放量/（kg/hm^2）	N_2O 排放系数/%	N_2O 减排比例/%	施肥后16 d内 N_2O 排放比例/%
CK	0.32d	—	—	—
N100%	0.94a	0.33a	—	41.9
N80%	0.77b	0.28b	17.6	38.6
N80% DCD	0.57c	0.14c	39.8	30.8
N80% CP	0.51c	0.11c	46.1	29.7
N80% CRF	0.51c	0.11c	45.4	28.8

注：同一列中不同字母表示不同处理间差异显著（$P<0.05$）；N_2O 排放量以 N 计。

四、综合温室效应评价

黑土玉米田 N_2O 和 CH_4 转化为 CO_2 当量的全球增温潜势（GWP）结果见表5-7（目前的温室气体清单中，农田管理的土壤 CO_2 排放并未被认为是人为温室气体排放源，因此，此处只计算 N_2O 和 CH_4 的总额和温室效应）。可见，玉米田 GWP 主要来源于 N_2O 的排放，是全球增温潜势中占主导地位的温室气体，而 CH_4 对玉米田 GWP 的抵消仅占很小比例。减量施氮可降低全球增温潜势，减施氮肥的4个处理 GWP 较农民习惯施肥处理 N100% 降低

了 30.7% ~ 67.8%。等量施氮时，添加硝化抑制剂以及施用控释氮肥均会降低 GWP，其中添加 DCD 和 CP 的处理分别降低 44.6% 和 53.6%，控释氮肥 CRF 则降低了 46.3%。温室气体排放强度（GHGI）是把全球增温潜势与作物产量相结合的综合温室效应评价指标，即单位经济产出温室气体排放量。通过比较 5 种施肥模式的 GHGI，减施氮肥的 4 个处理 GHGI 较农民习惯施肥处理 N100% 降低了 29.1% ~ 67.0%，其中以 N80% CP 处理的最低，较 N100% 和 N80% 处理分别降低 67.0% 和 53.4%，说明在保证作物产量的前提下，利用改进的施肥措施可以实现降低农田温室气体排放的目标。

表 5-7　不同施肥措施下春玉米生育期 N_2O 和
CH_4 的综合温室效应（2013 年和 2014 年平均值）

处理	GWP/ （kg/hm^2）	GHGI/ （kg/t）
N100%	360.3a	32.1a
N80%	249.8b	22.7b
N80% DCD	138.4c	13.0c
N80% CP	115.9c	10.6c
N80% CRF	134.2c	12.3c

注：同一列中不同字母表示不同处理间差异显著（$P<0.05$）。

五、不同施肥措施的减排效应综合分析

氮肥施用是影响土壤 N_2O 排放的最重要因素之一，外源氮素不仅为作物提供了生长所需的养分，同时也为土壤微生物提供了充足的底物，促进了硝化、反硝化过程中 N_2O 的产生。而减施氮肥可以减少土壤中不能被植物及时吸收而残留的无机氮，减少了硝化和继而引起的反硝化作用的底物（铵态氮和硝态氮），进而降低土壤 N_2O 排放（郝小雨等，2012；Venterea 等，2012）。本研究中，减施氮肥的 4 个处理 N_2O 排放量均显著降低，较农民常规施肥处理降低了 17.6% ~ 46.1%。众多研究证明，N_2O 排放主要发生在施氮后半个月到 3 周内。本研究亦显示，无论是基肥还是追肥，施氮后土壤 N_2O 排放通量均出现上升趋势，在施肥后 1 ~ 3 d 内出现排放峰，且施肥后 16 d 内 N_2O 排放量较大，占生育期总排放量的 1/3 左右。

黑土长期定位试验的结果表明，施肥和温度是影响黑土土壤呼吸变化的重要因素，施用有机肥（腐熟猪粪）土壤呼吸量显著高于其他处理，而施用化肥对土壤呼吸无显著影响；气温较高的拔节期至乳熟期土壤呼吸速率较

高（乔云发等，2007）。本研究也得出类似结果，即玉米拔节期至乳熟期土壤CO_2排放通量较高，主要原因是这一阶段玉米生长旺盛，根系生物量增加，来自根系的自养呼吸也增强，并且此时土壤温度较高，旺盛分泌的根系分泌物也促进了土壤微生物的异养呼吸作用，从而产生较高的CO_2排放通量；玉米生长接近成熟期时，玉米开始进入生殖生长，光合产物主要用于地上部生长，转移到根系中的同化物相对减少，根系开始逐渐衰老，根系分泌物也相应减少，并且土壤温度逐渐降低，微生物活动变弱，自养及异养呼吸均会因底物减少而降低，因此CO_2排放通量呈现下降趋势。综上可知，无外源有机物投入时，黑土玉米田CO_2排放主要受气温影响，氮肥减量20%对其影响较小。

　　微生物活动引起了土壤中CH_4的排放和吸收。在厌氧条件下，甲烷菌分解土壤中的有机物，产生CH_4排放；在通气性良好的土壤中，CH_4被甲烷氧化菌氧化成CO_2，而当土壤中CH_4浓度低于大气中CH_4浓度时，在浓度梯度作用下引起CH_4的负排放，强化了土壤作为CH_4的吸收汇特征（宋利娜等，2013）。此外，产甲烷菌在有氧气或者氧化性物质存在时，催化还原小分子有机物形成CH_4的过程会受到影响（李志国等，2012）。本研究表明，黑土玉米田是大气中CH_4的一个较弱的汇，这与其他旱地农田土壤CH_4通量研究结果一致（宋利娜等，2013；邬刚等，2013）。究其原因，旱地农田土壤相对干燥，通气状况良好，氧气易扩散到土壤中，促进土壤中介导CH_4氧化微生物（如甲烷氧化菌）和甲烷氧化酶（如甲烷单加氧酶）的活性，增强了土壤吸收氧化CH_4的能力（李志国等，2012）。

　　本研究中，添加硝化抑制剂DCD和CP均能够显著减少N_2O排放，降低综合温室效应和温室气体排放强度，这与前人关于硝化抑制剂减少N_2O排放的研究结果一致（王斌等，2014）。铵态氮肥施入土壤后发生硝化作用，即在氨氧化微生物的作用下将NH_3氧化为NO_2^-，继而生成NO_3^-。在施入DCD后，DCD可高效抑制氨氧化细菌的活性，其抑制机理可能为以下两种。第一，竞争性抑制。DCD中的氨基（—NH_2）和亚氨基（＝NH）具有与NH_3相似的结构，它们会结合氨单加氧酶（AMO）氧化NH_3的活性位点，使其失去吸收和利用NH_3的能力（Zhang等，2012）。第二，干扰氨氧化细菌呼吸。DCD中的功能团C≡N可能与菌体呼吸酶中的巯基或重金属基团发生反应从而抑制其活性，抑制氨氧化细菌呼吸作用过程中的电子转移和干扰细胞色素氧化酶的功能进而影响硝化作用（Amberger，1989）。CP主要通过抑制氨氧化细菌的活性来抑制硝化作用的第一阶段——氨氧化过程，即NH_4^+向NO_2^-的转化过程，从而使整个硝化过程被抑制（黄益宗等，2001）。CP

是 AMO 的一种催化底物，其氧化中间产物 6-氯嘧啶羧酸可以不加选择地结合膜蛋白进而抑制硝化作用（武志杰等，2008），但由于 CP 对 AMO 的亲和能力并不强，底物竞争并不是其抑制硝化作用的直接原因。Vannelli（1992，1993）认为，CP 可能通过两种方式抑制硝化作用：一是利用其氧化产物 6-氯嘧啶羧酸螯合 AMO 活性位点上的 Cu 组分来抑制催化氧化过程；二是 CP 的三氯甲基可结合于 AMO 的活性位点，进而还原 O_2 并阻碍 NH_3 的硝化作用。可见，不同硝化抑制剂的抑制过程和机理不尽一致，对于黑土区不同硝化抑制剂的作用机理还有待进一步研究。

包膜控释氮肥能根据作物生长需肥曲线缓慢释放氮素，达到养分供应与作物需求同步，可从源头上控制土壤硝态氮和铵态氮的含量，进而减少氮素的气态损失（Grant 等，2012；王斌等，2014）。本研究结果表明，控释肥用量 148 kg/hm² 可以达到农民习惯用量 185 kg/hm² 时的产量水平，即在黑土区减氮 20%且施用控释氮肥可以满足玉米生育期内的氮素需求，并能够显著减少 N_2O 排放，降低综合温室效应和温室气体排放强度。因此，施用控释肥能够实现良好的产量和环境效益。

考虑某种肥料的实际应用价值时，在对比作物产量效应的同时还应重点关注其成本。本研究中，各施氮处理玉米产量无显著差异，评价经济效益时仅考虑肥料成本以及潜在的碳信用收益。在等氮量的情况下，添加硝化抑制剂和施用控释氮肥均会导致肥料成本上升，但同时会增加碳信用的收益。添加 DCD 和施用控释氮肥会增加成本；而添加吡啶抑制剂 CP 虽然成本也略有增加，但由于减排量大，减排收益大于其增加的成本，如果所减排的碳信用能够成交，综合计算会增收 60.20 元/（hm²·年）。目前我国还没有强制减排任务，但已经有一些自愿减排项目，农民或农户如果能综合考虑产量及环境效益，将所减排的碳信用集中放到碳市场交易是一个可喜的尝试。综上可知，N80% CP 施肥措施在维持玉米产量的同时，既有显著的减排效果，又可节约成本，适宜在黑土区玉米种植中推广使用。

黑土春玉米田施肥（基肥和追肥）后 1~3 d 出现 N_2O 排放峰，施肥后 16 d 内 N_2O 排放量占生育期总排放量的 28.8%~41.9%。黑土春玉米地在 185 kg/hm² 施氮量水平上减施氮肥 20%，较农民习惯施肥处理显著降低生育期土壤 N_2O 排放 17.6%~46.1%，生育期综合温室效应降低 30.7%~67.8%，温室气体排放强度降低 29.1%~67.0%。等氮量投入时，添加吡啶抑制剂处理的土壤 N_2O 排放量、综合温室效应和温室气体排放强度最低。玉米拔节期至乳熟期出现了较强的土壤 CO_2 排放，黑土玉米田是大气中 CH_4 的一个较小的"汇"，施氮和添加硝化抑制剂对黑土玉米田 CO_2 排放和 CH_4

吸收没有显著影响。减施氮肥20%基础上添加硝化抑制剂和施用控释肥对玉米产量没有显著影响；但减量施氮可节约成本并增加碳信用收入，添加吡啶抑制剂CP的增收效果最好。综合评价各种施肥措施，减施氮肥20%并添加吡啶抑制剂在保证玉米产量的同时，减排增收效果优于其他施肥措施，适宜在黑土区玉米种植中推广使用。

第三节　氮肥配施增效剂对黑龙江省黑土区 玉米田氨挥发的影响

氨挥发是指氨自土壤表面（旱地）、田面水表面（水田）或植物表面逸散至大气中的过程，是农田氮素损失的重要途径（周健民，2013）。当土表的氨分压大于其上方空气中的氨分压时，产生氨挥发过程。除土壤性质、环境因素外，肥料类型及其管理措施也是影响氨挥发的重要因素。玉米是黑龙江省第一大作物，播种面积达到1亿亩。玉米种植过程中较其他作物需要投入更多的氮肥（IFA，2009）。近年来，部分地区农民为追求高产盲目施肥，调查发现部分农田施氮量（N）高达300 kg/hm^2（赵兰坡等，2008；纪玉刚等，2009），造成肥料资源浪费、成本增加及潜在的环境污染风险。研究表明，随施氮量的增加，农田土壤的氨挥发损失也逐步增加。因此，在保证作物产量的同时，减少施氮量是降低氨挥发损失的首要手段。此外，利用氮肥增效技术来降低氨挥发损失也是有效手段之一。本研究通过设置不同的硝化抑制剂和脲酶抑制剂组合处理，分析黑土土壤氨挥发特征及差异，评价硝化抑制剂和脲酶抑制剂的施用效果，以寻求效果显著、可操作性强的施肥模式，以降低黑土氨挥发损失、提高氮肥利用率。

试验地位于哈尔滨市道外区民主镇黑龙江省农业科学院科技园区。试验设6个处理：①不施氮肥（CK）；②单施氮肥（N）；③施用氮肥和硝化抑制剂双氰胺（N+DCD）；④施用氮肥、双氰胺和脲酶抑制剂N-丁基硫代磷酰三胺（N+DCD+NBPT）；⑤施用氮肥和硝化抑制剂2-氯-6-三氯甲基吡啶（N+CP）；⑥施用氮肥、2-氯-6-三氯甲基吡啶和N-丁基硫代磷酰三胺（N+CP+NBPT）。每个处理3次重复，随机排列。玉米小区面积39 m^2（3.9 m×10 m）。各施氮处理施氮量均为148 kg/hm^2，氮肥50%作基肥、50%作追肥（大喇叭口期结合中耕追肥）；磷、钾肥作基肥，P$_2$O$_5$施用量为75 kg/hm^2、K$_2$O施用量为75 kg/hm^2。DCD的用量为施氮量的1%，CP的用量为施氮量的0.1%，NBPT的用量为施氮量的0.5%。所用化肥为尿素（N 46%）、重过磷酸钙（P$_2$O$_5$ 46%）、氯化钾（K$_2$O 60%）。

一、不同施肥措施下的黑土氨挥发特征

(一) 施基肥和追肥后土壤氨挥发速率变化

图 5-8 显示，施用基肥（5 月 11 日）后至追肥前，土壤氨挥发速率先迅速上升，之后逐步降低。各施氮处理施基肥后第 2 天出现挥发峰，且较高的排放通量可持续 9 d 左右，其后一段时间各处理土壤氨挥发量逐步降低，接近至 CK 水平。追肥后土壤氨挥发量峰值出现在追肥第 1 天，且较高的排放通量可持续 5 d 左右，之后土壤氨挥发量逐步降低，接近至 CK 水平。

施基肥后 9 d 内和追肥后 5 d 内 6 个处理具有较高的土壤氨挥发速率。其中，施基肥后 9 d 内 CK、N、N+DCD、N+DCD+NBPT、N+CP、N+CP+NBPT 处理土壤平均氨挥发速率分别为 0.072 kg/（hm² · d）、0.592 kg/（hm² · d）、0.751 kg/（hm² · d）、0.441 kg/（hm² · d）、0.707 kg/（hm² · d）、0.426 kg/（hm² · d）；追肥后 5 d 内 CK、N、N+DCD、N+DCD+NBPT、N+CP、N+CP+NBPT 处理土壤平均氨挥发速率分别为 0.064 kg/（hm² · d）、0.824 kg/（hm² · d）、1.150 kg/（hm² · d）、0.671 kg/（hm² · d）、1.159 kg/（hm² · d）、0.634 kg/（hm² · d）。

(二) 不同施肥措施对土壤氨挥发峰值的影响

由图 5-8 可以看出，施用氮肥较不施氮肥显著促进了土壤氨挥发损失。施基肥后 N、N+DCD、N+DCD+NBPT、N+CP、N+CP+NBPT 5 个施氮肥处理土壤氨挥发峰值分别为 1.858 kg/（hm² · d）、2.027 kg/（hm² · d）、

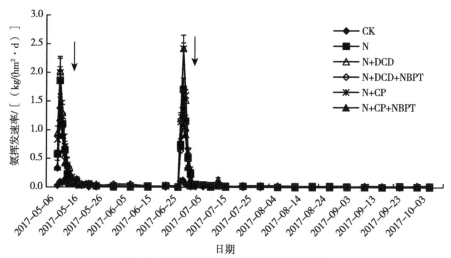

图 5-8　不同施肥措施下黑土氨挥发特征

注：箭头表示施肥日期。

1. 379 kg/(hm² · d)、1. 995 kg/(hm² · d)、1. 208 kg/(hm² · d)，较不施氮肥处理的 0. 092 kg/(hm² · d) 分别增加了 20. 2 倍、22. 0 倍、15. 0 倍、21. 7 倍、13. 1 倍。追肥后 N、N+DCD、N+DCD+NBPT、N+CP、N+CP+NBPT 5 个施氮肥处理土壤氨挥发峰值分别为 1. 706 kg/(hm² · d)、2. 422 kg/(hm² · d)、1. 392 kg/(hm² · d)、2. 417 kg/(hm² · d)、1. 157 kg/(hm² · d)，较不施氮肥处理的 0. 121 kg/(hm² · d) 分别增加了 14. 1 倍、20. 0 倍、11. 5 倍、20. 0 倍、9. 6 倍。

（三）施用氮肥增效剂后玉米田土壤氨挥发峰值差异

由图 5-8 可知，与单施氮肥处理（N）相比，施基肥后添加硝化抑制剂的 2 个处理 N+DCD、N+CP 土壤氨挥发峰值明显上升，分别增加 0. 368 kg/(hm² · d)、0. 258 kg/(hm² · d)，增幅分别达到 19. 8%、13. 9%。追肥后，添加硝化抑制剂的 2 个处理 N+DCD、N+CP 土壤氨挥发峰值也明显上升，分别增加 0. 454 kg/(hm² · d)、0. 399 kg/(hm² · d)，增幅分别达到 61. 1%、53. 6%。施基肥后，同时施用硝化抑制剂和脲酶抑制剂的 2 个处理 N+DCD+NBPT、N+CP+NBPT 土壤氨挥发峰值有所下降，分别减少 0. 242 kg/(hm² · d)、0. 225 kg/(hm² · d)，降幅分别为 13. 0%、12. 1%。追肥后，同时施用硝化抑制剂和脲酶抑制剂的 2 个处理 N+DCD+NBPT、N+CP+NBPT 土壤氨挥发峰值也下降，分别减少 0. 111 kg/(hm² · d)、0. 022 kg/(hm² · d)，降幅分别为 14. 9%、3. 0%。

在施用硝化抑制剂的基础上增施脲酶抑制剂，土壤氨挥发峰值明显下降。施基肥时，N+DCD+NBPT 处理较 N+DCD 处理下降 0. 648 kg/(hm² · d)，降幅为 32. 0%；追肥时，N+DCD+NBPT 处理较 N+DCD 处理下降 0. 565 kg/(hm² · d)，降幅为 47. 2%。施基肥时，N+CP+NBPT 处理较 N+CP 处理下降 0. 787 kg/(hm² · d)，降幅为 39. 5%；追肥时，N+CP+NBPT 处理较 N+CP 处理下降 0. 421 kg/(hm² · d)，降幅为 36. 8%。

二、不同施肥措施下的黑土氨挥发累积量

由表 5-8 可知，CK、N、N+DCD、N+DCD+NBPT、N+CP、N+CP+NBPT 处理生育期氨挥发累积排放量分别为 2. 7 kg/hm²、11. 7 kg/hm²、14. 4 kg/hm²、9. 4 kg/hm²、14. 2 kg/hm²、9. 8 kg/hm²。氨挥发累积量大小顺序为 N+DCD>N+CP>N>N+CP+NBPT>N+DCD+NBPT>CK。

与单施氮肥处理（N）相比，添加硝化抑制剂的 2 个处理显著增加了土壤氨挥发损失量，分别增加 23. 1% 和 21. 0%。在添加硝化抑制剂的基础上增施脲酶抑制剂（N+DCD+NBPT 和 N+CP+NBPT），可显著降低土壤氨挥发

损失量，较单施氮肥（N）处理分别降低 19.3% 和 18.7%。

分析了施基肥和追肥后的土壤氨挥发损失量，其中施基肥后 6 个处理 CK、N、N+DCD、N+DCD+NBPT、N+CP、N+CP+NBPT 氨挥发损失量分别为 0.7 kg/hm^2、4.9 kg/hm^2、6.3 kg/hm^2、3.7 kg/hm^2、5.9 kg/hm^2、3.6 kg/hm^2，占总损失量的 25.4%、42.0%、43.6%、39.1%、41.7%、36.9%；追肥后 6 个处理 CK、N、N+DCD、N+DCD+NBPT、N+CP、N+CP+NBPT 氨挥发损失量分别为 0.4 kg/hm^2、4.6 kg/hm^2、6.3 kg/hm^2、3.7 kg/hm^2、6.3 kg/hm^2、3.5 kg/hm^2，分别占总损失量的 16.0%、39.1%、43.6%、39.6%、44.1%、35.7%。施氮处理施肥后的 9~11 d 内土壤氨挥发损失量占总损失量的 80%~90%，说明施肥是促进土壤氨挥发的主要原因。

在两种硝化抑制剂的基础上添加脲酶抑制剂（N+DCD+NBPT 和 N+CP+NBPT），土壤氨挥发损失量显著降低，较单施硝化抑制剂 N+DCD 和 N+CP 处理分别下降 34.5% 和 46.2%，表明添加脲酶抑制剂是减少氨挥发损失的有效措施。N+DCD+NBPT 和 N+CP+NBPT 处理减少氨挥发损失的效果一致，处理间无显著差异。

添加脲酶抑制剂的 2 个处理（N+DCD+NBPT 和 N+CP+NBPT）可显著降低因土壤氨挥发造成的氮损失，排放系数分别为 4.6% 和 4.8%，明显低于其他处理。

表 5-8　不同施肥措施下黑土氨挥发量

| 处理 | 施肥后排放量 | | | | 生育期累积排放量/（kg/hm^2） | 排放系数/% |
| | 基肥 | | 追肥 | | | |
	排放量/（kg/hm^2）	比例/%	排放量/（kg/hm^2）	比例/%		
CK	0.7	25.4	0.4	16.0	2.7d	
N	4.9	42.0	4.6	39.1	11.7b	6.1b
N+DCD	6.3	43.6	6.3	43.6	14.4a	7.9a
N+DCD+NBPT	3.7	39.1	3.7	39.6	9.4c	4.6c
N+CP	5.9	41.7	6.3	44.1	14.2a	7.7a
N+CP+NBPT	3.6	36.9	3.5	35.7	9.8c	4.8c

注：同一列中不同字母表示不同处理间差异显著（$P<0.05$）。

由图 5-9 可知，土壤氨挥发累积量呈现阶梯式变化。施基肥后（2017 年 5 月 10—23 日）以及追肥后（2017 年 6 月 28 日—2017 年 7 月 5 日），土壤氨挥发累积量快速上升，之后平稳变化，这种现象与施肥初期氨挥发快速上升、后期氨挥发减少有关。不同处理之间，施氮肥和硝化抑制剂的 2 个处理，N+DCD 和 N+CP 处理氨挥发累积量明显高于其他处理。在两种硝化抑制剂的基础上添加脲酶抑制剂（N+DCD+NBPT 和 N+CP+NBPT），则可以明显降低土壤氨挥发累积量。

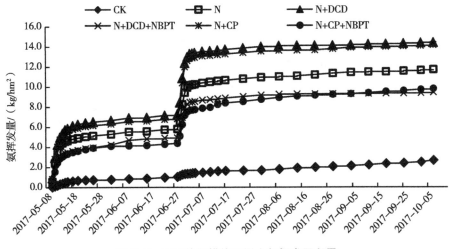

图 5-9 不同施肥措施下黑土氨挥发累积量

三、氮肥增效剂的减排效果分析

脲酶抑制剂能够抑制土壤脲酶活性，减缓尿素分解成氨，进而降低土壤中的 NH_4^+-N 含量，即减少了生成氨的底物，最终降低氨挥发损失。有研究指出，脲酶抑制剂与氮肥配合施用可降低土壤氨挥发损失。Rawluk 等（2001）发现，添加脲酶抑制剂 NBPT 可以延缓尿素水解，降低土壤 NH_4^+-N 含量，从而减少土壤氨挥发量。周旋等（2018）的研究结果为，与单施氮肥相比，不同施用量的 NBPT 处理显著降低氨挥发速率峰值，有效减缓氨挥发持续时间，土壤氨挥发累积量可减少 37.2%。

前述研究显示，硝化抑制剂对降低温室气体排放有明显效果，但众多研究指出，氮肥配施硝化抑制剂会增加土壤氨挥发损失。张惠等（2015）指出，随着 DCD 添加浓度的增加，其硝化抑制率显著增加，但土壤氨挥发损失量同时也显著增大。孙海军等（2015）的结果为，施用硝化抑制剂 CP 会增加 54.7%~110.6% 的氨挥发损失。Frame（2016）报道，CP 与颗粒尿素配施时，土壤累积氨挥发损失明显高于未施用处理。Sun 等（2015）也发现，施用 CP 导致稻田水稻生长季氨挥发损失增加。本研究中，与单施氮肥处理（N）相比，添加硝化抑制剂的 2 个处理（N+DCD 和 N+CP）显著增加了土壤氨挥发损失量，分别增加 23.1% 和 21.0%。可见，施用硝化抑制剂在降低温室气体排放的同时，会导致氨挥发增加，那么，寻求一种既可减少温室气体排放又可降低氨挥发的方法势在必行。

研究显示，硝化抑制剂与脲酶抑制剂联合施用，在减少温室气体排放的同时，可降低氨挥发损失（Martins 等，2017）。研究表明，NBPT 与 DMPP 配施时，氨挥发速率峰值降低 12.95%，氨挥发累积损失量降低 13.58%，可更有效地提高氮肥的回收率（张文学等，2013）。张惠等（2015）研究结果显示，0.1% 的 NBPT 配施 2%~3% 的 DCD 时，土壤氨挥发损失量相对较低，土壤有效态氮积累量较高，且在土壤中滞留时间相对较长。本研究中，与单施氮肥处理（N）相比，在添加硝化抑制剂的基础上增施脲酶抑制剂（N+DCD+NBPT 和 N+CP+NBPT），可显著降低土壤氨挥发损失量，较单施氮肥处理（N）分别降低 19.3% 和 18.7%。

与单施氮肥处理（N）相比，添加硝化抑制剂的 2 个处理显著增加了土壤氨挥发损失量，分别增加 23.1% 和 21.0%。在添加硝化抑制剂的基础上增施脲酶抑制剂（N+CP+NBPT 和 N+DCD+NBPT），可显著降低土壤氨挥发损失量，较单施氮肥处理（N）分别降低 19.3% 和 18.7%。添加脲酶抑制剂的 2 个处理（N+DCD+NBPT 和 N+CP+NBPT）可显著降低因土壤 N_2O 排放造成的氮损失。

第四节　黑龙江省黑土区不同秸秆还田方式下农田温室气体排放及碳足迹估算

人类活动排放的温室气体（主要为 CO_2、N_2O 和 CH_4）是导致全球升温的主因。IPCC（2021）第六次评估报告第一工作组报告《气候变化 2021：自然科学基础》指出：2011 年以来，大气中温室气体 CO_2、N_2O 和 CH_4 含量持续上升。农业生产活动是温室气体排放的重要来源，占人为生产活动总量的 12%（Walling 等，2020）。可见，减少农业生产活动产生的温室气体排放，进行低碳清洁生产至关重要。利用碳足迹方法可明确农业生产过程中各部分产生温室气体的情况，以便采取针对性的措施来改善生产行为（李春喜等，2020）。碳足迹是指在一定的时间和空间边界内，某种活动引起的（或某种产品生命周期内积累的）直接或间接的 CO_2 排放量的度量，可用来评估农田系统或某项农业措施的优劣（Peters，2010；段华平等，2011），有利于制定更有针对性的减排措施。

黑龙江省总耕地面积为 1 436.7 万 hm^2，2020 年粮食产量达到 7 541 万 t，为全国第一产粮大省，与此同时农业副产物秸秆的产量也随之增加，合理利用秸秆资源成为当前亟待解决的问题。实践证明，将含有丰富矿质元素和有机质的农作物秸秆还田，对于固土保水、改善土壤结构、增加土壤固碳量、减少养分损失和保证作物产量等具有积极作用（Sun 等，2012；段文等，2015）。此外，长期秸秆还田能完全补偿由施用化肥所造成的直接温室气体排放，同时秸秆还田带入的养分还可减少 20%~24% 的间接温室气体排放（张鑫等，2020）。李萍等（2017）对山西省旱作农田的研究指出，秸秆覆盖免耕可减少褐土 N_2O 排放量，降低单位产量碳足迹。杜杰等（2020）分析了不同耕作措施对黄土高原地区小麦和玉米碳足迹的影响，指出免耕秸秆不还田和免耕秸秆还田在增加小麦、玉米产量的同时可降低温室气体排放量和碳足迹。成功等（2016）的研究结果为，垆土小麦秸秆旋耕还田后土壤 N_2O 的季节排放总量降低了 33.9%，但小麦生产过程中的碳足迹升高了 26.0%。

由于气候类型、耕作方式、田间管理、土壤条件等的差异，不同生态区秸秆还田方式下的农田温室气体排放及碳足迹具有不同的特征，本研究以此为切入点，基于松嫩平原南部黑土秸秆还田定位试验，连续 3 年监测大豆—玉米—玉米轮作体系下农田 N_2O 和 CH_4 排放变化，利用生命周期法估算农资投入和田间操作引起的直接或间接碳排放量，比较不同秸秆还田方式下的温室气体排放和碳足迹变化，以期为松嫩平原旱作农田生态系统低碳减排和保障农业可持续发展提供科学依据。

一、黑龙江省黑土区不同秸秆还田方式下农田温室气体排放监测方法

（一）试验材料

田间定位试验于 2011 年建立，位于黑龙江省哈尔滨市道外区民主镇黑龙江国家级现代农业示范园区（126°51′24.37″E，45°50′38.53″N）。试验地处松花江和阿什河交汇的一级阶地，松花江南岸，海拔 130~150 m。试验区域属中温带，夏季炎热多雨，冬季寒冷干燥，年均气温 3.5 ℃，年均降水量 533 mm，≥10℃年积温为 2 600~2 800℃，无霜期约 135 d。试验地为旱地黑土，成土母质为洪积黄土状黏土。种植制度为一年一作，按照大豆—玉米—玉米顺序轮作，无灌溉。试验开始前 0~20 cm 土壤基本性质：有机质 32.2 g/kg，全氮 1.9 g/kg，全磷 2.1 g/kg，全钾 27.6 g/kg，碱解氮 199.1 mg/kg，有效磷 41.1 mg/kg，速效钾 215.0 mg/kg，pH（水土体积质

量比 2.5 : 1）7.1。

（二）试验设计

本试验设 3 个处理。①常规（CK）：秋季收获后，玉米地上部秸秆移走，第二年春季旋耕灭茬直接起垄，旋耕深度 15 cm 左右，为本地区农户常用的耕作方式。②秸秆深施还田（DSR）：秋季收获后，玉米秸秆全部粉碎（长度 5~10 cm），均匀平铺于地表，灭茬，大功率拖拉机（143kW）牵引五铧犁深翻 25 cm 以上，把秸秆翻埋至下层，耙地起垄。③秸秆覆盖免耕（SC）：秋季玉米机械收获，玉米秸秆全部粉碎（长度 5~10 cm），均匀平铺于地表，灭茬，翌年春季应用免耕播种机直接播种。每个处理 3 次重复，随机排列。试验小区面积为 234 m²（宽 5.2 m，长 45 m）。各处理化肥施用量一致。大豆季施磷酸二铵（N 18%，P_2O_5 46%）150 kg/hm²、硫酸钾（K_2O 50%）60 kg/hm²，不追肥。玉米季基施尿素（N 46%）60 kg/hm²、磷酸二铵 150 kg/hm²、硫酸钾 60 kg/hm²；玉米拔节期追施尿素 150 kg/hm²。2013 年 5 月 23 日、2014 年 5 月 4 日、2015 年 5 月 3 日人工施基肥播种，玉米季 2014 年 6 月 29 日、2015 年 7 月 2 日追肥。玉米品种为龙高 L2，大豆品种为黑河 42。大豆和玉米播种量分别为 75 kg/hm² 和 22.5 kg/hm²，大豆保苗 37.5 万~45 万株/hm²、玉米保苗 6.75 万~7.50 万株/hm²；9 月 28—30 日收获。其他田间管理方式参见文献王晓军等（2017）。

（三）样品采集与测定

于 2013—2015 年作物生育期取样。温室气体采集（N_2O 和 CH_4）采用静态箱—气相色谱法，取样箱为长方体不透明箱（长 65 cm，宽 30 cm，高 30 cm），材质为 PVC 板。取样过程及测定方法参见文献郝小雨等（2015）。采样时间在晴朗天气的 9：00—11：00 时段。施肥 15 d 内每 3 d 取气样 1 次，之后每 10~15 d 取样 1 次。分别在 0 min、10 min、20 min 和 30 min 抽取混合气样 35 mL 于真空瓶中（Labco 顶空进样瓶，英国）。采样同时记录取样箱内外温度，并测定 5 cm 土层温度和土壤含水量。

温室气体排放通量的计算公式为：

$$F = \rho \times H \times (\Delta c / \Delta t) \times 273 / (273 + \theta) \qquad (5-15)$$

式中，F 为温室气体排放通量，μg/（m²·h）；ρ 为某温室气体标准状态下的密度，kg/m³；H 为取样箱高度，m；$\Delta c / \Delta t$ 为单位时间静态箱内的温室气体浓度变化率，mL/（m³·h）；θ 为测定时箱体内的平均温度，℃。

秋季在小区划分 3 个 10 m² 样区，全部收获，考种折算产量。各小区取代表性植株 10 株，样品在 105℃ 烘箱杀青 30 min，65℃ 烘干称重，计算草谷比。

（四）碳足迹

基于生命周期评价法，建立系统边界：①农资投入（化肥、农药、种子、柴油等）；②田间管理（耕作、施肥、播种、收获、秸秆还田等）；③土壤非 CO_2 温室气体排放（N_2O 和 CH_4）。农资或农作活动的碳排放系数为（CO_2 当量）：氮肥、磷肥和钾肥生产分别为 1.53 kg/kg、1.63 kg/kg 和 0.65 kg/kg（王钰乔等，2018）；大豆种子和玉米种子分别为 0.25 kg/kg 和 1.05 kg/kg（West 和 Marland，2002），除草剂生产和杀虫剂生产分别为 10.15 kg/kg 和 16.61 kg/kg（王钰乔等，2018），柴油为 0.89 kg/L（王钰乔等，2018）。在 100 年时间尺度下，N_2O 和 CH_4 的全球增温潜势分别为 CO_2 的 298 和 34 倍（IPCC，2013），N_2O 和 CH_4 排放量需分别乘以 298 和 34 折算成 CO_2 当量。计算公式为（李萍等，2017）：

$$f_C = \sum_{i=1}^{n} f_{Ci} = \sum_{i=1}^{n} m_i \times \beta_i \tag{5-16}$$

式中，f_C 为农业生产碳足迹（CO_2 当量），$kg/(hm^2 \cdot 年)$；n 为农业生产过程中消耗的 n 种物质（能源或生产资料等）；f_{Ci} 为第 i 种物质的碳足迹；m_i 为第 i 种物质的消耗量；β_i 为第 i 种物质的碳排放系数。

二、土壤非 CO_2 温室气体排放特征

由图 5-10 可知，在 2013 年大豆季、2014 年玉米季、2015 年玉米季，CK、DSR 和 SC 处理生育期内 N_2O 排放通量峰值均出现在施肥后的 1~3 d 内，施氮肥是导致 N_2O 出现排放通量峰值的主要原因。2013 年大豆季，CK、DSR 和 SC 处理 N_2O 日排放通量变化范围分别为 3.5~51.8 μg/(m²·h)、3.9~55.5 μg/(m²·h) 和 3.2~57.8 μg/(m²·h)；2014 年玉米季分别为 4.3~78.4 μg/(m²·h)、3.6~73.5 μg/(m²·h) 和 3.0~74.9 μg/(m²·h)；2015 年玉米季分别为 3.6~73.6 μg/(m²·h)、3.4~76.2 μg/(m²·h) 和 2.6~75.1 μg/(m²·h)。分别比较 2013 年大豆季、2014 年玉米季各处理生育期 N_2O 总排放量（表5-9），CK、DSR 和 SC 处理间无显著差异（$P>0.05$），2015 年玉米季 SC 处理显著低于 CK 和 DSR 处理（$P<0.05$）；CK、DSR 和 SC 处理生育期 N_2O 平均排放量分别为 0.76 kg/hm²、0.74 kg/hm² 和 0.73 kg/hm²，处理间无显著差异（$P>0.05$）。2013 年大豆季生育期 N_2O 总排放量要低于 2014 年和 2015 年玉米季，原因是大豆季氮肥施用量较低。

2013 年大豆季 CK、DSR 和 SC 处理 CH_4 日排放通量变化范围分别为 −13.9~0.5 mg/(m²·h)、−13.2~0.8 mg/(m²·h) 和 −12.4~0.6 mg/(m²·h)；2014 年玉米季分别为 −13.5~2.0 mg/(m²·h)、−14.5~

2.6 mg/(m² · h) 和-13.2~2.1 mg/(m² · h)；2015 年玉米季分别为-14.6~2.1 mg/(m² · h)、-14.5~2.2 mg/(m² · h) 和-15.8~1.7 mg/(m² · h)。表5-9 显示，CK、DSR 和 SC 处理 2013—2015 年生育期 CH₄ 平均排放量分别为

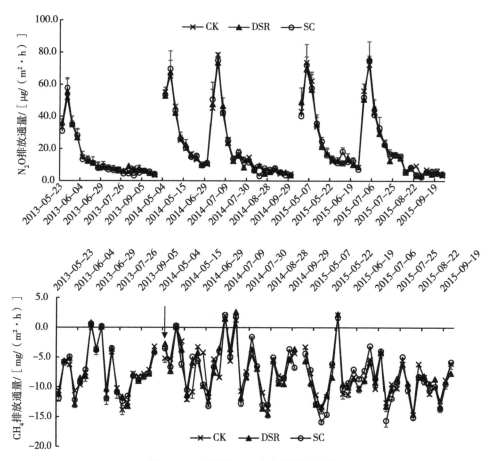

图 5-10　不同处理温室气体排放特征

注：图中箭头表示施肥时期。

表 5-9　不同处理土壤温室气体排放量　　单位：kg/hm²

处理	2013 年		2014 年		2015 年		平均	
	N₂O	CH₄	N₂O	CH₄	N₂O	CH₄	N₂O	CH₄
CK	0.52±0.05a	-0.11±0.02a	0.86±0.09a	-0.12±0.02a	0.91±0.06a	-0.11±0.02a	0.76±0.02a	-0.11±0.02a
DSR	0.51±0.03a	-0.10±0.02a	0.83±0.05a	-0.11±0.01a	0.87±0.05a	-0.11±0.03a	0.74±0.19a	-0.11±0.02a

（续表）

处理	2013 年		2014 年		2015 年		平均	
	N_2O	CH_4	N_2O	CH_4	N_2O	CH_4	N_2O	CH_4
SC	0.55±0.05a	−0.12±0.03a	0.82±0.07a	−0.13±0.03a	0.81±0.06b	−0.11±0.03a	0.73±0.14a	−0.12±0.03a

注：同列数据后不同字母表示处理间差异显著（$P<0.05$）。

−0.11 kg/hm²、−0.11 kg/hm² 和 −0.12 kg/hm²，处理间无显著差异（$P>0.05$）。从上述结果也可看出，黑土区大豆田和玉米田是大气中 CH_4 的弱"汇"。

三、农田碳足迹核算

由图 5-11 可以看出，2013—2015 年 CK、DSR 和 SC 处理农田间接排放（农资投入和田间耕作）的农田碳足迹分别为 1 208.8 kg/hm²、1 254.8 kg/hm² 和 1 160.8 kg/hm²，可见 DSR 处理间接排放的碳足迹最高，SC 处理最低，原因是在农资投入相同的情况下，各处理田间耕作柴油消耗量不同（表 5-10）。结果显示，2013—2015 年 DSR 田间耕作柴油消耗量最高，达到 294.8 L/hm²；其次为 CK 处理，243.0 L/hm²；SC 处理最低，为 198.0 L/hm²。CK、DSR 和 SC 处理直接排放（土壤温室气体排放）的碳足迹分别为 1 058.4 kg/hm²、1 020.4 kg/hm² 和 1 004.1 kg/hm²，大小排序为 DSR>CK>SC。2013—2015 年 SC 处理农田碳足迹最低，为 2 164.9 kg/hm²，较 CK（2 267.2 kg/hm²）和 DSR（2 275.2 kg/hm²）处理分别降低 4.5% 和 4.8%（$P<0.05$）。

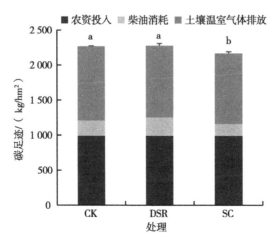

图 5-11　2013—2015 年不同处理农田碳足迹变化

注：柱上不同小写字母代表各处理间差异显著（$P<0.05$）。

从农田碳足迹构成来看（图5-12），土壤温室气体排放对农田碳足迹的贡献最大，占比44.8%~46.7%；其次为氮肥生产（18.4%~19.4%）；之后为磷肥生产（14.8%~15.6%）和田间耕作（7.8%~11.5%）；农药生产、种子生产和钾肥生产占比较低。土壤温室气体排放、氮肥生产、磷肥生产和田间耕作的碳足迹之和占农田碳足迹总量的90%左右，是最主要的碳足迹贡献因子。

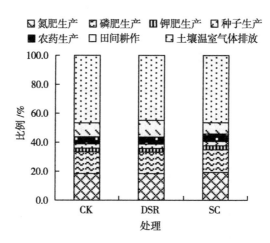

图 5-12　不同处理农田碳足迹构成

表 5-10　2013—2015 年轮作周期内不同处理农资投入量

项目	分项	CK	DSR	SC
农资投入	氮肥/(kg/hm²)	274.2	274.2	274.2
	磷肥/(kg/hm²)	207	207	207
	钾肥/(kg/hm²)	90	90	90
	大豆种子/(kg/hm²)	75	75	75
	玉米种子/(kg/hm²)	45	45	45
	除草剂/(L/hm²)	3.6	3.6	3.6
	杀虫剂/(L/hm²)	4.5	4.5	4.5
柴油消耗/(L/hm²)	秸秆移出	18.0	—	—
	灭茬	27.0	27.0	—
	旋地	54.0	—	—
	翻地	—	29.3	—
	耙地	—	27.0	—
	起垄	22.5	22.5	—

（续表）

项目	分项	CK	DSR	SC
	轧地	18.0	18.0	18.0
	施肥	18.0	18.0	18.0
	播种	18.0	18.0	27.0
柴油消耗/（L/hm²）	喷农药	36.0	36.0	36.0
	收获	31.5	31.5	31.5
	粉碎	—	67.5	67.5

四、农作物产量对比及单位产量碳足迹变化

从农作物产量来看（图5-13），DSR 和 SC 处理大豆产量（2013 年）、玉米产量（2014 年和 2015 年）均显著高于 CK 处理（$P<0.05$），DSR 处理增产率分别为 9.2%、3.1%、5.5%，平均为 5.1%；SC 处理增产率分别为 4.9%、6.4%、4.9%，平均为 5.5%。DSR 和 SC 处理作物产量年际有所波动，但处理间平均产量差异不大。

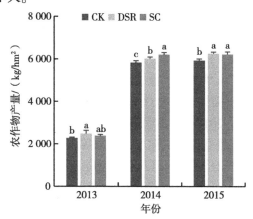

图5-13　2013—2015 年不同处理作物产量变化

注：柱上同一年份数据的不同字母表示各处理间差异显著（$P<0.05$）。

不同秸秆还田方式下碳足迹与作物产量的比值为单位产量碳足迹。由图5-14 可知，2013 年 CK、DSR 和 SC 处理之间单位产量碳足迹无显著差异（$P>0.05$）。2014 年和 2015 年玉米季 SC 处理单位产量碳足迹最低，较 CK 处理分别降低 9.5% 和 11.0%（$P<0.05$）；较 DSR 处理分别降低 6.6% 和 5.9%，但差异不显著（$P>0.05$）。

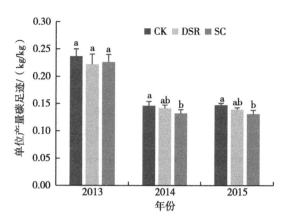

图 5-14　2013—2015 年不同处理单位产量碳足迹

注：柱上同一年份数据的不同字母表示各处理间差异显著（$P<0.05$）。

五、不同秸秆还田方式的减排效应分析

土壤 N_2O 排放源于微生物参与下的土壤硝化和反硝化作用。针对秸秆还田对土壤 N_2O 排放影响的国内外研究还缺乏一致结论，相关结果表现为促进、抑制和不影响（郝小雨等，2022）。第一，秸秆还田促进土壤 N_2O 排放。秸秆还田增加了土壤的碳供应，作为基质直接参与土壤硝化过程，改变了参与 N_2O 排放的土壤微生物群落组成，促进了土壤硝化作用，从而增加了 N_2O 排放（Li 等，2018；唐占明等，2021）。此外，旱地秸秆还田改变了土壤微环境，导致土壤孔隙度、温度、水分等发生了变化，增强了土壤反硝化反应，也会促进 N_2O 排放（Liu 等，2011）。刘全全等（2016）研究发现，秸秆覆盖还田增加了黄土旱塬区冬小麦田 N_2O 排放，原因是多年秸秆还田后土壤有机物质累积量持续增长，增加了土壤中的碳源，另外秸秆覆盖的稳温保湿效应显著，这两方面共同增强了土壤硝化过程和反硝化过程中的微生物活性，导致土壤 N_2O 排放量增加。闫翠萍等（2016）指出，在小麦—玉米轮作农田秸秆深施还田土壤 N_2O 排放量较不还田周年增加 68.9%。李平等（2018）在黑土上的研究结果为，秸秆与土壤混合后配施氮肥，N_2O 排放量增加了两个数量级，原因是秸秆丰富的碳源为反硝化微生物提供了充足的碳底物，刺激了土壤微生物的呼吸作用，形成较多的厌氧微区，从而导致更多的 N_2O 排放。第二，秸秆还田降低土壤 N_2O 排放。当秸秆 C/N 较大时，表现为碳源过剩和氮源缺乏，从而刺激土壤微生物去吸收其他氮源以满足代谢活动，因此加强了对土壤中可利用氮源的吸收，减少了硝化与反硝化

作用的基质，进而降低了 N_2O 排放（Garcia 和 Baggs，2007；张冉等，2015；高洪军等，2017）；也有研究指出，秸秆覆盖还田阻碍了土壤与大气的气体对流，在一定程度上降低了 N_2O 的排放（刘海涛等，2016）；秸秆深施还田加强了微生物对氮素的固持作用，导致有效氮浓度降低，从而抑制硝化和反硝化过程，使 N_2O 排放降低（朱晓晴等，2020）。本研究中，无论是秸秆深施还田还是秸秆覆盖免耕，均未增加或降低土壤 N_2O 排放，这与张冉等（2015）的研究结果一致，即秸秆还田对东北地区农田土壤 N_2O 排放无显著影响。可见，因受秸秆还田方式和还田量、土壤条件（土壤类型、质地、水分含量）、气象因素（降水、气温）、田间管理（施肥、灌溉、耕作）等因素影响，黑土区秸秆还田下的土壤 N_2O 排放还存在较大的不确定性，下一步还需进行深入研究。

本研究中，松嫩平原南部大豆田和玉米田是大气中 CH_4 的弱"汇"，这与其他学者在旱田上的研究结果一致（Sun 等，2016；吕艳杰等，2016），原因是旱地农田土壤通气条件好，氧气易扩散到土壤中，提高甲烷氧化微生物和甲烷氧化酶的活性，CH_4 易被氧化菌氧化成 CO_2，削弱 CH_4 的排放特征，强化了土壤作为 CH_4 的吸收汇特征（宋利娜等，2013）。秸秆覆盖通过改变土壤厌氧条件、土壤物理性质和土壤养分条件等间接影响 CH_4 排放，导致 CH_4 排放量增加（Lenka 和 Lal，2013），但通过改变覆盖措施则会减少 CH_4 排放（Ma 等，2009）。朱晓晴等（2020）在棕壤上的研究结果为，秸秆深施还田降低了土壤对 CH_4 的吸收量，可能是秸秆深施后较好的土壤通透性有利于甲烷氧化菌活动，增强了土壤吸收氧化 CH_4 的能力。本研究发现，秸秆覆盖免耕和秸秆深施还田均对 CH_4 排放量没有明显影响，与裴淑玮等（2012）和吕艳杰等（2016）秸秆还田后 CH_4 吸收通量降低的结果不一致，可能是因为添加秸秆没有增加土壤甲烷氧化菌的多样性和丰富度，故未显著影响土壤产甲烷菌的活动以及土壤氧化还原电位，进而也未影响 CH_4 的氧化潜势（裴淑玮等，2012；郝小雨等，2015）。

本研究分析了松嫩平原大豆—玉米—玉米轮作系统下不同秸秆还田方式下农田碳足迹的变化，2013—2015 年秸秆覆盖免耕处理农田碳足迹最低，较常规和秸秆深施还田处理分别降低 4.5% 和 5.1%，原因是在农资投入相同且 N_2O 和 CH_4 排放无显著差异的情况下，秸秆覆盖免耕处理田间耕作措施较少、柴油消耗量较低，故产生的碳排放量也较低。秸秆覆盖免耕处理仅有 7 项田间耕作措施，而常规和秸秆深施还田处理则分别达到了 10 项和 11 项，大大增加了油耗，进而增加农田碳排放。这也与李萍等（2017）和伍芬琳等（2007）研究结果一致。

本研究中,各项碳足迹占总碳足迹的比例排序为土壤温室气体排放>氮肥生产>磷肥生产>田间耕作>农药生产>种子生产>钾肥生产,这与部分研究结果不一致(段智源等,2014;李萍等,2017),原因除农资投入量不同外,还与碳排放系数参考的数值不同有关。在大豆—玉米—玉米轮作体系下,土壤温室气体排放的农田碳足迹的贡献占比达到44.8%~46.7%,为第一贡献因子,其中 N_2O 排放是主要来源。因此,采取相关措施减少土壤 N_2O 排放极为必要,如采用4R施肥技术(米国华等,2018)来提高肥料利用率,进一步降低作物生产碳足迹(Gan 等,2014)。此外,化肥生产(氮肥、磷肥、钾肥)农田碳足迹的贡献占比为35.8%~37.7%,仅次于土壤温室气体排放,因此未来还需发展低碳清洁的肥料生产工艺,进一步减少碳排放。

松嫩平原南部大豆—玉米—玉米轮作体系下,秸秆深施还田和秸秆覆盖免耕不影响土壤 N_2O 和 CH_4 排放。影响农田碳足迹的主要贡献因子是土壤温室气体排放、氮肥生产、磷肥生产和田间耕作。秸秆覆盖免耕措施可以减少机械燃油产生的碳排放,进而降低农田碳足迹,较常规和秸秆深施还田处理分别降低4.5%和5.1%。秸秆深施还田和秸秆覆盖免耕可以提高大豆、玉米产量。综上,在松嫩平原南部大豆—玉米—玉米轮作体系下,秸秆覆盖免耕可以降低农田碳足迹并可提高大豆、玉米产量,是较为适宜的耕作方式。下一步,应建立低碳可持续的耕作管理方式,开展清洁生产、优化农机农艺管理、高效施肥等措施,助力实现我国"碳达峰、碳中和"目标。

参考文献

柴如山,2015. 我国农田化学氮肥减量与替代的温室气体减排潜力估算[D]. 杭州:浙江大学.

成功,张阿凤,王旭东,等,2016. 运用"碳足迹"的方法评估小麦秸秆及其生物质炭添加对农田生态系统净碳汇的影响[J]. 农业环境科学学报,35(3):604-612.

杜杰,王林林,谢军红,等,2020. 基于Meta分析的耕作措施对黄土高原地区小麦和玉米碳足迹影响研究[J]. 云南农业大学学报(自然科学),35(5):906-918.

段华平,张悦,赵建波,等,2011. 中国农田生态系统的碳足迹分析[J]. 水土保持学报,25(5):203-208.

段智源,李玉娥,万运帆,等,2014. 不同氮肥处理春玉米温室气体的排放[J]. 农业工程学报, 30(24): 216-224.

高洪军, 张卫建, 彭畅, 等, 2017. 长期施肥下黑土玉米田土壤温室气体的排放特征[J]. 农业资源与环境学报, 34(5): 422-430.

高肖贤, 张华芳, 马文奇, 等, 2014. 不同施氮量对夏玉米产量和氮素利用的影响[J]. 玉米科学, 22(1): 121-126, 131.

郭树芳, 齐玉春, 董云社, 等, 2014. 滴灌对农田土壤 CO_2 和 N_2O 产生与排放的影响研究进展[J]. 中国环境科学, 34(11): 2757-2763.

郝小雨, 高伟, 王玉军, 等, 2012. 有机无机肥料配合施用对设施菜田土壤 N_2O 排放的影响[J]. 植物营养与肥料学报, 18(5): 1073-1085.

郝小雨, 周宝库, 马星竹, 等, 2015. 氮肥管理措施对黑土玉米田温室气体排放的影响[J]. 中国环境科学, 35(11): 3227-3238.

郝小雨, 孙磊, 马星竹, 等, 2022. 黑龙江省黑土区玉米田氮肥减施效应及碳足迹估算[J]. 河北农业大学学报, 45(5): 10-18.

郝小雨, 王晓军, 高洪生, 等, 2022. 松嫩平原不同秸秆还田方式下农田温室气体排放及碳足迹估算[J]. 生态环境学报, 31(2): 318-325.

黄益宗, 冯宗炜, 张福珠, 2001. 硝化抑制剂硝基吡啶在农业和环境保护中的应用[J]. 土壤与环境, 10(4): 323-326.

姬景红, 李玉影, 刘双全, 等, 2014. 黑龙江省春玉米的优化施肥研究[J]. 中国土壤与肥料(5): 53-58.

纪玉刚, 孙静文, 周卫, 等, 2009. 东北黑土玉米单作体系氨挥发特征研究[J]. 植物营养与肥料学报, 15(5): 1044-1050.

巨晓棠, 谷保静, 2014. 我国农田氮肥施用现状、问题及趋势[J]. 植物营养与肥料学报, 20(4): 783-795.

巨晓棠, 张翀, 2021. 论合理施氮的原则和指标[J]. 土壤学报, 58(1): 1-13.

李春喜, 骆婷婷, 闫广轩, 等, 2020. 河南省不同生态区小麦—玉米两熟制农田碳足迹分析[J]. 生态环境学报, 29(5): 918-925.

李平, 郎漫, 李淼, 等, 2018. 不同施肥处理对东北黑土温室气体排放的短期影响[J]. 环境科学, 39(5): 2360-2367.

李萍, 郝兴宇, 宗毓铮, 等, 2017. 不同耕作措施对雨养冬小麦碳足迹的影响[J]. 中国生态农业学报, 25(6): 839-847.

李志国, 张润花, 赖冬梅, 等, 2012. 西北干旱区两种不同栽培管理措施下棉田 CH_4 和 N_2O 排放通量研究[J]. 土壤学报, 49(5): 924-934.

刘海涛, 林超文, 朱波, 等, 2016. 耕作和覆盖方式对紫色土坡耕地 N_2O

排放的影响[J].西南农业学报,29(7):1579-1583.

刘全全,王俊,付鑫,等,2016.不同覆盖措施对黄土高原旱作农田 N_2O 通量的影响[J].干旱地区农业研究,34(3):115-122,178.

刘松,王效琴,胡继平,等,2018.施肥与灌溉对甘肃省苜蓿碳足迹的影响[J].中国农业科学,51(3):556-565.

吕敏娟,陈帅,辛思颖,等,2019.施氮量对冬小麦产量、品质和土壤氮素平衡的影响[J].河北农业大学学报,42(4):9-15.

吕艳杰,于海燕,姚凡云,等,2016.秸秆还田与施氮对黑土区春玉米田产量、温室气体排放及土壤酶活性的影响[J].中国生态农业学报,24(11):1456-1463.

米国华,伍大利,陈延玲,等,2018.东北玉米化肥减施增效技术途径探讨[J].中国农业科学,51(14):2758-2770.

裴淑玮,张圆圆,刘俊锋,等,2012.施肥及秸秆还田处理下玉米季温室气体的排放[J].环境化学,31(4):407-414.

乔云发,苗淑杰,王树起,等,2007.不同施肥处理对黑土土壤呼吸的影响[J].土壤学报,44(6):1028-1035.

史磊刚,陈阜,孔凡磊,等,2011.华北平原冬小麦—夏玉米种植模式碳足迹研究[J].中国人口·资源与环境,21(9):93-98.

宋利娜,张玉铭,胡春胜,等,2013.华北平原高产农区冬小麦农田土壤温室气体排放及其综合温室效应[J].中国生态农业学报,21(3):297-307.

孙海军,闵炬,施卫明,等,2015.硝化抑制剂施用对水稻产量与氨挥发的影响[J].土壤,47(6):1027-1033.

孙志梅,武志杰,陈利军,等,2008.硝化抑制剂的施用效果、影响因素及其评价[J].应用生态学报,19(7):1611-1618.

唐占明,刘杏认,张晴雯,等,2021.对比研究生物炭和秸秆对麦玉轮作系统 N_2O 排放的影响[J].环境科学,42(3):1569-1580.

王斌,李玉娥,万运帆,等,2014.控释肥和添加剂对双季稻温室气体排放影响和减排评价[J].中国农业科学,47(2):314-323.

王晓军,高洪生,李伟群,等,2017.保护性耕作对土壤物理性状及有机碳储量的影响[J].黑龙江农业科学(12):36-40.

王钰乔,濮超,赵鑫,等,2018.中国小麦、玉米碳足迹历史动态及未来趋势[J].资源科学,40(9):1800-1811.

王缘怡,李晓宇,王寅,等,2021.吉林省农户玉米种植与施肥现状调查[J]. 中国农业资源与区划, 42 (9)：262-271.

邹刚, 潘根兴, 郑聚锋, 等, 2013. 施肥模式对雨养旱地温室气体排放的影响[J]. 土壤, 45(3)：459-463.

伍芬琳, 李琳, 张海林, 等, 2007. 保护性耕作对农田生态系统净碳释放量的影响[J]. 生态学杂志, 26(12)：2035-2039.

武志杰, 史云峰, 陈利军, 2008. 硝化抑制作用机理研究进展[J]. 土壤通报, 39(4)：962-970.

熊舞, 夏永秋, 周伟, 等, 2013. 菜地氮肥用量与 N_2O 排放的关系及硝化抑制剂效果[J]. 土壤学报, 50(4)：743-751.

徐新朋, 魏丹, 李玉影, 等, 2016. 基于产量反应和农学效率的推荐施肥方法在东北春玉米上应用的可行性研究[J]. 植物营养与肥料学报, 22(6)：1458-1460.

殷文, 赵财, 于爱忠, 等, 2015. 秸秆还田后少耕对小麦/玉米间作系统中种间竞争和互补的影响[J]. 作物学报, 41(4)：633-641.

俞祥群, 姜振辉, 王江怀, 等, 2019. 减氮施肥对春玉米—晚稻生产系统碳足迹的影响[J]. 应用生态学报, 30(4)：1397-1403.

张惠, 王志国, 张晴雯, 等, 2015. 抑制剂 NBPT/DCD 不同组合对灌区碱性灌淤土中氨挥发及有效氮积累量的影响[J]. 农业环境科学学报, 34(3)：606-612.

张苗苗, 沈菊培, 贺纪正, 等, 2014. 硝化抑制剂的微生物抑制机理及其应用[J]. 农业环境科学学报, 33(11)：2077-2083.

张冉, 赵鑫, 濮超, 等, 2015. 中国农田秸秆还田土壤 N_2O 排放及其影响因素的 Meta 分析[J]. 农业工程学报, 31(22)：1-6.

张卫峰, 马林, 黄高强, 等, 2013. 中国氮肥发展、贡献和挑战[J]. 中国农业科学, 46 (15)：3161-3171.

张文学, 孙刚, 何萍, 等, 2013. 脲酶抑制剂与硝化抑制剂对稻田氨挥发的影响[J]. 植物营养与肥料学报, 19(6)：1411-1419.

张鑫, 李著园, 孟凡乔, 等, 2020. 桓台县冬小麦和夏玉米秸秆长期还田的生态效益分析[J]. 生态学报, 40(12)：4157-4168.

张怡, 吕世华, 马静, 等, 2014. 控释肥料对覆膜栽培稻田 N_2O 排放的影响[J]. 应用生态学报, 25(3)：769-775.

赵兰坡, 张志丹, 王鸿斌, 等, 2008. 松辽平原玉米带黑土肥力演化特点及培育技术[J]. 吉林农业大学学报, 30(4)：511-516.

周健民, 2013. 土壤学大辞典[M]. 北京：科学出版社.

周旋, 吴良欢, 董春华, 2018. 生化抑制剂组合对黄泥田土壤氨挥发及累积特性的影响[J]. 生态学杂志, 37(4): 1081-1088.

朱晓晴, 安晶, 马玲, 等, 2020. 秸秆还田深度对土壤温室气体排放及玉米产量的影响[J]. 中国农业科学, 53(5): 977-989.

朱兆良, 金继运, 2013. 保障我国粮食安全的肥料问题[J]. 植物营养与肥料学报, 19(2): 259-273.

AMBERGER A, 1989. Research on dicyandiamide as a nitrification inhibitor and future outlook [J]. Communications in Soil Science and Plant Analysis, 20: 1933-1955.

CAN Y T, LIANG C, MAY W, et al., 2012. Carbon footprint of spring barley in relation to preceding oilseeds and N fertilization [J]. International Journal of Life Cycle Assessment, 17: 635-645.

CHEN Y L, XIAO C X, WU D L, et al., 2015. Effects of nitrogen application rate on grain yield and grain nitrogen concentration in two maize hybrids with contrasting nitrogen remobilization efficiency [J]. European Journal of Agronomy, 62: 79-89.

CUI X Q, ZHOU F, CIAIS P, et al., 2021. Global mapping of crop-specific emission factors highlights hotspots of nitrous oxide mitigation [J]. Nature Food, 2: 886-893.

CUI Z L, YUE S C, WANG G L, et al., 2013. Closing the yield gap could reduce projected greenhouse gas emissions: A case study of maize production in China [J]. Global Change Biology, 19(8): 2467-2477.

DI H J, CAMERON K C, SHERLOCK R R, et al., 2010. Nitrous oxide emissions from grazed grassland as affected by a nitrification inhibitor, dicyandiamide, and relationships with ammonia-oxidizing bacteria and archaea [J]. Journal of Soils and Sediments, 10(5): 943-954.

FRAME W, 2016. Ammonia Volatilization from urea treated with NBPT and two nitrification inhibitors [J]. Agronomy Journal, 109(1): 378-387.

GAN Y T, LIANG C, CHAI Q, et al., 2014. Improving farming practices reduces the carbon footprint of spring wheat production [J]. Nature Communications, 5: 5012-5025.

GARCIA R, BAGGS E M, 2007. N_2O emission from soil following combined application of fertiliser-N and ground weed residues [J]. Plant and Soil, 299(1-2): 263-274.

GRANT C A, WU R, SELLES F, et al., 2012. Crop yield and nitrogen concentration with controlled release urea and split applications of nitrogen as compared to non-coated urea applied at seeding [J]. Field Crops Research, 127: 170-180.

GREGORICH E G, ROCHETTE P, VANDENBYGAART A J, et al., 2005. Greenhouse gas contributions of agricultural soils and potential mitigation practices in eastern Canada [J]. Soil and Tillage Research, 83 (1): 53-72.

IFA, 2009. http://www. fertilizer. Org/ifa/HomePage/STATISTICS/FUBC.

HUANG S, DING W, JIA L, et al., 2021. Cutting environmental footprints of maize systems in China through Nutrient Expert management [J]. Journal of Environmental Management, 282: 111956.

IPCC, 2007. Climate Change 2007: The physical science basis contribution of working group I to the fourth assessment report of the IPCC [R]. Cambridge: Cambridge University Press.

IPCC, 2013. Climate Change 2013: The physical science basis. Contribution of working group I to the fifth assessment report of the Intergovernmental Panel on Climate Change [R]. Cambridge: Cambridge University Press.

IPCC, 2021. AR6 Climate Change 2021: The physical science basis [R]. https://www. ipcc. ch/report/ar6/wg1/#FullReport.

JI Y, LIU G, MA J, et al., 2012. Effect of controlled-release fertilizer on nitrous oxide emission from a winter wheat field [J]. Nutrient Cycling in Agroecosystems, 94: 111-122.

JU X T, XING G X, CHEN X P, et al., 2009. Reducing environmental risk by improving N management in intensive Chinese agricultural systems [J]. Proceedings of the National Academy of Sciences of the United States of America, 106: 3041-3046.

LENKA N K, LAL R, 2013. Soil aggregation and greenhouse gas flux after 15 years of wheat straw and fertilizer management in a no-till system [J]. Soil and Tillage Research, 126: 78-89.

LI H, DAI M W, DAI S L, et al., 2018. Current status and environment impact of direct straw return in China's cropland: A review [J]. Ecotoxicology and Environmental Safety, 159: 293-300.

LIU C Y, WANG K, MENG S X, et al., 2011. Effects of irrigation, fertilization and crop straw management on nitrous oxide and nitric oxide emissions from a wheat-maize rotation field in northern China [J]. Agriculture, Ecosystems & Environment, 140(1): 226-233.

MA J, MA E, XU H, et al., 2009. Wheat straw management affects CH_4 and N_2O emissions form rice fields [J]. Soil Biology and Biochemistry, 41: 1022-1028.

MARTINS M R, SANT'ANNA S A C, ZAMAN M, et al., 2017. Strategies for the use of urease and nitrification inhibitors with urea: Impact on N_2O and NH_3 emissions, fertilizer -^{15}N recovery and maize yield in a tropical soil [J]. Agriculture, Ecosystems & Environment, 247: 54-62.

MIGLIORATI M D A, SCHEER C, GRACE P R, et al., 2014. Influence of different nitrogen rates and DMPP nitrification inhibitor on annual N_2O emissions from a subtropical wheat-maize cropping system [J]. Agriculture, Ecosystems & Environment, 186: 33-43.

PETERS G P, 2010. Carbon footprint and embodied carbon at multiple scales [J]. Current Opinion in Environmental Sustainability, 38 (9): 4856-4859.

RAWLUK C D L, GRANT C A, RACZ G J, 2001. Ammonia volatilization from soils fertilized with urea and varying rates of urease inhibitor NBPT [J]. Canadian Journal of Soil Science, 81: 239-246.

SUN B F, ZHAO H, LÜ Y Z, et al., 2016. The effects of nitrogen fertilizer application on methane and nitrous oxide emission/uptake in Chinese croplands [J]. Journal of Integrative Agriculture, 15(2): 440-450.

SUN H J, ZHANG H L, POWLSON D, et al., 2015. Rice production, nitrous oxide emission and ammonia volatilization as impacted by the nitrification inhibitor 2-chloro-6-(trichloromethyl)-pyridine [J]. Field Crops Research, 173: 1-7.

SUN H Y, SHAO L W, LIU X W, et al., 2012. Determination of water consumption and the water-saving potential of three mulching methods in a jujube orchard [J]. European Journal of Agronomy, 43: 87-95.

TAO R, LI J, GUAN Y, et al., 2018. Effects of urease and nitrification inhibitors on the soil mineral nitrogen dynamics and nitrous oxide (N_2O) emissions on calcareous soil [J]. Environmental Science & Pollution Research International, 25: 9155-9164.

VANNELLI T, HOOPER A B, 1992. Oxidation of nitrapyrin to 6-chloropicolinic acid by the ammonia-oxiding bacterium *Nitrosomonas europaea* [J]. Applied and Environmental Microbiology, 58(7): 2321-2325.

VANNELLI T, HOOPER A B, 1993. Reductive dehalogenation of the trichloromethyl group of nitrapyrin by the ammonia-oxidizing bacterium *Nitrosomonas europaea* [J]. Applied and Environmental Microbiology, 59(11): 3597-3601.

VENTEREA R T, HALVORSON A D, KITCHEN N, et al., 2012. Challenges and opportunities for mitigating nitrous oxide emissions from fertilized cropping systems [J]. Frontiers in Ecology and the Environment, 10: 562-570.

WALLING E, VANEECKHAUTE C, 2020. Greenhouse gas emissions from inorganic and organic fertilizer production and use: A review of emission factors and their variability [J]. Journal of Environmental Management, 276: 111211.

WEST T O, MARLAND G, 2002. Net carbon flux from agricultural ecosystems: Methodology for full carbon cycle analyses [J]. Environmental Pollution, 116: 439-444.

ZHANG L M, HU H W, SHEN J P, et al., 2012. Ammonia-oxidizing archaea have more important role than ammonia-oxidizing bacteria in ammonia oxidation of strongly acidic soils [J]. The ISME Journal, 6: 1032-1045.

第六章

黑龙江省农作物肥料农药
减施增效推荐方法

第一节　养分专家系统在作物推荐施肥中的应用

一、基于产量反应与农学效率的推荐施肥原理

养分专家系统是一款基于计算机软件的施肥决策系统，能够针对某一具体地块或操作单元给出个性化的施肥方案。中国农业科学院农业资源与农业区划研究所植物营养团队，在汇总过去十几年在全国范围内开展的肥料田间试验的基础上，建立了包含作物产量反应、农学效率及养分吸收与利用信息的数据库，基于土壤基础养分供应、作物农学效率与产量反应的内在关系，以及具有普遍指导意义的作物最佳养分吸收和利用特征参数，建立了基于产量反应和农学效率的推荐施肥模型（QUEFTS 模型），并采用信息技术，把复杂的施肥原理研发成用户方便使用的"养分专家系统"。养分专家系统的指导原则：一是应用产量反应或不施某种养分地上部的养分吸收表征土壤基础养分供应状况，充分利用土壤基础养分供应；二是为防止作物对养分的奢侈吸收或不足，平衡施用肥料（包括大量及中微量元素）；三是增加短期和中期的效益；四是维持土壤肥力。用户只需提供地块的一些基本信息，如往年农民习惯措施下的作物产量、施肥历史、有机无机肥料投入情况以及秸秆还田方式，养分专家系统就能给出基于该地块的个性化施肥方案。该方法解决了长期以来氮肥难以推荐的重大难题，实现了小农户不具备测试条件下的肥料推荐，是一种先进、轻简的指导施肥新方法。

养分专家系统在推荐施肥中除了考虑土壤基础地力，还考虑了上季作物养分残效和秸秆还田带入的养分，以及作物轮作体系和有机肥施用历史等，并采用 4R 养分管理策略，同时兼顾农学、经济和环境效应，时效性强，在有和没有土壤测试的条件下均可使用。养分专家系统注重大、中、微量元素的平衡施用，能够保障作物高产，提高农民收入。目前该平台覆盖玉米、小麦、水稻等主要粮食作物，以及马铃薯、大豆、油菜、棉花、花生、甘蔗、茶树、白菜、番茄、萝卜、大葱、苹果、柑橘、梨、桃、葡萄、香蕉、西瓜、甜瓜等主要作物的施肥量推荐。

二、养分专家系统操作应用

以养分专家系统微信版为例，其是继电脑版、网络版和手机版后又一操作更加简便、适应范围更广的推荐施肥系统。用户只需扫描"二维码"（图6-1），关注"养分专家"微信公众号，注册后即可免费使用微信版养分专

家系统。微信版养分专家系统面对的是我国小农户经营主体，适应当前科技发展形势和传播技术需求，是直接面向用户的作物养分管理工具，也是一款基于计算机软件的施肥决策系统，能够针对某一具体地块或操作单元给出个性化的施肥方案，其最大的优点是用户不需下载安装，界面更加简洁，操作更加简单，并可随时向后台提出问题，后台操作者会及时反馈信息，为用户提供服务，互动性更强。

图6-1　养分专家系统作物选择界面及微信二维码

养分专家系统微信版，增加了后台数据库的数据量，仍然延续电脑版的施肥原理。系统包含4个界面：地块信息、本季信息、上季信息和推荐施肥（图6-2）。用户通过点菜单形式即可完成，最大化地简化了操作步骤，并可以向用户即时推送最新养分管理信息及相应技术，实现农业技术指导人员与农户之间文字、图片、语言的全方位沟通与互动。

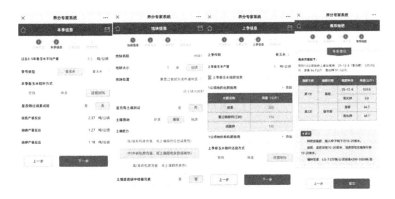

图6-2　养分专家系统操作界面

第二节　黑龙江省玉米肥料减施增效生产技术规程

一、黑龙江省玉米高效栽培技术规程

(一) 轮作与耕作

1. 合理轮作

玉米生长可以适应大部分土壤，但应以土壤疏松，耕层深厚，地块平整，肥力均一，保水、保肥及排水良好，pH 为 6.5~7 的地块为宜。

玉米耐重茬，对前茬作物要求不高。小麦、大豆、花生、马铃薯等作物均是良好的玉米前茬。但在选用茬口时应考虑前茬作物除草剂的使用情况，如过量使用异噁草松或氟磺胺草醚的大豆茬第二年种植玉米会影响其出苗和幼苗的生长。

正确的作物轮作有利于各种作物的全面增产，同时也可起到防治病虫害的作用。黑龙江省玉米区主要有以下 3 种轮作方式：①玉米—玉米—大豆；②玉米—大豆—春小麦；③玉米—大豆—玉米。

2. 土壤耕作

根据黑龙江省秋季收获时间及气候特点，玉米田整地方式主要分为秋整地（表6-1）和春整地（表6-2）。

表 6-1　秋整地耕作措施选择

项目	操作	备注
灭茬	可选	前茬为玉米、高粱必须灭茬
深松	每 1~2 年 1 次	深松有后效性，节约成本
翻地	每 2~3 年 1 次	翻地有后效性，节约成本
耙地	必选	平整地面，疏松土壤
起垄	可选	时间充裕，建议起垄

表 6-2　春整地耕作措施选择

项目	操作	备注
灭茬	可选	前茬为玉米、高粱必须灭茬
耙地	可选	土壤含水量适中，不影响农时情况下建议以耙地为主、旋地为辅；如果土壤含水量较大，农时紧凑，选择旋地起垄方式进行操作
旋地	可选	

（续表）

项目	操作	备注
起垄	可选	提高局部地温，保持水土
镇压	可选	土壤墒情好，可不必选择

（1）秋整地。黑龙江省玉米田秋整地要以深松为基础，松、翻、耙相结合的土壤耕作制。同时，配备大功率机械的农场及合作社可以进行联合整地，在秋季完成灭茬、旋耕、深松、起垄等多项作业。一般建议深翻 1 年、连续深松 2 年的轮耕制度，然后进行耙地、起垄。

（2）春整地。春季播种时间紧迫，整地时间不充裕，建议有秋整地条件的地区，尽量秋整地，减少春整地。玉米茬春季整地，先进行机械灭茬，然后旋耕起垄或耙茬起垄，起垄后及时镇压。

（二）播种

1. 播种前准备

（1）种子选择。

玉米种子质量需要满足《粮食作物种子　第 1 部分：禾谷类》（GB 4404.1—2008），大田用种的品种纯度不低于 97.0%，净度不低于 99.0%，发芽率不低于 85%，水分不高于 13.0%（寒地玉米种子水分允许高于 13.0%，但不能高于 16.0%）。原种的品种纯度不低于 99.9%，净度不低于 99.0%，发芽率不低于 85%，水分不高于 13.0%。建议参阅每年黑龙江省品种审定委员会有关玉米新品种的介绍，选择通过审定的品种，注意品种适应性、产量、品质、抗性等综合性状的选择。

（2）种子处理。

种子精选：采用风选、筛选、粒选等机器精选或人工挑选等方法，去除病斑粒、虫蛀粒、破损粒、杂质和过大、过小的籽粒，留下饱满、整齐、光泽好、具有品种本身特征的籽粒作为种子。

确定发芽率：取种子 100 粒，用温水泡种子 2~4 h，把泡过的种子，摆放到湿毛巾上，再把毛巾卷起，放到容器中或者装到塑料袋里，保持 25 ℃左右，6~7 d 就可查看发芽率。

晒种灭菌：在播种前 1 周左右利用晴好天气，在干燥向阳的地面上晒种 1~2 d，提高种子活性，杀死部分附着在种子表皮上的病原菌，减少种传病害的发生。

种子包衣：种子包衣是玉米种子处理的主要方式之一，进行玉米包衣可以有效预防土传病害，如玉米丝黑穗病，以及地下害虫（蛴螬、金针虫等）引起的虫害，可以有针对性地选择病虫害兼防的种衣剂或包衣后的种子（表6-3）。

注意事项：在进行种子包衣时，要掌握好种衣剂的种类和用量，搅拌时确保种子均匀包裹药膜，搅拌均匀后需将种子摊开阴干处理，严禁在阳光直射下晾晒，待药膜完全固化后进行装袋备用。

表6-3　大豆种衣剂的选择及应用

药剂成分	公顷用量	用途
60 g/L戊唑醇悬浮种衣剂+600 g/L吡虫啉悬浮种衣剂+4. 23%甲霜·种菌唑微乳剂	210 mL+310 mL+200 mL	杀虫兼杀菌
28%多·福·克悬浮种衣剂（10%多菌灵+8%克百威+20%福美双）	900 mL	杀虫兼杀菌
40%氯虫·噻虫嗪水分散粒剂（20%氯虫苯甲酰胺+20%噻虫嗪）+30%甲霜·噁霉灵水剂（24%噁霉灵+6%甲霜灵）	200 g+300 mL	杀虫兼杀菌
600 g/L吡虫啉悬浮种衣剂+62.5 g/L精甲·咯菌腈悬浮种衣剂（25 g/L咯菌腈+37.5 g/L精甲霜灵）	200 mL+400 mL	杀虫兼杀菌
70%噻虫嗪种子处理可分散粉剂+62.5 g/L精甲·咯菌腈悬浮种衣剂（25 g/L咯菌腈+37.5 g/L精甲霜灵）	400 mL+400 mL	杀虫兼杀菌

2. 播种密度确定

通常情况下，黑龙江省中南部地区无霜期长，施肥水平较高，一般公顷保苗株数以6万~8万株为宜；北部地区，一般公顷保苗株数为8万~10万株，播种量一般为15~22.5 kg/hm^2。

3. 播种

（1）播深。根据土壤墒情确定播深，播到湿土层即可，一般黑土区播种深度3~5 cm（手指三指深），白浆土及盐碱土区3~4 cm，风沙土区5~6 cm，最深不超过10 cm。

（2）播期。当土壤表层5~10 cm温度稳定在8~10 ℃，土壤水分达到田间持水量的60%~70%时适宜播种。中晚熟品种可适当早播，早熟品种可适当晚播。

（3）播种机械及要求。采用精量播种机进行播种，保证播种质量。播后及时镇压，做到精量播种、下种均匀、播深一致、覆土严、无断条、无漏播。20 cm内无籽为断条，每5 m断条不超过1处。机械垄上播种时应对准垄顶中心，偏差不超过 3 cm。

（4）镇压。播种后及时镇压，如土壤湿度过大，待表土略干后镇压，以免表土板结影响出苗。

（三）施肥

1. 底肥

通常可以选择老三样（表 6-4）、玉米专用复合肥料和掺混肥料（表 6-5）以及新型长效肥料（表 6-6）作玉米底肥。肥料施用量根据目标产量和土壤养分情况进行选择，当目标产量相同时，高等地力建议选择推荐施肥量的下限值，中等地力建议选择推荐施肥量的中间值，低等地力建议选择推荐施肥量的上限值。

玉米底肥施用最需要注意种肥隔离，保证肥料在种侧、种下与种子的距离均达到 8~10 cm，避免种肥接触产生烧苗现象。

表 6-4　老三样推荐用量

| 目标产量/ | 底肥/（kg/hm²） | | |
（kg/亩，30%水分）	尿素（N 46%）	磷酸二铵（P₂O₅ 64%）	氯化钾（K₂O 60%）
600	50~100	100~150	50~100
800	100~150	150~200	100
1 000	100~150	200~250	100~150

表 6-5　复合肥料和掺混肥料用量

肥料配比（N-P₂O₅-K₂O）	目标产量/（kg/亩）	底肥/（kg/hm²）
24-12-10	600	200~300
	800	300~400
	1 000	400~500
14-17-13	600	250~350
	800	350~400
	1 000	400~550
19-20-19	600	200~300
	800	300~400
	1 000	400~500

（续表）

肥料配比（N-P$_2$O$_5$-K$_2$O）	目标产量/（kg/亩）	底肥/（kg/hm^2）
16-25-10	600	250~300
	800	300~400
	1 000	400~500

表6-6　新型长效肥料用量

目标产量 （kg/亩，30%水分）	底肥/（kg/hm^2）			
	控释尿素 （N 45%）	普通尿素 （N 46.4%）	磷酸二铵 （P$_2$O$_5$ 64%）	氯化钾 （K$_2$O 60%）
600	100~150	150~200	100~150	100~150
800	150~200	150~200	150~200	150~200
1 000	200~250	200~250	200~250	200~250

2. 追肥

（1）根部追肥。追肥应采用垄沟开沟追肥的方式，追肥后覆土 3~5 cm，在避免伤根的同时提高肥料利用率，利用玉米根系的向肥性，促进根系生长。对于黑龙江省大部分玉米生产区来说，玉米追肥基本以氮肥和钾肥为主，具体用量见表6-7。

表6-7　玉米追肥用量

目标产量 （kg/亩，30%水分）	尿素（N 46.4%）/ （kg/hm^2）	磷酸二铵 （P$_2$O$_5$ 64%）/ （kg/hm^2）	氯化钾 （K$_2$O 60%）/ （kg/hm^2）
600	200~250	—	50
800	250~300	50	50~100
1 000	300~350	50~100	100~150

（2）根外追肥结合病虫害防控。

大喇叭口期，每公顷使用大量元素水溶肥（平衡型）1 kg+2.5%高效氯氟氰菊酯乳油 300 mL+70%吡虫啉水分散粒剂 225~300 g+250 g/L 吡唑醚菌酯乳油 450~750 mL。

抽雄吐丝期，每公顷使用大量元素水溶肥（高钾型）1 kg+2.5%高效氯氟氰菊酯乳油300 mL+70%吡虫啉水分散粒剂225~300 g+18.7%丙环·嘧菌酯悬浮剂750~1 050 mL。

（四）田间管理

在玉米生长期内，中耕可以有效消灭杂草、疏松土壤、破除地面板结、增加土壤通气性、促进根系伸展，同时又起到培土、蓄水保墒、提高地温的作用。

1. 中耕

第一遍中耕在玉米刚出苗时，深松作业，深度在20 cm以上，起到消灭杂草、提高地温、促进根系生长的作用。

第二遍中耕在玉米6展叶时，结合追肥同时进行，将肥料施入垄沟最深处，起到消灭杂草、保水蓄墒、补充养分的作用。

2. 化学除草

（1）播后苗前土壤处理。推荐苗前除草剂：乙草胺、噻吩磺隆、嗪草酮、2,4-滴异辛酯、莠去津、硝磺草酮等（表6-8）。施用时期：玉米播种后至出苗前。

表6-8　玉米田杂草土壤处理主要除草剂合剂

除草剂	亩用量/mL	防除杂草范围	备注
60%乙·嗪·滴辛酯乳油	200~250	杀草谱广，能防除绝大部分玉米田杂草，对恶性杂草也有较好的效果	土壤有机质较低时药害较重，应慎重；高剂量下或积水处有药害表现，一般可恢复
550 g/L硝磺·莠去津悬浮剂	100~150	能防除大部分玉米田杂草，对抗性阔叶草也有较好的效果	后茬玉米、蔬菜等会有白化现象，一般可逐渐恢复
81%滴辛酯·噻吩隆·乙草胺乳油	150~200	能防除大部分玉米田一年生杂草，对多年生和恶性杂草效果不理想	对后生杂草效果较差

注意事项如下。①施药前把地整好，达到地平、土碎、地表无植物残株和大土块。②药剂均匀喷洒，牵引式喷雾机药液量为220~225 L/hm²。喷雾过程中坚持标准作业，达到喷洒均匀，不重不漏。③施药宜早，防止因降雨耽误正常施药。④土壤有机质含量高或土壤为黏质土，用推荐剂量的上限值；反之则用推荐剂量的下限值。

（2）苗后茎叶处理。推荐苗后除草剂：烟嘧磺隆、莠去津、硝磺草酮、苯唑草酮等（表6-9）。施用时期：玉米3~5叶期、杂草2~4叶期。

注意事项如下。①苗后牵引式喷雾机喷液量为75~100 L/hm²，机械或人工背负式喷雾器喷液量为 150~225 L/hm²。②施用苗后茎叶处理除草剂要选择无风或微风（风速不大于 4 m/s）、温度不高于 27℃、湿度不低于 65% 的天气，施药时间在 10: 00 之前或 15: 00 之后。③可采用全田施药法，也可采用苗带施药法。干旱年份添加助剂，增加除草效果。

表6-9 玉米田杂草茎叶处理除草剂主要合剂

除草剂	亩用量	杂草	备注
42%烟嘧·莠去津悬浮剂	100 mL	大部分玉米田杂草	莠去津持效期长，易对后茬作物造成药害，当施药量每亩有效成分 200 g 时，后茬只能种植玉米和高粱，敏感作物如大豆、谷子、水稻、甜菜、油菜、西瓜、甜瓜、蔬菜等均不能种植
30%硝·烟·莠去津可分散油悬浮剂	80~120 mL	大部分玉米田杂草	—
30%苯唑草酮悬浮剂 90%莠去津水分散粒剂	5 mL 70 g	对大部分杂草均有良好的效果	对绝大多数玉米具有良好的选择性，包括常规玉米、甜玉米、糯玉米

3. 化控防倒技术

喷施化控剂的原则是"喷高不喷低，喷旺不喷弱，喷绿不喷黄"。品种植株过高、不耐密、不抗倒伏，后期营养生长过旺、密度大、施肥量高、降雨过多等情况应采取化控防倒技术。

在玉米 6~9 片叶期，每亩喷施 30%胺鲜·乙烯利水剂 20~25 mL，喷施时要严格控制浓度，过量喷施会造成减产。

4. 玉米常见病虫害防治技术

病虫害是影响玉米品质和产量的重要因素，防大于治，良好的田间管理可以极大程度地降低种植风险，让玉米安全达到成熟期，保障玉米产量。具体的化学防治技术见表6-10、表6-11。

表6-10 玉米常见病害防治技术

病害种类	药剂防治
大斑病	每亩用30%唑醚·戊唑醇悬浮剂34~46 mL，或18.7%丙环·嘧菌酯悬浮剂50~70 mL
褐斑病	每亩用80%代森锰锌可湿性粉剂 50~100 g，或 70%甲基硫菌灵可湿性粉剂100~120 g，或25%丙环唑乳油25~35 mL

（续表）

病害种类	药剂防治
灰斑病	每亩用70%甲基硫菌灵可湿性粉剂80~100 g，或10%苯醚甲环唑水分散粒剂40~50 g
纹枯病	每亩用10%井冈霉素水剂100~125 g，或50%多菌灵可湿性粉剂80~100 g，或18.7%丙环·嘧菌酯悬浮剂40~50 mL
茎腐病	每亩用10%苯醚甲环唑水分散粒剂50~70 g，或80%戊唑醇水分散粒剂6~8 g
细菌性茎腐病	每亩用30%噻唑锌悬浮剂67~100 mL，或50%氯溴异氰尿酸可溶性粉剂50~60 g
瘤黑粉病 丝黑穗病	采用25%三唑酮可湿性粉剂，按种子重量0.3%的用药量拌种；也可在未发病前每亩喷施12.5%烯唑醇可湿性粉剂30~60 g，或430 g/L戊唑醇悬浮剂15~30 mL
弯孢霉叶斑病	每亩用80%代森锰锌可湿性粉剂50~100 g，或400 g/L氟硅唑乳油8~10 mL
北方炭疽病	每亩用300 g/L苯甲·丙环唑乳油25~30 mL，或250 g/L吡唑醚菌酯乳油30~50 mL

表6-11　玉米常见虫害防治技术

虫害位置	虫害种类	药剂防治
地下	金针虫 蛴螬 地老虎 蝼蛄	玉米种子在出厂时一般都包衣，常用的种衣剂有噻虫嗪、吡虫啉、氯虫苯甲酰胺等杀虫剂，不建议种植户再次自行包衣
地上	玉米螟	每亩用2.5%高效氯氟氰菊酯乳油20 mL，或4.5%高效氯氰菊酯乳油30 mL
	玉米蚜 黏虫 双斑长跗萤叶甲	每亩用2.5%高效氯氟氰菊酯乳油20 mL，或4.5%高效氯氰菊酯乳油30 mL，或70%吡虫啉水分散粒剂15~20 g

（五）收获

1. 玉米成熟标志

田间90%以上玉米植株茎节变黄，果穗苞叶枯白而松软，籽粒水分一般在22%~30%，籽粒变硬，用手指掐之无凹痕，表面有光泽，靠近胚的基部出现黑层，籽粒乳线消失，并呈现品种所固有的粒型和颜色，这时达到生理成熟即完全成熟。

2. 玉米收获方式及质量要求

（1）人工收获。人工或机械收割放铺，再人工将玉米剥穗后摘下运回脱粒。目前人工收获是只有在特殊情况才会进行的一种收获方式，如在玉米倒伏严重、山坡地、水淹地等收割机作业受限的地块，或小面积试验田、示范田等需要精确分类处理的地块。

（2）机械联合收获。用谷物联合收获机换装玉米割台一次完成摘穗、剥皮脱粒（脱粒、分离和精选）等作业。机械收获要求籽粒损失率≤2%、果穗损失率≤3%、籽粒破碎率≤1%、苞叶剥净率≥85%、果穗含杂率≤3%、茎秆切碎长度（带秸秆还田作业的机型）≤10 cm，还田茎秆切碎合格率≥90%。

3. 收获注意事项

第一，收获前半个月，对应各个地块玉米成熟度、倒伏程度、种植密度和行距、果穗的下垂度、最低结穗高度等情况，做好田间调查，并提前制订作业计划。

第二，提前5 d，平整田块中的沟渠，并在水井、电杆拉线等不明显障碍上设置明显标志，以利于安全作业。

第三，收获机检修。作业前应进行试收获，调整机具，达到农艺要求后，方可投入正式作业。玉米联合收获机均为对行收获，作业时，割道要对准玉米行，以减少掉穗损失。

第四，机械作业前应适当调整摘穗辊（或摘穗板）间隙，以减少籽粒破碎；作业中，注意果穗升运过程中的流畅性，以免被卡住，造成堵塞；随时观察果穗箱的充满程度，及时倾卸果穗，以免出现果满后溢出或卸粮时卡堵现象。

第五，正确调整秸秆还田机的作业高度，保证留茬高度小于10 cm，以免还田刀具因打土而损坏。

第六，如安装除茬机，应确保除茬刀具的入土深度，保持除茬深浅一致，以保证作业质量。

4. 秸秆还田

秸秆还田耕整地技术要因地制宜，分区域进行模式选择。

（1）西部干旱地区。齐齐哈尔市南部、大庆市和绥化市西部干旱地区，建议选择秸秆覆盖免耕播种的保护性耕作模式。秸秆覆盖后可以减少风蚀、水蚀，有效地保护耕层。

（2）北部寒冷地区。建议主要采用秸秆松耙碎混模式，可增加秸秆与土壤的接触面积，缩短秸秆腐烂时间。

（3）中东部地区。松嫩平原大部和三江平原地区，秸秆翻埋技术、秸秆碎混技术、秸秆覆盖免耕技术，3种秸秆还田模式都可以选用。

二、黑龙江省厚层黑土玉米生产技术规程——以赵光为例

（一）春播阶段

1. 播期

5日内5 cm耕层稳定通过5 ℃进行播种。一般玉米在4月25日—5月5日播种。

2. 施肥前镇压

施肥前春垄镇压，土壤化冻3～5 cm时进行镇压器带大拉网镇压封墒作业。一般在4月10—20日。

3. 施肥、播种

（1）品种选择。选择东农257、先玉1219、德美亚1号、德美亚2号等主栽品种。

（2）施肥。玉米播前深施肥（4月16—22日），玉米施用配方混拌肥，常规肥料亩侧深施肥纯量为N 4.5～5.5 kg、P 6.5～7.5 kg、K 3～4 kg，施肥宽度36 cm，采用分层施肥。上层肥为总用量的1/3，施肥深度10～12 cm；下层肥为总用量的2/3，施肥深度为14～16 cm。追施氮肥4.5 kg。

缓释尿素或增效尿素亩侧深施肥纯量为N 7.5 kg、P 7.5 kg、K 3～4 kg，施肥宽度36 cm，采用分层施肥。上层肥为总用量的1/3，施肥深度10～12 cm；下层肥为总用量的2/3，施肥深度为14～16 cm。追施氮肥2.5 kg。两条肥带间距36 cm，垄体平整，深度一致。肥料单口流量误差不超过±2%，种肥深度允许误差±1%。施肥后适墒镇压。

（3）玉米播种（4月25日—5月5日）。玉米播种前可进行二次拌种，应用包衣+种子量0.2%的抗旱种衣剂+0.75%磷酸二氢钾（含量99.5%）拌种+0.2%芸苔素内酯。播种机垄上双行播种，播速6 km/h，播深3 cm，行距40 cm。严禁湿播，覆土均匀、严密，不准露种。播后及时镇压封墒。

（4）玉米种植密度。根据气候条件及品质特性，设计公顷播量9万～10万粒，公顷保苗8.5万～9.5万株，匀度一致。

4. 土壤处理

玉米（4月28日—5月6日）防治一年生禾本科杂草、阔叶杂草，使用720 g/L异丙甲草胺乳油2.25 L/hm²+75%噻吩磺隆水分散粒剂45 g/hm²，或960 g/L精异丙甲草胺乳油1.275 L/hm²+75%噻吩磺隆水分散粒剂

45 g/hm^2。

（二）夏管阶段

1. 深松放寒

玉米未出苗（5月10—19日）或玉米见1叶（5月19—26日）：深松放寒1遍，深度不低于30 cm，配有前后杆尺作业，后杆尺尺尖宽度不小于8 cm，前杆尺入土深度不低于20 cm，后杆尺入土深度不低于30 cm，采用双杆尺，入土深浅一致，误差小于±1 cm，配有封墒碎土护苗装置。

2. 苗后灭草

玉米3~5叶期（5月28日—6月5日）：喷施24%烟嘧·莠去津可分散油悬浮剂1.5 L/hm^2，或30%硝磺·莠去津可分散油悬浮剂2.7 L/hm^2，或28%硝·烟·莠去津可分散油悬浮剂3 L/hm^2。

3. 中耕

（1）第一遍中耕。玉米3~5展叶期（6月5—10日）：中耕时到头到边，不伤苗、不压苗，不偏墒、不损伤根系，地头整齐，伤苗率小于1%。

（2）第二遍中耕。玉米6~8展叶期（6月14—20日）：玉米封垄前第二遍中耕结合追肥。施肥过程中不压苗、不伤苗，覆土严密，无明肥，无漏施，单口流量均匀，误差不超过±2%，施肥深度12~15 cm。

4. 喷施叶面肥结合化控防大斑病

（1）前期化控+第一遍叶面肥。玉米7~9展叶期（6月23—28日）：喷施玉黄金0.5 kg/hm^2（矮帅0.75 kg/hm^2）+氨基酸叶面肥1 L/hm^2。

（2）后期化控+第二遍叶面肥。玉米11~13展叶期（7月10—15日）：喷施氨基酸叶面肥1 L/hm^2+大量元素叶面肥1 L/hm^2。要求不重不漏、雾化均匀。

（3）防大斑病+第三遍叶面肥。玉米大喇叭口期（7月14—17日）：喷施99%磷酸二氢钾0.75 kg/hm^2+400 g/L氟硅唑乳油0.037 5 kg/hm^2。

5. 航化作业

玉米抽雄吐丝期（7月25日—8月10日）：喷施叶面肥1 kg/hm^2+磷酸二氢钾1 kg/hm^2+5%高效氯氰菊酯乳油0.4 kg/hm^2+400 g/L氟硅唑乳油0.037 5 kg/hm^2，防虫、防病、促早熟。

（三）收获

玉米收获期（10月1—15日）：玉米"乳线"消失，籽粒含水量降到30%左右时进行机械联合脱粒直收。割茬高≤20 cm，综合损失率≤3%，破碎率≤3%，清洁率≥99%，车速不高于6 km/h。

第三节　黑龙江省水稻肥药减施增效生产技术规程

一、农资筛选

（一）水稻品种选择

选择通过审定的适宜当地生态区域种植的高产优质抗病品种。$\geq 10\ ℃$ 活动积温 2 650~2 750 ℃，生育期 142~146 d（13 叶、14 叶品种）；$\geq 10\ ℃$ 活动积温 2 450~2 650 ℃，生育期 134~142 d（12 叶、13 叶品种）。

（二）肥料的选择

选择正规厂家生产氮磷钾化肥或缓/控释肥料。树脂包膜控释肥料控释期 ≥ 60 d，$N \geq 40\%$；长效稳定性肥料 $N\text{-}P_2O_5\text{-}K_2O$ 总养分含量 $\geq 48\%$（26-10-12 或 26-12-10）。

（三）药剂的选择

应依据田间不同草相、叶龄、基数、气候等因子有效地选择药剂。插前用药有效成分推荐使用噁草酮、噁草·丁草胺、丙炔噁草酮，同时建议磺酰脲类除草剂吡嘧磺隆使用期前移，由常规用药的二封处理移到插前施药处理。插后用药选择，禾本科杂草建议有效成分选用丙草胺、苯噻酰草胺、莎稗磷等药剂；阔叶杂草建议有效成分选用双唑草腈、苄嘧磺隆、五氟磺草胺等药剂；禾阔莎草封杀建议有效成分选用双唑草腈、双环磺草酮、氟酮磺草胺、丙草胺·氯氟吡啶酯、氟酮·呋喃酮；茎叶喷雾建议有效成分选用五氟磺草胺、氰氟草酯、噁唑酰草胺、噁唑·氰氟、氯氟吡啶酯、2,4-滴丁酸钠盐、灭草松、2 甲·灭草松等。

二、水稻育秧及施肥技术

（一）水稻旱育壮秧技术

旱育中苗壮苗标准：秧龄 30~35 d，叶龄 3.1~3.5 叶，苗高 13 cm 左右，地上部茎叶结构为 3、3、1、1、8；地下部根数达"1、5、8、9"标准；植株健壮挺拔，分蘖待发。

（二）轻简化减施增效施肥技术

本技术是结合缓/控释肥料施用、平衡施肥技术，有条件的地区可以采用侧深施肥方式实现的轻简化肥料施用。可根据具体情况选择施用硅肥和锌肥。各地区根据条件，可选择以下几种简化施肥方式。

1. 控释肥料施用

①控释肥料需与普通尿素 1 : 1 混合结合磷钾肥及微量元素肥耙地时一次性施入（该一次性施肥需看水稻苗情再决定是否施用调节肥）。②耙地时亩施入控释尿素 9~11 kg、尿素 4~8 kg、硫酸锌 1.5 kg、磷酸二铵 6~11 kg、硫酸钾 6~10 kg；分蘖期（6月中旬左右）施入尿素 4~5 kg/亩。

2. 缓释肥料施用

耙地时施入稳定性肥料 25~35 kg/亩、硫酸锌 1.5 kg。分蘖期（6月中旬左右）施入稳定性肥料 11.5~18.5 kg/亩。

3. 侧深施肥

施用 90%的氮肥和 100%磷钾肥作基肥，10%的氮肥作调节肥。通过侧深施肥机械在插秧时施入 30~40 kg/亩，人工施入调节肥尿素 2~3 kg/亩。

4. 应用养分专家系统推荐施肥

在不测土的情况下，西部半干旱风沙盐碱区氮磷钾肥用量以 N 10~12 kg/亩、P_2O_5 3~5.5 kg/亩、K_2O 3~5 kg/亩为宜，可施用锌肥，中南部半湿润黑土区氮磷钾肥用量以 N 8~10 kg/亩、P_2O_5 3~5 kg/亩、K_2O 3~5 kg/亩为宜；氮肥作基肥、蘖肥和穗肥，采用前促中控后补的方法，另外可根据具体情况选择施用硅肥和锌肥。

三、水稻农药减施增效技术

(一) "两封一补"动态精准施药技术

松嫩平原北部稻区宜采用"两次封闭"和"一封一杀"杂草防控技术模式。插前用药安全性第一，对杂草以"控"为主、兼防为辅，在水稻移栽后 10~14 d 时，保证秧苗充分缓青扎根。二封用药可针对杂草发生基数、种类、叶龄等情况选择，达到有效地防控水稻整个生育期杂草的目的。插前、插后两次用药的关键在于时间点的有效衔接，插前用药以安全性为基本出发点，防控结合，使插后二次封闭可有的放矢地选择有效用药并与插前封闭用药持效期实现有效结合延续。在无法进行移栽后有效二次封闭处理的地块，可进行"茎叶处理、一锤定音"，不可多次补喷。禾本科杂草不要超过 4 叶期防治，阔叶杂草、莎草科杂草以低叶龄为主，在水稻拔节孕穗前有效地防除田间杂草。

(二) 潜叶蝇防治技术

水稻移栽后，宜浅水灌溉，下雨后雨水过深地块应及时排水，避免深水漂苗、淹苗，以减少潜叶蝇落卵量，发生严重地块可排水晒田。药剂防治方法如下。一是苗床带药下田。在水稻插秧前 1~3 d，苗床喷施噻虫嗪、吡虫啉等，带药下田；或移栽前 4 d 或更长时间，使用噻虫胺，带药下田，同时可加入优质叶面肥及芸苔素内酯等植物生长调节剂，以加快移栽后水稻缓苗，缩短返青期。二是本田防治成虫。可在潜叶蝇发生始盛期（5 月下旬至 6 月上旬），池埂上每隔 30 m 左右设置一个诱蝇盘，内置糖醋酒混合液，诱杀成虫。三是本田防治幼虫。可在水稻被害株率达到 5%以上时，选用短稳杆菌、呋虫胺、噻虫嗪、吡虫啉、吡丙醚等药剂喷雾防治，或使用噻虫胺，可兼防负泥虫和稻水象甲。

（三）水稻稻瘟病防治技术

稻瘟病的防治原则：首先积极种植抗病品种，采用生态防控，从根本上降低稻瘟病暴发风险，同时有针对性地开展分类精准药剂防控。根据稻瘟病发生特点，无论前期叶瘟是否发病及发病轻重与否，只要水稻品种抗病性差、发病条件适合，后期均有可能发生穗颈瘟。依据防治指标来进行精准防控，抓早防、抓预防，早防叶瘟，预防穗颈瘟。防治叶瘟应在发病初期，田间病指达到 2 级时及时打药。穗颈瘟必须采取提前预防，发病后再打药不能减轻病情。预防穗颈瘟应在水稻破口期打第一遍药、齐穗期后打第二遍或第三遍药，具体打药次数应根据当地种植水稻品种发病风险等级、天气和田块栽培条件等，科学确定，精准预防。防治药剂应尽量选择防效好、具有增产和兼防纹枯病、稻曲病的药剂，做到"一喷多防"和"防病增产"，并优先选择生物药剂，如枯草芽孢杆菌、井冈·蜡芽菌、多抗霉素、春雷霉素、春雷·井冈、春雷·寡糖素、四霉素等；化学药剂可选用肟菌·戊唑醇、醚菌·氟环唑、苯甲·丙环唑、烯肟·戊唑醇、戊唑·嘧菌酯、丙硫唑、嘧菌酯、苯甲·嘧菌酯、咪鲜·嘧菌酯、吡唑醚菌酯（仅限微囊悬浮剂）等。发生穗颈瘟风险大的地块或天气条件易发病，上述药剂应与稻瘟灵或三环唑混配使用，以确保有效控制稻瘟病。

（四）水稻二化螟防治技术

采取以农业防治为基础，以"压低虫源，力避螟害，适期用药"为策略，协调运用生物防治等措施，合理地重点使用化学农药的综合防治措施。物理防治：可采用性诱剂、杀虫灯。生物防治：可采用稻螟赤眼蜂或性信息素诱杀。化学防治：松嫩平原稻北部区防治适期可在卵孵化盛期，水稻分蘖期二化螟为害枯鞘率达到 1%时施药防治，采用苏云金杆菌等生物药剂，或噻虫胺、杀虫单、杀虫双、杀螟丹、氯虫苯甲酰胺、四氯虫酰胺、甲氨基阿维菌素苯甲酸盐或甲氧虫酰肼等化学药剂兑水喷雾。

第四节 黑龙江省大豆肥料减施增效生产技术规程

一、黑龙江省北部大豆生产技术规程

（一）春播阶段

1. 播期

5 日内 5 cm 耕层稳定通过 7 ℃进行播种。一般大豆在 5 月 3—13 日播种。

2. 施肥前镇压

施肥前春垄镇压，土壤化冻 3~5 cm 时进行镇压器带大拉网镇压封墒作业。一般在 4 月 10—15 日镇压。

3. 施肥、播种

（1）品种选择。选择黑河 43 号、龙垦 310 等当地主栽品种。

（2）肥料选择。原则上选取含量足、功能强、品牌大、知名度高、评价好的肥料，如倍丰、史丹利、金正大等企业针对东北大豆主产区的大豆专用肥。

（3）施肥方法。大豆播前深施肥（4 月 20 日—5 月 1 日），施用大豆混拌肥，肥带间距 36 cm，亩施纯量 N 3~3.5 kg、P 4~4.5 kg、K 2~3 kg。上层肥为总用量的 1/3，施肥深度 8~10 cm；下层肥为总用量的 2/3，施肥深度为 12~14 cm。全部深施肥，垄体平整，深度一致，肥料单口流量误差不超过±2%，种肥深度允许误差±1%，施肥后适墒镇压。

（4）大豆播种（5 月 3—13 日）。大豆播种前种子包衣，1 kg 大豆采用 38% 多·福·克种衣剂（药种比 1:80）+钼酸铵 2 g 进行拌种包衣。垄上双行播种，播速 6 km/h，播深 3~3.5 cm，行距 38 cm。严禁湿播，要求覆土均匀、严密，不准露种。播后及时镇压封墒。

（5）大豆种植密度。根据气候条件及品质特性，黑河 43 号设计公顷播量 32 万~35 万粒，公顷保苗 30 万~33 万株。龙垦 310 设计公顷播量 32 万~34 万粒，公顷保苗 30 万~32 万株，要求匀度一致，种植早熟品种适量增加密度。

4. 土壤处理

大豆播后苗前（5 月 4—18 日）除草剂推荐配方为 720 g/L 异丙甲草胺乳油 2.25 L/hm² +75% 噻吩磺隆水分散粒剂 45 g/hm²。

（二）夏管阶段

1. 深松放寒

大豆未出苗（5月10—19日）：深松放寒1遍，深度30 cm，配有封墒碎土护苗装置，防止起块压苗。起到深松、放寒、增温、保墒作用。

2. 苗后灭草

大豆1片复叶之后至2片复叶前（6月1—10日）：采取禾-阔分别处理的方式，先使用25%氟磺胺草醚水剂1 500 mL/hm² +48%灭草松水剂2 500~3 000 mL/hm² 处理阔叶草，待禾本科草长出后用12%烯草酮乳油0.6~0.75 kg/hm² 或24%烯草酮乳油0.45~0.6 kg/hm² 处理禾本科草，混用极易发生药害。

3. 中耕

（1）第一遍中耕。大豆2片复叶时期（6月10—15日），中耕时到头到边，不伤苗、不压苗，不偏墒、不损伤根系，地头整齐，伤苗率小于1%。

（2）第二遍中耕。大豆3~5片复叶时期（6月17—23日），中耕时到头到边，不伤苗、不压苗，不偏墒、不损伤根系，地头整齐，伤苗率小于1%。

（3）第三遍中耕。大豆6~7片复叶时期（6月25—30日），封垄前大豆进行一遍中耕。中耕时到头到边，不伤苗、不压苗，不偏墒、不损伤根系，地头整齐，伤苗率小于1%。

4. 喷施叶面肥

（1）第一遍叶面肥。大豆初花期喷施第一遍叶面肥，喷施尿素2.5~5 kg/hm² +腐植酸类叶面肥。

（2）第二遍叶面肥。大豆盛花期喷施第二遍叶面肥，喷施磷酸二氢钾1 kg/hm² +5%高效氯氰菊酯0.4 kg/hm² +腐植酸类叶面肥。

5. 航化作业

大豆结荚期（7月25—8月10日）：喷施氨基酸0.5 kg/hm² +磷酸二氢钾1 kg/hm² +5%高效氯氰菊酯乳油0.4 kg/hm²，防虫、防病、促早熟。航化要不重不漏、到头到边、雾化一致。

（三）收获

大豆收获期（9月25日—10月10日）：植株叶柄全部落净，籽粒归圆、种子变硬，有摇铃声时进行机械联合收割。割茬高度为5~6 cm。收割损失率<1%，脱粒损失率<2%，破碎率<3%，泥花脸率<5%，清洁率>95%。割茬低，以不留底荚为准。

二、黑龙江省中东部大豆生产技术规程

（一）栽培与轮作模式

采用 65 cm 垄上双行或 130 cm 大垄 4 行密植模式。建议玉米—大豆或玉米—玉米—大豆轮作。

（二）轮作模式与整地

土层深厚的地区，可在玉米季将秸秆深翻还田，同时增施秸秆腐熟剂和氮肥。耕翻深度 25~30 cm，耙地深度 20~25 cm，保证耙平耙细，达到起垄标准。

（三）施肥、播种

1. 品种选择

选择黑农 82、黑农 84、绥农 44、绥农 52、垦豆 94、合农 76、合农 69、佳豆 33 等当地主栽品种。

2. 施肥方法

可利用养分专家系统或测土配方施肥推荐施肥量。肥料品种可选择长效肥、专用肥、增效肥等，增施硼、钼等微量元素肥料。基肥采用分层施肥技术，上层肥为总用量的 1/3，施肥深度 8~10 cm；下层肥为总用量的 2/3，施肥深度为 12~14 cm。在大豆初花期、盛花期和鼓粒期可喷施叶面肥，主要为磷酸二氢钾 2~3 kg/hm^2 或其他增效叶面肥。

3. 大豆拌种、播种

大豆播种前种子包衣，种衣剂拌种包衣要均匀。65 cm 垄上双行播种，130 cm 垄上 4 行播种，播深 5 cm。严禁湿播，要求覆土均匀、严密，不准露种。播后及时镇压封墒。

4. 大豆种植密度

根据气候条件及品质特性，设计公顷播量 25 万~30 万粒，公顷保苗 22 万~27 万株。密植栽培模式下可适当增加播种量，设计公顷播量 35 万~40 万粒，公顷保苗 32 万~37 万株。

（四）病虫草害防治

主要为化学除草，苗前和苗后除草方式参考前述"黑龙江省北部大豆生产技术规程"。病虫害在喷洒农药的同时，可通过筛选抗病品种、种子包衣、轮作、整地等综合措施防控。

（五）深松中耕

1. 第一遍中耕

大豆出苗后 5~7 d 进行深松作业，做到不伤苗、不压苗、不偏墒、不

损伤根系。

2. 第二遍中耕

大豆 3～5 片复叶时进行，中耕时到头到边，不豁苗、不伤苗、不压苗、不偏墒、不损伤根系。

3. 第三遍中耕

大豆 7 片复叶时进行，即封垄前进行一遍中耕。

（六）收获

大豆收获期（9 月 25 日—10 月 10 日）：植株叶柄全部落净，籽粒归圆、种子变硬，有摇铃声时进行机械联合收割。割茬高度为 5～6 cm。收割损失率<1%，脱粒损失率<2%，破碎率<3%，泥花脸率<5%，清洁率>95%。割茬低，以不留底荚为准。

第五节　黑龙江省马铃薯肥料减施增效生产技术规程

一、整地及马铃薯选种、处理

（一）上年秋季选地、整地和起垄

1. 土质

选择土质疏松、通透性强的土壤，忌选土质黏重的土壤，pH 适宜范围为 4.8～7.8。

2. 地势

选择排水良好、坡降适中的岗坡地，低洼易涝地不可种植马铃薯。

3. 整地

土壤要深松 30～35 cm，达到全层深松；深翻要求 28～32 cm，翻垡严密。

4. 垄距

可采用传统的小垄栽培模式，或者采用大垄、高台、密植的栽培模式。前茬秋季收获后及时整地。实行翻、耙、耢、起垄、镇压连续作业。深松 35～40 cm，浅翻 15～20 cm。机械起垄。单行栽培，垄底宽 60～65 cm，垄台宽 30～35 cm，垄体高 25 cm；双行栽培，垄底宽 110 cm，垄台宽 80 cm，垄体高 25 cm。

（二）3 月上旬选种

1. 品种选择

根据当地积温、种植条件特点、用途和市场需求，选用高产、抗病、质佳的马铃薯专用品种。鲜食品种：克新23、东农312、龙薯4号、绥新1号等。食品加工品种：龙薯1号、克新30、东农322等。高淀粉品种：克新26、克新27、龙薯5号、东农310等。

2. 种薯的质量要求

种薯级别要求为二级原种或一级良种。不能使用发芽过长和多次掰芽导致失水萎蔫的块茎作种薯。

3. 种薯规格

选择的种薯水分状况及感观良好，大小在40~150 g（50 g以下的种薯可整薯播种）。

（三）3月下旬困种

1. 时间

播种前30 d出窖。

2. 温度

13~15 ℃。

3. 场所

室内、室外均可。要求相对干燥，散射光下。

4. 方法

种薯袋装或散堆放，定期翻动，使受光、受热均匀。

（四）4月中旬催芽

1. 时间

播种前3~4周，最好在播种前2周以内。

2. 催芽温度

10~13 ℃。

3. 芽长

机械播种芽长不超过0.5 cm。

（五）4月下旬切块

1. 方法

竖切（切立块），可以利用顶芽优势，要求每个切块大小为25~30 g，每块带有1~2个芽眼。

2. 切刀消毒

切薯时切刀要放在1‰~2‰的高锰酸钾溶液或1∶200漂白粉浸液中浸泡；切刀消毒时间7 min。当切到烂种时，扔掉烂种，把刀放在溶液中消毒，要换一次刀。

（六）药剂拌种处理

1. 药剂

薯卫士拌种剂（有效成分为福美双和噻虫嗪）。

2. 用量

1.5 kg 薯卫士/亩。

3. 方法

拌种时把种薯堆放于塑料膜上，加适量药剂拌匀，放于通风、阴凉处。避免阳光直晒，长条堆存放，堆高不超过 40 cm，杜绝发热烂种。

4. 切块存放

切块应保持在 14~16 ℃、相对湿度 80%~85%、通风良好的条件下，以加速伤口愈合。

二、施肥、播种

（一）播种

1. 播期

在 10 cm 地温稳定通过 7 ℃时开始播种，多在 4 月末至 5 月初。各地根据气温情况灵活安排。

2. 播深

播深为 8~10 cm。

3. 播量

机播用种 120~150 kg/亩。

4. 播种密度

株距要求为 18~20 cm。

（二）合理施肥

根据养分专家系统或进行测土配方施肥。

1. 底肥

有条件的地区，可施 1 m³/亩有机肥；化学肥料一般选用尿素（或增效尿素、缓释尿素等）、磷酸二铵、硫酸钾，施用量分别为 8~12 kg/亩、3~5 kg/亩、7~10 kg/亩。

2. 追肥

根际追肥，将尿素、磷酸二铵、硫酸钾机械追施于垄体两侧，并及时覆土，施用量分别为 12~15 kg、8~10 kg、20~30 kg。

3. 喷施叶面肥

在块茎形成期和膨大期，叶面喷施 0.5% 的尿素和 0.3% 的磷酸二氢钾

3~4 次，间隔 5~7 d。叶面肥中可适当添加微量元素。

三、中后期田间管理

（一）除草

1. 播后苗前封闭灭草

深松耪表土后及时选用 72% 精异丙甲草胺（黏土为 1 500~1 800 mL/hm²，砂土为 1 200 mL/hm²）+70% 嗪草酮可湿性粉剂 350~400 g/hm²，或 70% 嗪草酮可湿性粉剂 600~800 g/hm²+90% 乙草胺乳油 1 500~2 000 mL/hm² 进行封闭灭草。

2. 苗后和发棵后两次化学灭草

当小苗在 10 叶期前，全田杂草出全后，用宝成 6 g/亩（国产为薯宝）或 70% 嗪草酮可湿性粉剂 250~320 g/hm²+15% 精吡氟禾草灵 1~1.5 mL/hm² 叶面喷施进行苗后除草。发棵后再进行 1 次。

3. 人工除草

封闭后人工除草 1~2 次，做到全田无杂草。

（二）中耕培土

1. 第一遍中耕

当马铃薯苗出齐后进行第一遍中耕，培严土，培土厚度 3 cm（视土壤状况应用旋耕整垄机）。

2. 第二遍中耕

马铃薯发棵期进行第二遍中耕，以杂草 3 叶期进行为宜，培土厚度 2~3 cm，要求培土严密。

3. 第三遍中耕

在马铃薯花蕾期封垄前进行追肥中耕培土，原则是培土后 1 周内封行，同时根据植株长势，缺氮时每亩追入 2~3 kg 纯氮，施到土中。

注意：当土壤较湿时，避免进行中耕。

（三）病虫害防治

1. 防虫

发生蚜虫、瓢虫时，叶面喷施 2.5% 溴氰菊酯乳油 20 mL/亩或 5% 氯氰菊酯乳油 50 mL/亩。

2. 病害防治

主防晚疫病，常规措施如下。

一般 6 月 20 日开始，根据天气情况开始喷施，第一遍喷施 75% 代森锰锌水分散剂，亩用量 180~200 g，7~10 d 喷施 1 次，连续喷施 3~4 次。

如果发生病害，则喷洒 72% 霜脲·锰锌可湿性粉剂 120 g/亩，间隔 7 d 连喷 2 次，7 d 后用 687.5 g/L 氟菌·霜霉威悬浮剂 75 mL/亩，间隔 10 d 连喷 2 次，对马铃薯晚疫病的控制效果好，晚疫病严重时氟菌·霜霉威的使用量可以加大到 100 mL/亩。

（四）全生长期长势控制

1. 徒长

技术控制方法主要包括施肥、灌水等措施；药剂控制是用 20% 多效唑·调环酸钙悬浮剂 300~450 mL/hm^2，达到控制徒长的目的。

2. 脱肥

需要及时追肥。喷施磷酸二氢钾 200 g/亩，兑水 50~60 kg，需加硫酸锌 50 g，喷施 1~3 次。

（五）灭秧

1. 方式

机械打秧。

2. 时间

正常生长植株的叶色由绿色逐渐变成黄色并转枯，标志着马铃薯生理成熟。为便于收获，一般打秧在收获前 2 周。

四、收获

（一）杀秧

收获前 10~15 d 杀秧，杀秧机调到打下垄顶表土 2~3 cm，以不伤马铃薯块茎为原则。蹚后晾半天再人工归堆，定量灌袋拉回堆放，种薯宜晚收，商品薯宜早收。

（二）收获机械检修

在收获前 20 d 要把所有的收获机械检修完毕，达到作业状态。

（三）物资准备

苫布及收获工具，要根据需要准备充足，防止降雨。

（四）防冻工作

收获过程中要密切关注天气变化情况，做好防冻准备工作。